Hayley Birch

50 Schlüsselideen
Chemie

Aus dem Englischen übersetzt von Angela Simeon

Springer

Inhalt

Einleitung

Chemie wird oft als der „Underdog" unter den Naturwissenschaften betrachtet. Erst kürzlich sprach ich mit einer Chemikerin, die sagte, sie habe genug davon, dass ihr Fach als „ein Haufen von Leuten, die mit übelriechenden Dingen im Labor herumfummeln" gelte. Irgendwie scheint Chemie nicht so bedeutend wie Biologie und nicht so interessant wie Physik zu sein.

Als Autorin eines Buches über Chemie ist es deshalb meine Aufgabe, Ihnen einen Blick hinter dieses Bild zu ermöglichen und Sie für den „Underdog" einzunehmen. Denn Chemie ist – viele wissen das nicht – die beste Naturwissenschaft.

Chemie steckt im Kern von fast allem. Aus ihren Bausteinen – Atome, Moleküle, Verbindungen und Mischungen – besteht jedes Staubkorn und jede Faser auf diesem Planeten. Ihre Reaktionen sind dafür verantwortlich, dass es Leben gibt, und schaffen alles, wovon Leben abhängt. Ihre Produkte kennzeichnen den Fortschritt unserer Existenz als Menschen, von Bier bis zu Feinstrumpfhosen.

Der Grund, warum Chemie ein Imageproblem hat, beruht meiner Meinung nach darauf, dass wir uns nicht auf die relevanten und interessanten Themen konzentrieren, sondern uns damit verzetteln, eine Garnitur Regeln zu lernen: Wie Chemie funktioniert, Formeln von molekularen Strukturen, Rezepte für Reaktionen und so weiter. Auch wenn Chemiker anführen mögen, dass diese Regeln und Rezepte wichtig sind, so werden doch die meisten zustimmen, dass sie nicht besonders spannend sind.

Deshalb werden wir uns in diesem Buch nicht allzu viel mit Regeln befassen. Wenn Sie möchten, können Sie Regeln und Rezepte anderswo nachschlagen. Ich habe versucht, mich auf das zu konzentrieren, was relevant und interessant ist an der Chemie. Und nebenbei habe ich versucht, den Geist meines Chemielehrers Mr. Smailes einfließen zu lassen, der mir zeigte, wie ich Seife oder Nylon herstellen kann, und der wirklich großartige Krawatten trug.

01 Atome

Atome sind die Bausteine der Chemie – und unseres Universums. Sie bilden die Elemente, die Planeten, die Sterne und uns. Atome zu verstehen – wie sie aufgebaut sind und wie sie aufeinander einwirken – kann fast alles erklären, was bei chemischen Reaktionen im Labor und in der Natur passiert.

Bill Bryson, der Autor von „Ein kurze Geschichte von fast allem", schrieb, dass jeder einzelne von uns bis zu einer Milliarde Atome in sich tragen könnte, die einmal zu William Shakespeare gehörten. „Hoppla", könnten Sie jetzt denken, „das sind eine Menge tote Shakespeare-Atome". Nun, das stimmt und auch wieder nicht. Einerseits ist eine Milliarde (1 000 000 000) etwa die Anzahl an Sekunden, die jeder von uns bis zu seinem 33. Geburtstag gelebt hat. Andererseits ist eine Milliarde etwa die Anzahl an Salzkörnchen, die in eine gewöhnliche Badewanne passen, und weniger als ein Milliardstel eines Milliardstels der Atome in Ihrem ganzen Körper. Dies deutet an, wie klein ein Atom ist: Es gibt mehr als eine Milliarde mal eine Milliarde mal eine Milliarde Atome nur in uns – und es bedeutet, dass wir nicht genug toten Shakespeare in uns haben, um auch nur eine Gehirnzelle daraus zu bauen.

Das Leben ist ein Pfirsich   Atome sind so winzig, dass es bis vor Kurzem unmöglich war, sie zu sehen. Das hat sich mit der Entwicklung superhochauflösender Mikroskope insofern geändert als australische Wissenschaftler 2013 eine Aufnahme von dem Schatten machen konnten, den ein einzelnes Atom warf. Aber Chemiker mussten Atome nicht immer sehen, um zu verstehen, dass sich mit Atomen grundsätzlich das Meiste von dem erklären lässt, was im Reagenzglas und auch im Leben vor sich geht. Viele chemische Vorgänge beruhen auf den Aktivitäten von noch kleineren, subatomaren Teilchen, den Elektronen, die die äußeren Bereiche der Atome ausmachen.

Wenn wir ein Atom wie einen Pfirsich in der Hand halten könnten, wäre der Stein des Pfirsichs das, was „Nukleus" (Atomkern) genannt wird. Er enthält die

Zeitleiste

ca. 400 v. Chr.	1803	1904	1911
der griechische Philosoph Demokrit verwendet den Begriff „Atom" für kleinste, nicht weiter teilbare Bausteine	John Dalton schlägt eine Atomtheorie vor	Joseph John Thomsons „Plum-Pudding-Modell" des Atomaufbaus	Ernest Rutherford beschreibt den Atomkern

Protonen und Neutronen. All das saftige Pfirsichfleisch in Ihrer Hand bestünde aus Elektronen. Wenn der Pfirsich tatsächlich ein Atom wäre, bestünde er hauptsächlich aus Fleisch, und der Stein wäre so klein, dass Sie ihn schlucken könnten, ohne es auch nur zu bemerken – so viel Raum des Atoms machen die Elektronen aus. Doch der feste Kern ist es, der das Atom zusammenhält. Die Protonen darin sind positiv geladene Teilchen, die gerade genug Anziehung auf die negativ geladenen Elektronen ausüben, um sie davon abzuhalten, bei der ersten Gelegenheit in alle Richtungen davonzufliegen.

Atomtheorie und chemische Reaktionen

1803 hielt der englische Chemiker John Dalton eine Vorlesung, in der er eine Theorie der Materie vorschlug. Sie beruhte auf unzerstörbaren Teilchen, welche er Atome nannte. Zusammengefasst sagte er, dass verschiedene Elemente auch verschiedene Atome besitzen, die sich zu unterschiedlichen Verbindungen zusammenfügen können, und dass zu chemischen Reaktionen eine Umverteilung dieser Atome gehört.

Warum ist ein Sauerstoff-Atom ein Sauerstoff-Atom?

Nicht alle Atome sind gleich. Ihnen ist vielleicht schon klar, dass ein Atom nicht allzu viel Ähnlichkeit mit einem Pfirsich hat, doch lassen Sie uns die Analogie noch ein wenig weiter treiben. Atome gibt es in vielen verschiedenen Geschmacksrichtungen. Wenn unser Pfirsich ein Sauerstoff-Atom ist, könnte eine Pflaume vielleicht ein Kohlenstoff-Atom sein. Beides sind kleine Bälle aus Elektronen, die einen Proton-Kern umgeben, aber mit völlig verschiedenen Eigenschaften. Sauerstoff-Atome schweben als Paare herum (O_2), während Kohlenstoff-Atome in Massen zusammenkleben und harte Stoffe wie Diamant oder den Graphit in Bleistiftminen bilden. Was sie zu unterschiedlichen Elementen macht (► Kap. 2), ist ihre jeweilige Anzahl von Protonen im Kern. Sauerstoff-Atome haben acht Protonen, zwei mehr als Kohlenstoff-Atome. Wirklich große, schwere Elemente wie Seaborgium und Nobelium haben mehr als hundert Protonen im Inneren ihrer Atome. Wenn so viele positive Ladungen in den verschwindend geringen Platz des Atomkerns gestopft werden, die sich alle gegenseitig abstoßen, gerät das Gebilde leicht aus dem Gleichgewicht. Deshalb sind sehr schwere Elemente instabil.

1989

Forscher bei IBM fügen einzelne Atome zum Schriftzug „IBM"

2012

Entdeckung des Higgs-Bosons bestätigt das Standardmodell des Atoms

Das Atom spalten

J. J. Thomson betrachtete in seinem frühen „Plum-Pudding-Modell" das Atom als eine teigige, positiv geladene Masse, in der negativ geladene Elektronen wie Rosinen im Kuchen gleichmäßig verteilt sind. Diese Modellvorstellung hat sich verändert. Wir wissen inzwischen, dass Protonen und andere subatomare Teilchen, die Neutronen genannt werden, den winzigen, sehr dichten Kern der Atome bilden, und die Elektronen eine Art Wolke um den Kern herum ausmachen. Wir wissen auch, dass Protonen und Neutronen noch kleinere Teilchen enthalten, die wir Quarks nennen. Chemiker gehen normalerweise nicht weiter auf diese kleineren Teilchen ein – sie werden von Physikern untersucht, die Atome in Teilchenbeschleunigern in Stücke zerschlagen, um die kleineren Teilchen zu finden. Aber für uns ist es wichtig, nicht zu vergessen, dass sich die Vorstellungen der Wissenschaftler darüber, wie sich die Materie in unserem Universum zusammenfügt, immer noch weiterentwickeln.

Der Entdeckung des Higgs-Bosons im Jahr 2012 bestätigte zum Beispiel die Existenz eines Teilchens, das Physiker bereits in

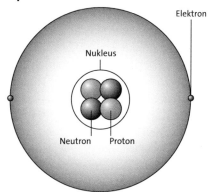

Der unglaublich dichte Kern eines Atoms enthält positiv geladene Protonen und neutrale Neutronen. Sie werden umrundet von negativ geladenen Elektronen.

ihre Modelle aufgenommen hatten und das sie benutzten, um Vorhersagen über andere Teilchen zu machen. Doch sie müssen immer noch herausfinden, ob es sich auch um genau das Higgs-Boson handelt, das sie gesucht hatten.

Normalerweise wird ein Atom – egal welcher Geschmacksrichtung – die gleiche Anzahl Elektronen haben, wie es Protonen im Kern besitzt. Wenn ein Elektron verlorengeht oder das Atom ein zusätzliches Elektron einsammelt, dann sind die positiven und negativen Ladungen nicht mehr im Gleichgewicht, und aus dem Atom wird, wie die Chemiker sagen, ein „Ion" – ein geladenes Atom oder Molekül. Ionen sind wichtig, denn ihre Ladungen helfen, alle möglichen Arten von Stoffen zusammenzuhalten, zum Beispiel das Natriumchlorid von Kochsalz oder das Calciumcarbonat der Kalkränder in unseren Bädern.

Die Bausteine des Lebens Neben Bestandteilen unserer Küchenschränke und Bäder ist alles, was krabbelt, atmet oder Wurzeln schlägt, aus Atomen aufgebaut. Atome fügen sich zu verblüffend komplexen Molekülen wie der DNA und den Proteinen zusammen, die unsere Muskeln, Knochen und unser Haar bilden. Sie tun dies, indem sie mit anderen Atomen Bindungen eingehen (▶ Kap. 5). Interessant daran ist, dass alle Lebensformen auf der Erde, trotz ihrer enormen Vielfalt, Atome einer ganz bestimmten Geschmacksrichtung enthalten: Kohlenstoff.

Von Bakterien, die sich um die rauchenden Tiefseeschlote herum an den tiefsten, dunkelsten Plätzen der Ozeane an ihr Leben klammern, bis zu den Vögeln, die in die Himmel aufsteigen, gibt es kein Lebewesen auf unserem Planeten, das das Element Kohlenstoff nicht mit den anderen gemeinsam hat. Doch weil wir noch kein Leben außerhalb unseres Planeten entdeckt haben, können wir nicht sagen, ob sich das Leben einfach nur zufällig auf diese Art entwickelte oder ob Leben auch auf der Basis anderer Atomarten gedeihen könnte. Science-Fiction-Fans sind andere biologische Formen wohlbekannt: Wesen auf Siliciumbasis sind zum Beispiel in der TV-Serie *Star Trek* und den Star-Wars-Filmen aufgetreten.

> **Die Schönheit eines Lebewesens beruht nicht auf den Atomen, die es enthält, sondern in der Art, wie sich diese Atome zusammenfügen.**
> **Carl Sagan**

Atom um Atom Fortschritte auf dem Gebiet der Nanotechnologie (▶ Kap. 45), die uns von effizienteren Solarzellen bis zu medizinischen Wirkstoffen, die Krebszellen erkennen und zerstören können, alles verspricht, haben die Welt der Atome verstärkt ins Scheinwerferlicht gerückt. Die Werkzeuge der Nanotechnologie hantieren im Größenbereich von einem Milliardstel Millimeter. Das ist immer noch größer als ein Atom, doch in dieser Größenordnung lässt sich darüber nachdenken, Atome und Moleküle einzeln zu handhaben. Forscher bei IBM drehten 2013 den kleinsten Kurzfilm der Welt, indem sie im Stop-Motion-Verfahren einen Jungen aufnahmen, der mit einem Ball spielt. Sowohl der Junge als auch der Ball bestehen aus einzeln erkennbaren Kohlenmonoxid-Molekülen auf einer Leinwand aus Kupfer. Damit beginnt die Naturwissenschaft endlich, in Größenordnungen zu arbeiten, die der Sicht der Chemiker auf die Welt entsprechen.

Worum es geht
Bausteine

02 Elemente

Chemiker bemühen sich sehr, neue Elemente, die grundlegenden chemischen Stoffe, zu entdecken. Das Periodensystem der Elemente hilft uns, ihre Entdeckungen zu ordnen. Doch es ist nicht nur ein Verzeichnis. Muster im Periodensystem geben uns Hinweise auf das Wesen jedes Elements und wie es sich verhalten könnte, wenn es auf andere Elemente trifft.

Hennig Brand, Alchemist im 17. Jahrhundert, war auf Gold aus. Nach der Hochzeit gab er seinen Beruf als Armeeoffizier auf und nutzte das Geld seiner Frau, um eine Suche nach dem Stein der Weisen zu finanzieren – eine mystische Substanz oder ein Mineral, nach dem Alchemisten bereits seit Jahrhunderten suchten. Der Legende nach konnte der Stein gewöhnliche Metalle wie Eisen oder Blei in Gold „transmutieren". Als seine erste Frau starb, heiratete Brand nochmals und setze seine Suche auf ähnliche Weise fort. Offensichtlich war er auf die Idee gekommen, der Stein der Weisen ließe sich aus Körpersäften gewinnen. Deshalb erwarb er nicht weniger als 1500 Gallonen menschlichen Urins, aus dem er den Stein extrahieren wollte. 1669 machte er eine erstauliche Entdeckung. Es war jedoch nicht der Stein der Weisen, den er gefunden hatte. Durch seine Experimente, zu denen das Kochen und Auftrennen des Urins gehörte, wurde Brand unwissentlich der erste Mensch, der ein Element mit chemischen Methoden entdeckte.

Brand hatte eine Substanz isoliert, die Phosphor enthielt und die er „kaltes Feuer" nannte, da sie im Dunkeln leuchtete. Aber erst in den 1770er-Jahren wurde Phosphor als neues Element erkannt. Zu dieser Zeit wurden ständig neue Elemente entdeckt: Sauerstoff, Stickstoff, Chlor und Mangan wurden von Chemikern innerhalb eines einzigen Jahrzehnts erstmals isoliert.

1869, zwei Jahrhunderte nach Brands Entdeckung, ordnete der russische Chemiker Mendelejew die damals bekannten Elemente zum Periodensystem. Phosphor erhielt darin seinen rechtmäßigen Platz, zwischen Silicium und Schwefel.

Zeitleiste

1669	1869	1913
Phosphor als erstes Element über chemische Methoden entdeckt	Dmitri Iwanowitsch Mendelejew veröffentlicht die erste Fassung seines Periodensystems	Henry Mosely definiert Elemente über ihre Ordnungszahl

Was ist ein Element? Lange Zeit wurden Feuer, Luft, Wasser und Erde als „die Elemente" betrachtet. Ein geheimnisvolles fünftes Element, Äther, wurde hinzugefügt, das die Sterne repräsentieren sollte, denn diese, so der Philosoph Aristoteles, konnten nicht aus den irdischen Elementen zusammengesetzt sein. Der Begriff „Element" stammt von dem lateinischen Wort *elementum* ab und bedeutet „erstes Prinzip" oder „Grundform" – das ist keine schlechte Beschreibung, doch sie klärt uns nicht auf über die Unterscheidung zwischen Elementen und Atomen.

Diese Unterscheidung ist einfach: Elemente sind Stoffe, in beliebigen Mengen, Atome sind ihre grundlegenden Einheiten. Ein fester Klumpen von Brands Phosphor – der zufällig ein giftiges Element ist und Bestandteil von Nervengas – ist eine Ansammlung von Atomen eines bestimmten Elements. Merkwürdigerweise wird nicht jeder Klumpen Phosphor gleich aussehen, denn seine Atome können sich unterschiedlich anordnen, und mit dem Wechsel der inneren Struktur ändert sich auch die äußere Erscheinung. Je nachdem, wie die Atome in Phosphor angeordnet sind, kann der Klumpen weiß, schwarz, rot oder violett aussehen. Diese unterschiedlichen Phosphorsorten verhalten sich auch unterschiedlich, zum Beispiel schmelzen sie bei sehr verschiedenen Temperaturen. Weißer Phosphor etwa schmilzt an einem warmen Tag bereits in der Sonne, während schwarzer Phosphor in einem kräftigen Heizofen auf über 600 °C erhitzt werden muss. Dennoch bestehen beide aus genau den gleichen Atomen mit 15 Protonen und 15 Elektronen.

Muster im Periodensystem Für das ungeübte Auge sieht das Periodensystem wie eine ungewöhnliche Variante des Spiels Tetris aus, bei dem – je nach der Version, die Sie spielen – einige Blöcke nicht bis auf den Boden gefallen sind. Es wirkt, als könnte es eine Runde Aufräumen gebrauchen. Doch in Wirklichkeit ist es ein wohlsortiertes Durcheinander, und jede/r Chemiker/in wird in der scheinbaren Unordnung schnell das finden, was er oder sie sucht. Das kommt daher, dass Mendelejews schlaues Design versteckte Muster enthält, die die Elemente nach ihren Atomstrukturen und ihrem chemischen Verhalten untereinander verknüpfen.

Entlang den Tabellenreihen, von links nach rechts, sind die Atome nach ihrer Ordnungszahl angeordnet, also nach der Anzahl von Protonen in den Atomkernen jedes Elements. Das Geniale von Mendelejews Anordnung liegt darin, zu zeigen, wann die Eigenschaften der Elemente anfangen, sich zu wiederholen, und eine neue Reihe beginnen muss. Es sind deshalb die Spalten, die uns einige spitzfindigere Hinweise liefern. Nehmen wir einmal die Spalte ganz rechts, von Helium zu Radon. Das sind die Edelgase, unter normalen Bedingungen farblose Gase und recht träge, wenn es darum geht, bei einer chemischen Reaktion mitzumachen. Neon ist zum Beispiel so unreaktiv, dass es nicht überredet werden kann, auch nur mit einem anderen Element eine Verbindung einzugehen. Der Grund dafür hängt mit seinen Elektronen zusammen. Bei jedem Atom sind die Elektronen in konzentrischen Schichten oder Schalen angeordnet, in denen nur für eine bestimmte Zahl von Elektronen Platz ist. Wenn eine Schale gefüllt ist, müssen die nächsten Elektronen in eine neue, weiter außen liegende Schale ausweichen. Und weil die Anzahl von Elektronen in den Atomen aller Elemente mit der Ordnungszahl ansteigt, hat jedes Element auch eine ganz bestimmte Elektronenanordnung. Das Hauptmerkmal der Edelgase ist, dass ihre äußersten Schalen voll sind. Diese vollen Schalen sind sehr stabil, das heißt, die Elektronen lassen sich nur sehr schwer mobilisieren.

> **❚ Die Welt der chemischen Reaktionen ist wie eine Bühne … Die Schauspieler auf ihr sind die Elemente. ❚**
> Clemens Alexander Winkler,
> Entdecker des Elements Germanium

Wir können noch viele andere Muster im Periodensystem erkennen. Wenn wir uns in den Reihen von links nach rechts bewegen, braucht es immer mehr Anstrengung (Energie), ein Elektron von einem Atom der einzelnen Elemente wegzunehmen, und dasselbe gilt, wenn wir uns von unten nach oben bewegen.

In der Mitte der Tabelle finden wir hauptsächlich Metalle, und diese verhalten sich umso metallischer, je weiter wir uns der linken unteren Ecke nähern. Chemiker nutzen ihr Wissen über diese Muster, um vorherzusagen, wie sich Elemente bei Reaktionen verhalten.

Superschwergewichte Eines der wenigen Dinge, die Chemie und Boxen gemeinsam haben, ist, dass es bei beiden Superschwergewichte gibt. Während die Fliegengewichte an der Spitze des Periodensystems schwimmen, allen

Die Jagd nach dem schwersten Superschweren

Niemand mag Schwindler, doch sie finden sich in allen Bereichen, die Naturwissenschaften sind keine Ausnahme. 1999 haben Wissenschaftler des Lawrence Berkeley Labors in Kalifornien einen Artikel veröffentlicht, in dem sie ihre Entdeckung der superschweren Elemente 116 (Livermorium) und 118 (Ununoctium) feierten. Aber irgendetwas stimmte nicht. Nachdem sie den Bericht gelesen hatten, versuchten andere Wissenschaftler, die Experimente zu wiederholen. Doch egal, wie sie es anstellten, sie konnten kein einziges Atom von Element 116 heraufbeschwören. Schließlich stellte sich heraus, dass einer der „Entdecker" die Daten erfunden hatte, und eine US-Regierungsstelle musste einen peinlichen Rückzieher von Aussagen über die Weltklasse-Wissenschaft machen, die sie finanzierte. Der Artikel wurde zurückgezogen, und der Beifall für die Entdeckung von Livermorium ging ein Jahr später an eine russische Arbeitsgruppe. Der Wissenschaftler, der die ursprünglichen Daten gefälscht hatte, wurde entlassen. Das Prestige, das mit der Entdeckung eines neuen Elements verbunden wird, ist so hoch, dass Wissenschaftler unter Umständen ihre ganze Karriere dafür aufs Spiel setzen.

voran Wasserstoff und Helium mit nur einem beziehungsweise zwei Protonen, werden die Elemente in den tieferen Reihen durch ihre hohen Atomgewichte nach unten gezogen. Das Periodensystem ist über viele Jahre gewachsen und hat viele neue Entdeckungen und schwerere Elemente aufgenommen. Doch mit Nummer 92, dem radioaktiven Element Uran, ist das letzte natürlich vorkommende Element erreicht. Obwohl durch den radioaktiven Zerfall von Uran Plutonium entsteht, sind die Mengen verschwindend gering. Plutonium wurde in einem Atomreaktor entdeckt, und die anderen Superschwergewichte werden gefunden, indem in Teilchenbeschleunigern Atome aufeinander geschleudert werden. Die Jagd ist noch nicht völlig vorüber, doch sie ist gewiss sehr viel schwieriger geworden als das Erhitzen von Körpersäften.

Die einfachsten Stoffe

03 **Isotope**

Isotope sind nicht nur tödliche Stoffe, die beim Bau von Bomben und zur Vergiftung von Menschen eingesetzt werden. Isotope gibt es von vielen chemischen Elementen, die eine leicht unterschiedliche Zusammensetzung an kleinsten, subatomaren Teilchen haben. Sie kommen in der Luft vor, die wir atmen, ebenso wie im Wasser, das wir trinken. Wir können mit ihnen sogar – vollkommen ungefährlich – Eis sinken lassen.

Eis schwimmt – außer es geht unter. So, wie alle Atome eines Elements gleich sind – außer sie unterscheiden sich. Wenn wir das einfachste Element nehmen, Wasserstoff, so besitzen all seine Atome ein Proton und ein Neutron. Ein Wasserstoff-Atom ist nur dann ein Wasserstoff-Atom, wenn es ein Elektron hat sowie in seinem Kern ein Proton. Doch was geschieht, wenn zu dem Proton ein Neutron kommt? Ist es immer noch ein Wasserstoff-Atom?

Neutronen waren das fehlende Glied, das sich Chemikern und Physikern bis in die 1930er-Jahre entzog (▶ Box: Die fehlenden Neutronen). Diese neutralen Teilchen ändern nichts am Gesamtgleichgewicht der Ladungen in einem Atom, können aber seine Masse stark beeinflussen. Der Masseunterschied zwischen einem und zwei Nukleonen im Kern der Wasserstoff-Atome reicht aus, Eis sinken zu lassen.

Schweres Wasser Ein zusätzliches Neutron in ein Wasserstoff-Atom zu packen, heißt für diese Fliegengewichtsatome, dass sie nun die doppelte Anzahl an Nukleonen besitzen. Dieser „schwerere Wasserstoff" hat einen eigenen Namen, Deuterium (D oder ^{2}H). Genau wie normale Wasserstoff-Atome verbinden sich Deuterium-Atome mit Sauerstoff-Atomen zu Wasser. Nur sind dies keine normalen Wassermoleküle (H_2O), sondern Moleküle mit zusätzlichen Neutronen: „schweres Wasser" oder D_2O – der korrekte Name ist Deuteriumoxid. Nehmen Sie „schweres Wasser" – das leicht online zu kaufen ist – und lassen Sie es in einem Eiswürfelbehälter gefrieren: In ein Glas mit normalem

Zeitleiste

um **1500**	**1896**	**1920**
Alchemisten versuchen, Stoffe zu „transmutieren", um sie in Edelmetalle zu verwandeln	radioaktive Strahlung wird erstmals zur Behandlung von Krebs eingesetzt	Ernest Rutherford vermutet, es gibt ein Kernteilchen ohne Ladung, das Neutron

Die fehlenden Neutronen

Die Entdeckung der Neutronen durch den Physiker James Chadwick, der später an der Entwicklung der Atombombe mitarbeitete, löste ein quälendes Problem mit den Massen der Atome. Schon seit Jahren war offensichtlich, dass die Atome aller Elemente schwerer waren, als sie sein sollten. Nach Chadwicks Meinung konnten Atomkerne nicht diese Massen haben, wenn sie nur Protonen enthielten. Es war, als ob die Elemente mit einem Koffer voller Ziegelsteine in Urlaub fahren wollten. Nur, dass keiner diese Ziegelsteine entdecken konnte. Chadwick hatte von Rutherford, bei dem er gearbeitet hatte, die Überzeugung übernommen, dass Atome weitere subatomare Teilchen schmuggeln. Rutherford beschrieb diese *neutral doublets* oder Neutronen erstmals 1920. Doch es dauerte bis 1932, bis Chadwick seine Vermutung experimentell beweisen konnte. Er fand heraus, dass beim Beschießen des silbrigen Metalls Beryllium mit Strahlung aus Polonium elektrisch neutrale subatomare Teilchen ausgestoßen werden: Neutronen.

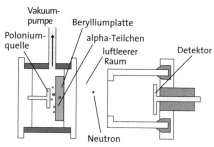

Die Reaktion, mit der Neutronen (n) aus Beryllium herausgeschleudert werden, lautet:
$$^{4}_{2}He + {}^{9}_{4}Be \rightarrow {}^{1}_{0}n + {}^{12}_{6}C$$

Wasser gegeben, wird dieser Eiswürfel sinken! Geben Sie zum Vergleich noch einen gewöhnlichen Eiswürfel hinzu und staunen Sie über den Unterschied, den ein einziges subatomares Teilchen pro Atom ausmacht!

Im Durchschnitt findet sich in etwa einem von 6400 Wasserstoff-Atomen zusätzlich ein Neutron. Es gibt aber auch noch eine dritte Art – ein drittes Isotop – von Wasserstoff, und diese ist viel seltener und zu Hause weit unsicherer zu handhaben. Tritium (T oder ^{3}H) ist ein Wasserstoff-Isotop, bei dem jeder Atomkern ein Proton und zwei Neutronen besitzt. Wie auch andere radioaktive Elemente unterliegt es radioaktivem Zerfall. Tritium wird bei dem Mechanismus eingesetzt, mit dem Wasserstoffbomben gezündet werden.

Radioaktivität   Wenn wir das Wort „Isotop" lesen, steht häufig der Zusatz „radioaktiv" davor. Wir könnten deshalb vermuten, dass alle Isotope radioaktiv

1932	**1960**	**2006**
James Chadwick entdeckt das Neutron	Willard Libby erhält den Nobelpreis für die Entwicklung der Radiokarbondatierung mit dem Isotop ^{14}C	der russische Geheimdienstagent Alexander Litvinenko stirbt an einer Vergiftung durch radioaktives Polonium

sind. Sie sind es nicht. Wie wir eben gesehen haben, ist es problemlos möglich, dass ein Wasserstoff-Isotop existiert, das nicht radioaktiv ist – mit anderen Worten: ein stabiles Isotop. Ganz genauso kommen in der Natur stabile Isotope von Kohlenstoff, Sauerstoff und anderen Elementen vor.

Instabile radioaktive Isotope zerfallen. Das heißt, ihre Atome zerbrechen und geben dabei Material aus ihrem Inneren in Form von Protonen, Neutronen und Elektronen frei (▶ Box: Arten radioaktiver Strahlung). Das Ergebnis ist, dass sich ihre Massezahlen ändern und sie sich auch in ganz andere Elemente verwandeln können. Für die Alchemisten des 16. und 17. Jahrhunderts, die davon besessen waren, einen Weg zur Umwandlung eines Elements in ein anderes (idealerweise in Gold) zu finden, hätte der radioaktive Zerfall wie Magie ausgesehen.

Alle radioaktiven Elemente zerfallen mit unterschiedlichen Raten. Kohlenstoff-14 (^{14}C), eine Form von Kohlenstoff mit acht Neutronen anstelle der üblichen sechs (plus jeweils sechs Protonen), kann gefahrlos und ohne besondere Vorkehrungen gehandhabt werden. Wenn wir ein Gramm Kohlenstoff-14 abmessen und aufs Fensterbrett legen wollten, müssten wir ziemlich lange auf den Zerfall warten: Es würde 5700 Jahren dauern, bis die Hälfte der Atome zerfallen wäre. Diese Zeitangabe, die Zerfallsrate, wird Halbwertszeit genannt. Polonium-214 hat im Gegensatz zu Kohlenstoff-14 eine Halbwertszeit von weniger als einer tausendstel Sekunde. In einer wahnwitzigen Parallelwelt, in der das Abwiegen von einem Gramm radioaktiven Poloniums erlaubt wäre, würden wir es nicht schaffen, es auch nur auf das Fensterbrett zu legen, bevor alles unter Aussendung gefährlicher Strahlung zerfallen wäre.

Der frühere russische Geheimdienstagent Alexander Litvinenko und möglicherweise auch Palästinenserführer Jassir Arafat wurden mit einem stabileren Isotop von Polonium getötet, das innerhalb von ein paar Tagen und nicht innerhalb von Sekunden zerfällt, wenngleich auch dieses tödlich ist. Im menschlichen Körper durchdringt die Strahlung, die die zerfallenden Polonium-210-Atome aussenden, die Zellen und führt so zu Schmerzen, Übelkeit und dem Versagen des Immunsystems. Bei der Untersu-

---

Arten radioaktiver Strahlung

Alpha-Strahlen bestehen aus zwei Protonen und zwei Neutronen, das entspricht dem Atomkern von Helium. Sie sind schwach und können schon von einem Blatt Papier aufgehalten werden. Beta-Strahlen sind Elektronen, die sich schnell bewegen und die Haut durchdringen können. Gamma-Strahlen sind, wie Licht, elektromagnetische Strahlen und können nur durch eine Bleischicht gestoppt werden. Die Auswirkungen von Gamma-Strahlen sind sehr schädlich. Gamma-Strahlen mit hoher Energie werden bei der Strahlentherapie eingesetzt, um Tumore zu zerstören.

chung dieser Fälle fahndeten die Wissenschaftler nach den Zerfallsprodukten des Poloniums, denn Polonium-210 war nicht mehr vorhanden.

Zurück in die Zukunft Radioaktive Isotope können tödlich wirken, sie können uns aber auch helfen, die Vergangenheit zu erkunden. Das Isotop Kohlenstoff-14, das wir zum langsamen Zerfall auf der Fensterbank abgelegt haben, kann für eine ganze Reihe wissenschaftlicher Zwecke benutzt werden, zum Beispiel zur Radiokarbondatierung von Fossilien oder zur Erforschung des Klimas früherer Zeiten. Da wir sehr genau wissen, wie lange ein Isotop zum Zerfall braucht, können Wissenschaftler das Alter von Knochen, toten Tieren oder von Luftproben früherer Atmosphären, die in Eis eingeschlossen wurden, bestimmen, indem sie die Anteile verschiedener Isotope ermitteln. Jedes Tier atmet zu Lebzeiten über das Kohlendioxid der Luft kleine Mengen an natürlich vorkommendem Kohlenstoff-14 ein. Mit dem Tod des Tieres hört das auf, und der Kohlenstoff-14 zerfällt. Weil die Wissenschaftler wissen, dass die Halbwertszeit von Kohlenstoff-14 5700 Jahre beträgt, können sie berechnen, wann das fossile Tier gestorben ist.

Wenn Bohrkerne aus Eis aus Eisschichten oder Gletschern gezogen werden, die Jahrtausende alt sind, enthalten sie eine vorgefertigte Zeitleiste der atmosphärischen Veränderungen, die durch die Isotope, die sie enthalten, festgehalten wurden. Diese Einblicke in die Vergangenheit unseres Planeten können uns helfen, vorauszusagen, was in Zukunft auf der Erde geschehen wird, wenn der Gehalt an Kohlendioxid in der Atmosphäre weiter steigt.

> Selten hat eine einzige Entdeckung in der Chemie eine solche Auswirkung auf das Denken auf so vielen Gebieten der menschlichen Bemühungen gehabt.
>
> **Professor A. Westgren,**
> bei der Überreichung des Nobel-Preises für Chemie für die Radiokarbondatierung an Willard Libby

Worum es geht
Der Unterschied, den ein Neutron ausmacht

04 Verbindungen

In der Chemie gibt es Stoffe, die nur Atome eines Elements enthalten, und Stoffe, die aus mehreren Elementen zusammengesetzt sind: Verbindungen. Erst wenn verschiedene Elemente zusammengefügt werden, zeigt sich die außerordentliche Vielfalt der Chemie. Es ist schwer abzuschätzen, wie viele Verbindungen es gibt, und neue Verbindungen werden jedes Jahr hinzuerfunden. Sie haben eine Vielzahl von Anwendungen.

Gelegentlich kommt es in der Wissenschaft vor, dass jemand etwas entdeckt, das bisherigen Gesetzen komplett widerspricht. Für eine Weile kratzen sich die Forscher am Kopf und fragen sich, wo der Fehler des Experiments lag oder ob die Daten gefälscht worden sind. Wenn die Beweise schließlich unwiderlegbar sind, werden die Lehrbücher neu geschrieben und ein völlig neuer Bereich der Wissenschaft eröffnet sich. So war es, als Neil Bartlett im Jahr 1962 eine neue Verbindung fand.

Bartlett arbeitete noch spät an einem Freitagabend und war allein, als er die Entdeckung machte. Er hatte zwei Gase – Xenon und Platinhexafluorid – zusammengeführt und dabei einen gelben Feststoff erhalten. Es zeigte sich, dass er eine Verbindung von Xenon hergestellt hatte. Das ist doch keine Überraschung, mögen Sie jetzt denken, doch zu dieser Zeit glaubten fast alle Wissenschaftler, dass Xenon wie auch die anderen Edelgase völlig unreaktiv seien und keine Verbindungen mit anderen Stoffen eingehen könnten. Die neue Verbindung wurde Xenonhexafluoroplatinat genannt, und Bartletts Entdeckung überzeugte schnell weitere Wissenschaftler, nach Verbindungen von Edelgasen zu suchen. Im Laufe der nächsten Jahrzehnte wurden mehr als hundert gefunden. Verbindungen, die Edelgase enthalten, werden zum Beispiel als Anti-Tumor-Medikamente und bei Laseroperationen am Auge eingesetzt.

Partnerschaften Die Geschichte von Bartletts Verbindung ist vielleicht ein Lehrstück für die Bücher, doch dahinter steckt mehr als nur ein hübsches Bei-

Zeitleiste

1718	frühes 19. Jh.	1808
„Affinitätstafel" von Étienne François Geoffroy, die aufzeigt, wie Stoffe sich untereinander verbinden	Claude-Louis Berthollet und Joseph-Louis Proust erörtern die Mengenverhältnisse, in denen sich Elemente verbinden	die Atomtheorie von John Dalton bestätigt, dass Elemente sich in festen Mengenverhältnissen verbinden

spiel für eine wissenschaftliche Entdeckung, die eine bis dahin unverrückbare „Wahrheit" ins Wanken bringt. Sie zeigt uns, dass Elemente für sich allein (und dies gilt besonders für die wenig reaktiven unter ihnen) nur wenig nützlich sind. Natürlich haben sie ihre Anwendungen – Neonleuchten, Kohlenstoff-Nanoröhrchen, Narkotisierung mit Xenon, um nur ein paar zu nennen –, aber nur durch Ausprobieren von neuen und manchmal sehr komplexen Kombinationen von Elementen können Chemiker lebensrettende Medikamente und innovative Materialien entdecken.

Ein Element muss mit einem anderen eine Partnerschaft eingehen und womöglich mit noch einem und noch einem, um die nützlichen Verbindungen zu ergeben, die Grundlage fast aller modernen Produkte sind, von Düngern und Detergenzien über Fasern und Farbstoffe zu Brennstoffen und medizinischen Wirkstoffen. Es gibt kaum etwas in unseren Heimen, das nicht aus Verbindungen aufgebaut ist, außer es besteht, wie das Graphit im Bleistift, einfach aus einem chemischen Element. Auch Dinge, die gewachsen oder von selbst entstanden sind, wie Holz oder Wasser, sind Verbindungen. Doch sie können recht kompliziert sein.

Verbindungen und Mischungen Es gibt jedoch ein paar wichtige Unterschei-

Verbindungen oder Moleküle?

Alle Moleküle enthalten mehr als ein Atom. Diese Atome können von demselben Element stammen, wie etwa bei Sauerstoff-Molekülen O_2, oder von verschiedenen Elementen, wie bei Kohlendioxid, CO_2. Doch nur CO_2 ist auch eine Verbindung, denn es enthält Atome verschiedener Elemente, die chemisch miteinander verknüpft sind. Nicht alle Moleküle sind also auch Verbindungen – sind aber alle Verbindungen Moleküle? Die Antwort wird verzwickt durch das Verhalten der Ionen: Stoffe, deren Atome geladene Ionen bilden, bilden keine Moleküle im klassischen Sinn. In Kochsalz zum Beispiel ist ein Haufen von Natrium-Ionen (Na^+) mit einem Haufen Chlorid-Ionen in einer großen, regelmäßigen und sich stets wiederholenden Kristallstruktur angeordnet. Es gibt also keine unabhängigen „Moleküle" von Natriumchlorid im strengeren Sinn. Die chemische Formel NaCl sagt nur etwas über das Mengenverhältnis von Natrium-Teilchen zu Chlorid-Teilchen und bezieht sich nicht auf ein einzelnes Molekül. Andererseits reden Chemiker untereinander auch mal leichthin über „Moleküle von Natriumchlorid".

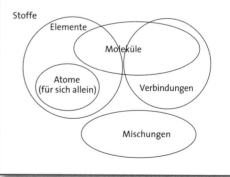

1833

Michael Faraday und William Whewell definieren den Begriff „Ion"

1962

Neil Bartlett weist nach, dass Edelgase Verbindungen bilden können

2005

Abschätzung des „chemischen Raumes" für Verbindungen von C, N, O und F mit bis zu 11 Atomen

dungen zu treffen, wenn wir über Verbindungen sprechen wollen. Verbindungen sind chemische Stoffe, die aus Atomen von zwei oder mehr Elementen zusammengesetzt sind. Aber nur, weil wir zwei oder zehn verschiedene Elemente zusammen in einen Raum einsperren, wird daraus noch lange keine Verbindung. Die Atome dieser Elemente müssen Partnerschaften eingehen – sie müssen untereinander chemische Bindungen ausbilden. Ohne diese Bindungen haben wir nur eine Art Cocktailparty-Mischung aus Atomen verschiedener Elemente, Chemiker nennen dies ein Gemenge. Atome von manchen Elementen gehen auch untereinander Partnerschaften ein, zum Beispiel der Sauerstoff der Luft, der zumeist als O_2 vorkommt. Die beiden Sauerstoff-Atome bilden ein Molekül. Dieses Sauerstoff-Molekül ist jedoch keine Verbindung, denn es enthält nur Atome eines Elements.

Verbindungen jedoch sind Stoffe, die Atome von mehr als einem Element enthalten. Wasser ist eine Verbindung, denn es enthält zwei chemische Elemente: Wasserstoff und Sauerstoff. Es besteht aus Molekülen, denn seine Teilchen enthalten mehr als ein Atom. Die meisten unserer modernen Stoffe und käuflichen Produkte bestehen ebenfalls aus Molekülen. Doch nicht alle Moleküle sind auch Verbindungen, und es lässt sich darüber streiten, ob alle Verbindungen Moleküle sind (▶ Box: Verbindungen oder Moleküle?).

Polymere Einige Verbindungen bilden Verbindungen innerhalb von Verbindungen: Sie bestehen aus Grundeinheiten, die sich viele Male wiederholen, wie eine Perlenschnur. Solche Verbindungen heißen Polymere. Manche erkennen wir schon an ihrem Namen: das Polyethylen der Einkaufstüten, das Polyvinylchlorid (PVC) der Vinyl-Langspielplatten oder das Polystyren der Fast-Food-Essensboxen. Weniger offensichtlich ist, dass Nylon und Seide genauso wie die DNA in unseren Zellen oder die Proteine in unseren Muskeln Polymere sind. Die sich wiederholende Einheit wird in jedem Polymer, egal ob natürlichen Ursprungs oder vom Menschen geschaffen, „Monomer" genannt. Wenn wir die Monomere aneinanderhängen, wird daraus das Polymer. Bei Nylon ist die Verknüpfung eine eindrucksvolle Reaktion, die überall im Schulunterricht vorgeführt wird – die gerade entstehende Nylon-„Schnur" lässt sich buchstäblich aus dem Becherglas herausziehen und wie ein Stück Faden direkt auf eine Spule aufwickeln.

Biopolymere Biopolymere wie DNA (▶ Kap. 35) sind so komplex, dass die Natur Millionen Jahre dazu gebraucht hat, ihre Herstellung zu vervollkommnen. Die Monomere, also die „Verbindungen in der Verbindung", sind Nukleinsäuren, die bereits für sich ziemlich kompliziert aufgebaut sind. Zusammengefügt bilden sie lange Polymerketten, die unseren DNA-Code darstellen. Um sie zusammenzufügen, hat die Natur ein spezielles Enzym entwickelt, das die einzelnen Perlen auf die Kette fädelt. Die Evolution hat damit einen Weg gefunden, solche komplexen Verbindungen innerhalb unseres eigenen Körpers herzustellen.

Doch wie viele Verbindungen gibt es wohl? Die ehrliche Antwort lautet: Wir wissen es nicht. Schweizer Wissenschaftler versuchten 2005 zu berechnen, wie viele stabile Verbindungen es geben könnte, die nur aus den Elementen Kohlenstoff, Stickstoff, Sauerstoff und Fluor aufgebaut sind. Sie schätzten die Zahl auf annähernd 14 Milliarden, doch dabei bezogen sie nur Verbindungen aus bis zu 11 Atomen ein. Der „chemische Raum", wie sie es nannten, ist wirklich groß.

> ## Ionen
>
> Wenn ein Atom ein negativ geladenes Elektron erhält oder verliert, verändert sich sein Ladungsgleichgewicht, und das Atom insgesamt wird geladen. Dieses geladene Atom wird „Ion" genannt. Dasselbe kann auch mit Molekülen passieren, die dann mehratomige Ionen bilden – zum Beispiel ein Nitrat-Ion (NO_3^-) oder ein Silicat-Ion (SiO_4^{4-}). Die Ionenbindung zwischen entgegengesetzt geladenen Ionen ist eine wichtige Art und Weise, mit der Stoffe zusammenhalten.

Worum es geht

Chemische Verbindungen

05 Wie alles zusammenhält

Wie hält Salz zusammen? Warum kocht Wasser bei 100 Grad Celsius? Und, am wichtigsten, warum verhält sich ein Klumpen Metall wie eine Hippie-Kommune? All diese Fragen und noch mehr lassen sich beantworten, wenn wir auf die winzigen, negativ geladenen Elektronen achten, die zwischen den Atomen und um sie herum flitzen.

Atome kleben aneinander. Was geschähe, wenn sie es nicht täten? Nun, zunächst wäre das Universum ein völliges Durcheinander. Ohne die Bindungen und Kräfte, die Atome zusammenhalten, wäre nichts so, wie wir es kennen. All die Atome, die unsern Körper ausmachen, oder Tauben, Fliegen, TV-Geräte, Haferflocken, Sonne und Erde, schwämmen in einem riesigen, fast unendlichen See von Atomen. Wie halten diese Atome also zusammen?

Denken wir negativ Auf die eine oder andere Art werden Atome in den Molekülen und Verbindungen durch ihre Elektronen festgehalten, also durch die winzigen subatomaren Teilchen, die um die positiv geladenen Atomkerne herum eine Wolke negativer Ladung bilden. Sie ordnen sich von selbst in Schichten oder Schalen um den Atomkern. Da jedes Element eine andere Anzahl von Elektronen hat, ist auch eine andere Zahl von Elektronen in seiner äußersten Schale. Die Tatsache, dass die Wolke von Elektronen bei einem Natrium-Atom ein wenig anders aussieht als bei einem Chlor-Atom, hat ein paar interessante Auswirkungen. Hier liegt der Grund, warum die beiden zusammenhalten können. Natrium verliert sehr leicht ein Elektron aus seiner äußersten Schale. Weil es damit negative Ladung verliert, wird es zum positiv geladenen Ion: Na^+. Andererseits nimmt Chlor sehr gerne ein Elektron auf, um seine äußerste Schale vollzubekommen. Weil es damit zusätzliche negative Ladung erhält, wird es zum negativ geladenen Chlorid-Ion Cl^-. Doch Gegen-

Zeitleiste

1819	1873
Jöns Jakob Berzelius schlägt vor, dass chemische Bindungen auf elektrostatischer Anziehung beruhen	Johannes Diderik van der Waals erstellt Gleichungen, um die intermolekularen Kräfte in Gasen und Flüssigkeiten zu berechnen

sätze ziehen einander an, und schon haben wir eine chemische Bindung – und ein Salz: Natriumchlorid (NaCl).

Wenn wir das Periodensystem der Elemente näher ansehen, werden wir anfangen, Muster zu erkennen. Wir werden sehen, wie leicht Elektronen aufgenommen und abgegeben werden, und begreifen, dass es an der Verteilung ihrer negativen Ladungen liegt, wie die Atome zusammenhalten. Die Art und Weise, in der Elektronen aufgenommen, abgegeben oder auch miteinander geteilt werden, bestimmt die Art der Bindung zwischen den Atomen und die Art der Verbindung, die daraus entsteht.

Wohnsituationen Es gibt drei Hauptformen chemischer Bindungen. Fangen wir mit der kovalenten Bindung an, bei der jedes Molekül einer Verbindung aus einer Familie von Atomen besteht, die miteinander Elektronen teilen (▶ Box: Einfach-, Doppel- und Dreifachbindungen). Diese Elektronen werden nur zwischen den Mitgliedern ein und desselben Moleküls geteilt. Wir können uns das als Wohnsituation vorstellen: Jedes Molekül, oder jede Familie, lebt in ihrem Häuschen, kümmert sich um ihre eigenen Angelegenheiten und bleibt für sich. So leben Moleküle wie Kohlendioxid, Wasser oder Ammoniak (der Geruchsstoff in Düngemitteln).

Einfach-, Doppel- und Dreifachbindungen

Vereinfacht gesagt ist jede kovalente Bindung ein Paar von Elektronen, das sich zwei Atome teilen. Normalerweise kann ein Atom alle Elektronen zum Teilen zur Verfügung stellen, die es in der äußersten Schale hat. Weil beispielsweise das Kohlenstoff-Atom vier Elektronen hat, die es mit anderen Atomen teilen kann, bildet es auch bis zu vier Bindungen aus. Dieses Konzept des vierbindigen Kohlenstoff-Atoms ist wichtig für die Strukturen fast aller organischen (das heißt kohlenstoffhaltigen) Verbindungen, bei denen Gerüste von Kohlenstoff-Atomen mit Atomen anderer Elemente verziert werden – bei den langkettigen Kohlenwasserstoffen etwa teilen die Kohlenstoff-Atome ihre Elektronen miteinander und auch mit Wasserstoff-Atomen. Manchmal teilt ein Atom auch mehr als ein Elektronenpaar mit einem anderen Atom. Dann kommt es zu einer Kohlenstoff-Kohlenstoff- oder auch einer Kohlenstoff-Sauerstoff-Doppelbindung. Es gibt sogar Dreifachbindungen, bei denen zwei Atome drei Elektronenpaare miteinander teilen. Jedoch nicht alle Atome haben überhaupt drei Elektronen, die sie teilen können. Wasserstoff zum Beispiel hat nur eines.

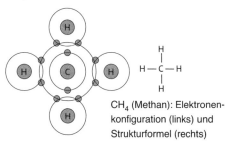

CH_4 (Methan): Elektronenkonfiguration (links) und Strukturformel (rechts)

1912
Tom Moore und Thomas Winmill entwickeln das Konzept der Wasserstoffbrückenbindung, das später von Linus Pauling anerkannt wird

1939
Linus Pauling veröffentlicht „Die Natur der chemischen Bindung"

1954
Linus Pauling erhält den Nobelpreis für Chemie für seine Arbeiten über die chemische Bindung

2012
Quantenchemiker schlagen eine neue Art chemischer Bindung vor, die in sehr starken Magnetfeldern, z. B. in Zwergsternen, auftritt

Wie wir am Beispiel von Natriumchlorid schon gesehen haben, leben Ionenbindungen dagegen nach dem Prinzip „Gegensätze ziehen sich an". Diese Bindungsart ist eher wie das Wohnen in einer Mietskaserne, bei dem jeder Mieter rechts und links, oben und unten Nachbarn hat. Es gibt keine einzeln stehenden Häuser, nur einen großen Wohnblock. Die Mieter bleiben großteils für sich, doch direkte Nachbarn geben oder übernehmen ein Elektron. Das hält sie zusammen – bei Verbindungen mit Ionenbindung hängen die Atome aneinander, weil sie gegensätzlich geladene Ionen sind (▶ Box: Ionen, Kap. 4).

Dann gibt es noch die Metallbindung. Die Bindung in Metallen ist etwas seltsam. Sie hat auch das Prinzip, dass Gegensätze sich anziehen, doch anstelle eines Wohnblocks haben wir hier eher eine Hippie-Kommune vor uns. Alle Elektronen werden gemeinschaftlich geteilt. Die negativ geladenen Elektronen schwimmen herum und werden von den positiv geladenen Metall-Ionen aufgelesen und wieder losgelassen. Weil alles allen gehört, gibt es hier keinen Diebstahl, so als ob das ganze Gebilde durch Vertrauen zusammengehalten würde.

Diese Bindungen reichen jedoch nicht aus, um das Universum zusammenzuhalten. Neben den starken Bindungen in Molekülen und Verbindungen gibt es noch schwächere Kräfte, die ganze Ansammlungen von Molekülen zusammenhalten – wie die sozialen Netzwerke, die eine menschliche Gemeinschaft verbinden. Mit die stärksten dieser Kräfte finden wir im Wasser.

Warum Wasser etwas Besonderes ist Wahrscheinlich haben Sie noch nie darüber nachgedacht, doch die Tatsache, dass Wasser bei 100 °C kocht, ist recht seltsam. Die Siedetemperatur ist viel höher, als wir es für eine Verbindung aus Wasserstoff und Sauerstoff erwarten würden.

Nach einem Blick auf das Periodensystem der Elemente (▶ am Buchende) könnten wir mit gutem Grund folgern, dass Sauerstoff sich ähnlich verhält wie die Elemente, die unter ihm in der Spalte stehen. Doch die Wasserstoff-Verbindungen der drei Elemente unter Sauerstoff lassen sich nicht in einem Kessel füllen und zum Kochen bringen: Alle drei kochen bereits bei Temperaturen unter 0 °C und sind in unserer Küche, bei Raumtemperatur, also Gase. Doch unter 0 °C ist Wasser festes Eis. Warum also bleibt eine Verbindung aus Sauerstoff und Wasserstoff bis zu hohen Temperaturen flüssig?

Die Antwort liegt bei den Kräften, die die Wasser-Moleküle als Gruppe zusammenhalten und sie davon abhalten, davonzufliegen, sobald ihnen ein wenig warm wird. Diese „Wasserstoffbrückenbindungen" bilden sich zwischen den Wasserstoff-Atomen eines Wasser-Moleküls und dem Sauerstoff-Atom eines anderen. Wie das? Nun, hier kommen wir wieder zurück zu den Elektronen. Im Wasser-Molekül teilen sich zwei Wasserstoff-Atome das Bett mit einem Sauerstoff-Atom, das die Bettdecke (die negativ geladenen Elektronen) für sich haben möchte. Die nur noch teilweise zugedeckten Wasserstoff-Atome haben deshalb positive Teilladungen. Dadurch werden sie attraktiv für die Sauerstoff-Atome anderer Wasser-Moleküle, die ebenfalls die Bettdecke an sich gezogen haben und deshalb negative Teilladungen tragen. Weil jedes Wasser-Molekül zwei Wasserstoff-Atome hat, kann es auch zwei Wasserstoffbrückenbindungen mit anderen Wasser-Molekülen ausbilden. Mit diesen Anziehungskräften lassen sich auch die Gitterstruktur von Eis und die Oberflächenspannung des Wassers erklären, die es einem Käfer ermöglicht, über einen Teich zu laufen.

Van der Waals

Van-der-Waals-Kräfte wurden nach einem niederländischen Physiker benannt. Es sind sehr schwache Kräfte, die zwischen allen Atomen auftreten. Es gibt sie, weil die Elektronen auch in stabilen Atomen und Molekülen ein wenig hin und her schwanken und dabei die Ladung ungleich verteilen. Das heißt, dass ein zufällig eher negativ geladener Teil eines Moleküls einen zufällig leicht positiv geladenen Teil eines Moleküls anziehen kann. Bei „polaren" Molekülen wie Wasser gibt es eine dauerhafte Ladungsverschiebung, die zu etwas stärkeren Anziehungskräften führt. Wasserstoffbrückenbindungen sind ein Spezialfall für diese Art der Anziehung, die zu besonders starken intermolekularen Bindungen führen.

Worum es geht
Elektronen teilen

06 Wechsel von Zustandsformen

Wenige Dinge bleiben dauerhaft gleich. Chemiker sprechen von Übergängen zwischen verschiedenen Phasen, doch das ist nur eine spezielle Art, um auszudrücken, dass sich Dinge verändern. Stoffe können verschiedene Formen annehmen, und neben dem Alltäglichen fest, flüssig und gasförmig gibt es noch weitere, eher unübliche Zustandsformen.

Überlegen wir einmal, was geschieht, wenn wir an einem heißen Tag ein paar Rippen Schokolade in der Tasche liegen lassen. Wir können die geschmolzene Schokolade aus der Tasche herausnehmen und an einem kühlen Platz wieder fest werden lassen, doch sie wird nicht mehr so schmecken wie vorher. Warum? Für die Antwort müssen wir den Unterschied zwischen der ursprünglichen Schokolade und der wieder fest gewordenen verstehen. Dazu müssen wir zunächst an die Schulstunden in Physik und Chemie zurückdenken.

Feststoffe, Flüssigkeiten und Gase ... und Plasma Es gibt drei Zustandsformen von Stoffen, die den meisten Menschen geläufig sind: Feststoffe, Flüssigkeiten und Gase. Erinnern Sie sich daran, wie Sie in der Schule davon gehört haben? Wahrscheinlich haben Sie sie als Aggregatzustände kennengelernt. Ein einfaches Beispiel für die Änderung des Aggregatzustands ist das Gefrieren und Schmelzen von Wasser: der Wechsel zwischen fest und flüssig. Auch viele andere Stoffe schmelzen, wechseln also von fest zu flüssig. Die verschiedenen Formen werden oft mit der Anordnung der Atome oder Moleküle im Stoff erklärt. Im Feststoff sind sie zusammengepresst, wie Menschen in einem überfüllten Lift, in der Flüssigkeit dagegen können sie sich umherbewegen. Im Gas schließlich sind die Teilchen weit verstreut und haben keine großen Bewe-

Zeitleiste

1832	**1835**	**1888**
organische Stoffe werden erstmals über ihren Schmelzpunkt charakterisiert	Adrien-Jean-Pierre Thilorier veröffentlicht die erste Beobachtung von Trockeneis	Friedrich Reinitzer entdeckt Flüssigkristalle

gungseinschränkungen – die Lifttüren haben sich geöffnet und die Passagiere strömen in alle Richtungen davon.

Diese drei Zustandsformen kennen die meisten Menschen, doch es gibt noch weitere, die ausgefallener und möglicherweise nicht so bekannt sind. Da ist zunächst der futuristisch klingende Begriff „Plasma". In diesem gasartigen Zustand, der zum Beispiel bei Plasma-Fernsehgeräten angewandt wird, haben sich Elektronen von den Atomen oder Molekülen abgelöst, die dadurch Ionen geworden sind. Um die Analogie zum Lift weiter zu treiben: Wenn sich die Lifttüren öffnen, streben hier alle Passagiere zusammen weg, in einer eher geordneten Form. Da die Teilchen geladen sind, fließt Plasma eher und springt nicht herum wie Gasteilchen. Flüssigkristalle, die in LCD-Fernsehgeräten Anwendung finden, sind eine weitere seltsame Zustandsform (▶ Box: Flüssigkristalle).

Mehr als vier Vier Zustandsformen, oder Aggregatzustände, könnten ausreichen, um die meisten Phasenänderungen zu verstehen, die wir im Alltag an Stoffen erleben. Damit können wir sogar ein paar der weniger alltäglichen Änderungen erklären. Die Nebelmaschinen, die in Theatern und Diskotheken eingesetzt werden, um sehr dichten Rauch oder Nebel zu erzeugen, nutzen zum Beispiel „Trockeneis", gefrorenes (festes) Kohlendioxid (CO_2). Wenn ein Stückchen Trockeneis in ein Glas mit heißem Wasser fällt, geschieht etwas sehr Ungewöhnliches: Es verwandelt sich direkt vom Feststoff in ein Gas, ohne dazwischen flüssig zu werden (zufällig wird es genau deshalb Trockeneis genannt). Der direkte Wechsel im Aggregatzustand von fest zu gasförmig heißt „Sublimation". An den immer noch sehr kalten Gasbläschen kondensiert Wasserdampf aus der Luft und erzeugt so den Nebel.

Vier Zustandsformen geben aber noch keine Antwort auf die Frage, die wir oben gestellt haben: Warum schmeckt dieselbe Schokolade anders, nachdem sie geschmolzen und wieder fest wurde? Sie ist ein Feststoff wie zuvor auch. Es kommt daher, dass es mehr als die drei oder vier klassischen Zustände gibt. Viele Stoffe können innerhalb der festen Form verschiedene Phasen annehmen,

> ❚ [Es] gleitet rasch über glatte Oberflächen, als ob es durch das Gas, das es ständig umgibt, hochgehoben würde, bis es schließlich vollständig verschwindet. ❚
>
> **Der französische Chemiker**
> **Adrien-Jean-Pierre Thilorier**
> über seine ersten Beobachtungen von Trockeneis

1928
Irving Langmuir prägt den Begriff „Plasma"

1964
die ersten funktionierenden Flüssigkristall-Displays

2013
Vorhersage einer neuen Zustandsform von Wasser auf Eisriesen-Planeten

Flüssigkristalle

Von Flüssigkristallen haben die meisten von uns im Zusammenhang mit LCDs, *liquid crystal displays*, in TV- und anderen elektronischen Geräten schon gehört. Auch viele andere Stoffe können diese Zustandsform annehmen, nicht nur diejenigen im TV-Gerät. So können wir uns die Chromosomen in unseren Zellen ebenfalls als Flüssigkristalle vorstellen. Wie der Name schon suggeriert, liegt der Zustand „Flüssigkristall" irgendwo zwischen einer Flüssigkeit und einem festen Kristall. Die Moleküle sind meist stäbchenförmig und ordnen sich – wie in einer Flüssigkeit – in der einen Richtung zufällig an, sind jedoch in der anderen Richtung – wie in einem Kristall – dicht gepackt. Das kommt daher, dass die Kräfte, die die Moleküle zusammenhalten, in der einen Richtung schwächer sind als in der anderen. Die Moleküle in Flüssigkristallen bilden Schichten, die übereinander gleiten können. Sogar innerhalb der einzelnen Schicht bewegen sich die zufällig angeordneten Moleküle. Durch diese Kombination von Beweglichkeit und regelmäßiger Anordnung können sich die Kristalle wie Flüssigkeiten verhalten. In LCD-Bildschirmen bestimmen die Positionen der Moleküle und die Abstände zwischen ihnen, wie sie Licht reflektieren und welche Farbe auf dem Bildschirm erscheint. Durch elektrische Spannung lassen sich die Positionen der Flüssigkristall-Moleküle, die sich zwischen zwei Glasplatten befinden, verändern und Muster und Bilder auf dem Bildschirm erzeugen.

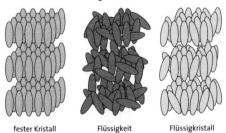

fester Kristall   Flüssigkeit   Flüssigkristall

und viele dieser festen Phasen bestehen aus Kristallen. Die Kakaobutter in der Schokolade bildet Kristalle, und Unterschiede bei der Kristallbildung bestimmen, in welcher Phase sie vorliegt.

Sechs Arten von Schokolade   Nun endlich sind wir bereit, das schmackhafte Thema der Schokolade anzugehen. Vielleicht haben Sie schon angefangen, sich zu wundern, ob Schokolade etwa ein wenig komplizierter ist, als es zunächst scheint. Das trifft zu. Ihr Hauptbestandteil, Kakaobutter, besteht aus Molekülen, die Chemiker Triacylglycerine nennen, doch wir lassen es bei Kakaobutter. Kakaobutter kristallisiert in nicht weniger als sechs verschiedenen Formen oder Polymorphen. Diese sechs Formen haben unterschiedliche Strukturen und schmelzen bei unterschiedlichen Temperaturen. Beim Schmelzen und wieder Festwerden der Schokolade entsteht eine andere Polymorphe mit einem anderen Geschmack.

Auch wenn die Schokolade nur bei Raumtemperatur liegen bleibt, wird sie langsam, aber sicher in eine andere Form übergehen – in die stabilste Polymorphe. Chemiker nennen dies einen Phasenübergang, und das ist auch der Grund, warum wir bei einem Schokoriegel, der schon eine Weile herumgelegen hat, beim Auspacken den Eindruck haben, er sei von einer Krankheit befallen. Die weißlichen Ränder tun uns aber nichts. Es ist nur die Polymorphe VI. Gewissermaßen „möchte" die Kakaobutter Polymorphe

VI werden, denn dies ist die stabilste Form
– sie schmeckt nur nicht so gut. Um den
langsamen Übergang in Polymorphe VI zu
verhindern, können Sie versuchen, Schokolade bei niedrigeren Temperaturen aufzube-
wahren, im Kühlschrank etwa.

Die verschiedenen Formen von Schokolade in einander umwandeln zu können, ist
offenkundig von großem Interesse für die
Nahrungsmittelindustrie. Einige sehr aus-
gefeilte Studien zu den Polymorphen von
Schokolade wurden erst in den letzten Jahren veröffentlicht. Im Jahr 1998 setzte der
Schokoladenhersteller Cadbury sogar einen Teilchenbeschleuniger ein, um die
Geheimnisse leckerer Schokolade zu ergründen, die verschiedenen Formen
kristalliner Kakaobutter zu charakterisieren und das beste Schmelzgefühl im
Mund zu entwickeln.

Die köstliche, glänzend wirkende Form von Schokolade, die wir alle essen
möchten, ist die Polymorphe V. Es ist aber nicht einfach, eine ganze Tafel Schokolade in Polymorphe V zu kristallisieren, sondern erfordert einen streng kon-
trollierten Ablauf von Schmelzen und Abkühlen bei genau festgelegten Temperaturen, sodass die Kristalle sich in der richtigen Art ausbilden. Am wichtigsten
ist es jedoch, dass wir die Tafel aufessen, bevor die Kristalle wieder einen Pha-
senwechsel vornehmen. Das, liebe Leser, ist die beste Ausrede, um alle Oster-
eier bis Ostermontag zu vernaschen!

Neue Zustandsformen

Stoffe können in verschiedenen Zustandsformen
vorkommen, und viele dieser Phasen wurden noch
gar nicht entdeckt. Es scheint, als entdeckten die
Wissenschaftler ständig weitere Phasen von Wasser (▶ Kap. 29). Im Jahr 2013 wurde in einem Artikel der Zeitschrift *Physical Review Letters* eine
neue Art von superstabilem, „superionischem" Eis
beschrieben, das in großen Mengen im Inneren
von Eisriesen-Planeten wie Uranus und Neptun
vorkommen soll.

Mehr als Feststoffe, Flüssigkeiten und Gase

07 Energie

Energie ist wie ein übernatürliches Wesen: mächtig, aber jenseits menschlicher Kenntnis. Obwohl wir ihre Wirkungen sehen, zeigt sie uns nie ihre wirkliche Form. Im 19. Jahrhundert legte James Joule die Grundsteine für eines der grundlegenden Gesetze der Naturwissenschaft. Diesem Gesetz unterliegen die Energieveränderungen, die bei allen chemischen Reaktionen vorkommen.

Stellen Sie sich vor, Sie spielen eine Scharade und müssen den Begriff „Energie" darstellen. Was würden Sie tun? Es ist eine knifflige Frage, denn Energie ist ziemlich schwierig zu beschreiben. Sie ist in Treibstoff, in Nahrung, in Wärme, sie kommt aus Sonnenkollektoren und ist in einer gespannten Sprungfeder, einem fallenden Blatt, einem sich blähenden Segel, einem Magneten, einem Gewitter und dem Klang einer spanischen Gitarre zu finden. Doch wenn Energie in all diesen Dingen steckt, was macht sie aus?

Was ist Energie?   Alle Lebewesen nutzen Energie, um ihren Körper aufzubauen und zu wachsen und, in einigen Fällen, sich zu bewegen. Menschen scheinen süchtig nach Energie – wir nutzen große Mengen, um unsere Heime auszuleuchten, betreiben unsere technischen Geräte und versorgen unsere Fabriken damit. Energie ist jedoch kein Stoff, den wir sehen oder in die Hand nehmen können. Sie ist nicht greifbar. Die Menschen kannten – wenn auch nur vage – schon immer ihre Auswirkungen, doch erst seit dem 19. Jahrhundert wissen wir wirklich, dass es sie gibt. Vor den Arbeiten des englischen Physikers James Prescott Joule hatten wir nur einen groben Schimmer davon, was Energie wirklich ist.

Joule war der Sohn eines Bierbrauers, der zu Hause unterrichtet wurde. Viele seiner Experimente führte er im Keller der Familienbrauerei durch. Ihn beschäftigte die Beziehung zwischen Wärme und Arbeit, sogar so sehr, dass er seine Thermometer (und auch William Thomson) mit auf die Hochzeitsreise nahm,

Zeitleiste

1807	**1840**	**1845**
Thomas Young prägt den Begriff „Energie"	James Prescott Joule entdeckt eine Beziehung zwischen Hitze und elektrischem Strom	James Prescott Joule berichtet erstmals über Experimente mit Schaufelrädern in *On the Mechanical Equivalent of Heat*

um Temperaturunterschiede zwischen dem oberen und unteren Ende eines nahegelegenen Wasserfalls zu studieren! Joule hatte zunächst Schwierigkeiten, seine Berichte zu veröffentlichen, doch dank einiger berühmter Freunde, darunter auch der Physiker Michael Faraday, fand seine Arbeit schließlich Beachtung. Seine wesentliche Erkenntnis lautet: Wärme ist Bewegung.

Wärme ist Bewegung? Beim ersten Lesen scheint diese Beobachtung nicht viel Sinn zu ergeben. Doch denken wir darüber nach. Warum reiben wir die Hände aneinander, um sie an einem kalten Morgen zu wärmen? Warum werden die Reifen eines fahrenden Autos warm? Joules Artikel *On the Mechanical Equivalent of Heat*, der am Neujahrstag 1850 veröffentlicht wurde, stellt diese Art von Fragen. Darin stellt er fest, dass Meerwasser sich nach einer Reihe stürmischer Tage erwärmt, und erläutert seine eigenen Versuche, diesen Effekt mit einem Schaufelrad nachzustellen. Durch exakte Temperaturbestimmungen mithilfe seiner zuverlässigen Thermometer zeigte er, dass Bewegung in Wärme umgewandelt werden kann.

Durch die Arbeiten von Joule und den beiden Wissenschaftlern Rudolf Clausius und Julius Robert von Mayer haben wir gelernt, dass mechanische Kraft, Wärme und Elektrizität sehr eng miteinander verwandt sind. Das Joule (J) wurde schließlich die Standardeinheit, mit der Arbeit (▶ Box: Arbeit) bemessen wird – eine physikalische Mengenangabe, hinter der wir uns Energie vorstellen können.

Vom einen zum anderen Heute kennen wir viele verschiedene Energieformen und können nachvollziehen, dass eine Form in eine andere umgewandelt werden kann. Die chemische Energie in Kohle oder Öl etwa ist gespeicherte Energie, bis sie verbrannt und dadurch in Wärmeenergie umgewandelt wird, die

---

Arbeit

Obwohl Energie nur sehr knifflig zu definieren ist, können wir sie umschreiben als die Fähigkeit, Wärme zu produzieren oder Arbeit zu verrichten. Zugegeben, das klingt vieldeutig. Arbeit verrichten? Welche Arbeit? Arbeit ist ein sehr wichtiges Konzept in Physik und Chemie, und es ist verknüpft mit Bewegung. Sobald sich etwas bewegt, wird Arbeit verrichtet: Eine Verbrennungsreaktion, wie im Motor eines Fahrzeugs, erzeugt Wärme, die zur Ausdehnung eines Gases führt, welches wiederum Kolben bewegt (die die Arbeit verrichten).

1850	1850	1905
erweiterte Fassung von *On the Mechanical Equivalent of Heat* wird in den *Philosophical Transactions of the Royal Society of London* veröffentlicht	Rudolf Clausius und William Thomson legen den ersten und zweiten Hauptsatz der Thermodynamik dar	Albert Einsteins Formel $E = mc^2$ verknüpft Energie (E) mit Masse (m) und Lichtgeschwindigkeit (c)

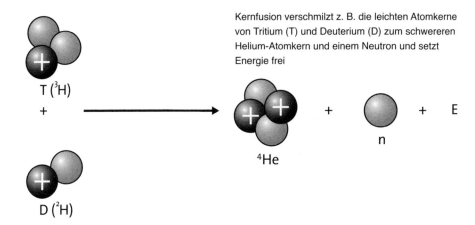

Kernfusion verschmilzt z. B. die leichten Atomkerne von Tritium (T) und Deuterium (D) zum schwereren Helium-Atomkern und einem Neutron und setzt Energie frei

T (^{3}H)

D (^{2}H)

^{4}He

n

E

unser Haus wärmt. Uns erscheint die Verbindung, die Joule zwischen Wärme und Bewegung hergeleitet hat, nicht fremd, denn wir betrachten beide als verschiedene Energieformen. In einem tiefer gehenden Zusammenhang *ist* Wärme jedoch Bewegung: Ein Topf mit heißem Wasser ist deshalb heiß, weil energiereiche Wasser-Moleküle darin in einem angeregten Zustand herumturnen. Bewegung ist nur eine andere Energieform.

In chemischen Stoffen wird Energie in den Bindungen zwischen Atomen gespeichert. Energie wird freigesetzt, wenn Bindungen bei chemischen Reaktionen gebrochen werden. Der umgekehrte Vorgang, die Bildung von Bindungen, benötigt Energie, die so für später gespeichert wird. Wie bei der Energie einer gespannten Sprungfeder handelt es sich um „potenzielle Energie", die vorhanden ist, bis sie freigesetzt wird. Potenzielle Energie ist einfach Energie, die in einem Objekt durch dessen Position gespeichert ist. Im chemischen Sinne ergibt sich potenzielle Energie aus der Position von Bindungen. Wenn Sie sich oben an eine Treppe stellen, ist Ihre potenzielle Energie höher als am Fuße der Treppe, und genauso war die potenzielle Energie oben am Wasserfall bei Joules Hochzeitsreise hoch. Die potenzielle Energie ist abhängig von der Masse: Wenn wir uns einen Monat lang nur hinsetzen und Kuchen essen und uns dann nochmals oben an die Treppe stellen, wird unsere potenzielle Energie angestiegen sein.

Sogar sitzen und Kuchen essen ist ein Beispiel für Energieumwandlung. Zucker und Fett im Kuchen versorgen uns mit chemischer Energie, die von unseren Körperzellen in Wärme umgewandelt wird, damit unsere Körpertemperatur erhalten bleibt, und in Bewegungsenergie, mit der uns unsere Muskeln ans obere Ende der Treppe tragen. Was immer wir tun, was immer unserer Körper tut, ja alles, was geschieht, beruht auf diesen Energieumwandlungen.

Energie ändert sich, bleibt aber erhalten   James Prescott Joules Arbeiten legten die Grundlagen für eines der wichtigsten Prinzipien der Naturwissenschaft: den Energieerhaltungssatz, der auch erster Hauptsatz der Thermodynamik genannt wird (▶ Kap. 10). Er hält fest, dass Energie weder neu geschaffen noch zerstört werden kann. Energie kann nur von einer Form in eine andere umgewandelt werden, wie Joule es mit seinen Schaufelradexperimenten gezeigt hat. Was auch immer bei einer chemischen Reaktion oder sonstwo passiert: Die Gesamtenergie des Universums bleibt gleich.

> Meine Absicht lag zuerst darin, die richtigen Prinzipien zu erkennen, und anschließend ihre praktische Anwendung zu vermitteln.
>
> **James Prescott Joule**
> in: *James Joule: A Biography*

   Gemeinsam ist allen Formen der Energie die Fähigkeit, etwas zu ändern. Ob Ihnen das hilft, Energie bei einer Scharade darzustellen, ist natürlich eine andere Frage. Energie ist ein sich drehendes Schaufelrad. Sie ist ein Kuchen. Sie ist Ihr Treppensteigen, Stehenbleiben am oberen Treppenabsatz und Hinunterfallen. Versuchen Sie, das darzustellen. Es ist genauso verwirrend wie schon zu Beginn.

Worum es geht

Die Fähigkeit, etwas zu verändern

08 Chemische Reaktionen

Chemische Reaktionen sind nicht nur die lautstarken Explosionen, mit denen sich in Trickfilmen die Versuchsküchen der Zauberer in Luft auflösen. Sie sind auch alltägliche Vorgänge, die friedlich in den Zellen der Lebewesen ablaufen – auch in uns. Sie finden statt, ohne dass wir es bemerken. Doch eine kräftige, laute Explosion ist auch nicht schlecht!

Es gibt, grob gesagt, zwei Arten chemischer Reaktionen. Da sind zum einen große, schrille, explosive Reaktionen von der Art „Bitte zurücktreten und Schutzbrillen aufsetzen". Und da sind die stillen, unbemerkt dahintrottenden Reaktionen. Der Typ „Bitte zurücktreten" zieht unsere Aufmerksamkeit auf sich, doch der stille Typ kann genauso beeindruckend sein. (In Wirklichkeit gibt es natürlich eine schwindelerregende Zahl von Reaktionstypen und viel zu viele, um sie hier einzeln aufzuzählen.)

Chemiker sind Blender. Doch sind wir das nicht alle? Wer würde mit einem Ticket für ein Feuerwerk auf dem Sofa sitzen bleiben und zuschauen, wie sich Rost entwickelt? Wer ist nicht aufgesprungen und kicherte, als der Chemielehrer einen wasserstoffgefüllten Ballon mit lautem BUMM entzündete? Wenn wir irgendeinen Chemiker bitten, seine Lieblingsreaktion zu zeigen, wird er ausnahmslos das größte und glitzerndste Experiment wählen, das er gefahrlos vorführen kann. Um chemische Reaktionen verstehen zu können, wenden wir uns deshalb einem Chemielehrer des 19. Jahrhunderts zu – und einer der spektakulärsten und lautesten Reaktionen. Unglücklicherweise verlaufen diese nicht immer nach Plan.

Treten Sie zurück Justus von Liebig war ein außergewöhnlicher Mensch. Er überlebte eine Hungersnot, wurde mit 21 Jahren Universitätsprofessor, ent-

Zeitleiste

1615	1789	1803
erstes gleichungsartiges Reaktionsmodell	Konzept chemischer Reaktionen entsteht nach Antoine Laurent de Lavoisiers *Traité élémentaire de chimie*	John Daltons Atomtheorie sieht chemische Reaktionen als Umgruppierung von Atomen

deckte die chemischen Zusammenhänge für das Wachstum von Pflanzen und gründete eine führende Wissenschaftszeitschrift, ganz zu schweigen von ein paar Entwicklungen wie den Fleischextrakt (einem Vorläufer des Suppenwürfels) und das Backpulver. Er erreichte viel, auf das er stolz sein konnte, brachte sich aber auch ab und zu in Verlegenheit. Der Legende nach führte er der bayerischen königlichen Familie 1853 ein Experiment vor, das „Bellender Hund" genannt wurde. Die Reaktion verlief ein wenig zu heftig, der Glaskolben explodierte und verletzte die Gesichter von Königin Therese von Sachsen-Hildburghausen und ihrem Sohn, Prinz Luitpold.

Der Bellende Hund ist noch immer eines der spektakulärsten naturwissenschaftlichen Experimente. Es ist nicht nur herrlich explosiv und laut – mit einem WUFF-Geräusch –, sondern erzeugt auch einen grellen Lichtblitz. Die Reaktion erfolgt, wenn ein Gemisch von Schwefelkohlenstoff (CS_2) mit Lachgas (Distickstoffoxid, N_2O) entzündet wird. Es ist eine exotherme Reaktion, das heißt, es wird Energie an die Umgebung abgegeben (▶ Kap. 10). Bei diesem Experiment geht ein Teil der Energie als großer blauer Lichtblitz verloren. Wenn das Experiment in einem langen, durchsichtigen Glasrohr durchgeführt wird, erinnert es an ein Lichtschwert, das gezückt und wieder eingezogen wird. Es lohnt sich, einen Moment Pause zu machen und ein Video davon anzusehen.

❞ Als ich mich nach der furchtbaren Explosion in dem Raum, wo die Zuhörer saßen, umschaute und das Blut vom Angesicht der Königin Therese und des Prinzen Luitpold rinnen sah, da war mein Entsetzen unbeschreiblich; ich war halb tot ... ❝
Justus von Liebig

Wäre Liebigs Publikum von dem Versuch nicht so beeindruckt gewesen, hätte es ihn nicht gebeten, ihn zu wiederholen, und Königin Therese hätte keine Verletzung erlitten – es heißt, es sei Blut geflossen. Wie alle Reaktionen ist jedoch auch der „Bellende Hund" letztlich nur ein Umgruppieren von Atomen. Es gibt nur vier Atomarten – vier Elemente –, die an der Reaktion beteiligt sind: Kohlenstoff (C), Schwefel (S), Stickstoff (N) und Sauerstoff (O).

$$N_2O + CS_2 \rightarrow N_2 + CO + SO_2 + S_8$$

Chemiker benutzen Reaktionsgleichungen, um zu zeigen, wie die Atome vor und nach der Reaktion angeordnet sind.

Reaktionsgleichung für die Bellender-Hund-Reaktion. In einer ähnlichen, parallel ablaufen Reaktion kann auch CO_2 gebildet werden.

Still und kaum bemerkt Doch was ist mit den stillen, dahintrottenden Reaktionen? Das allmähliche Rosten eines Eisennagels ist eine Reaktion zwischen den Ausgangsstoffen (Edukten) Eisen, Wasser und Sauerstoff zum Produkt Eisenoxid, dem orangebraunen Rostbelag (▶ Kap. 13). Das ist eine langsame Oxidationsreaktion. Wenn wir einen Apfel aufschneiden und sein Fleisch braun wird, ist dies ebenfalls eine Oxidationsreaktion. In diesem Fall verläuft sie ein bisschen schneller, wir können sehen, wie die Braunfärbung innerhalb von ein paar Minuten einsetzt.

Eine der wichtigsten stillen und unbemerkten Reaktionen findet gleich auf dem Fensterbrett statt. Die Pflanzen dort ernten in aller Ruhe die Sonnenstrahlen und benutzen ihre Energie, um Kohlendioxid und Wasser zu Zucker und Sauerstoff umzubauen. Wir kennen diese Reaktion als Photosynthese (▶ Kap. 37). Diese Reaktion ist die Zusammenfassung einer viel komplizierteren Kettenreaktion, die die Pflanzen entwickelt haben. Zucker wird von der Pflanze als Treibstoff genutzt, um weitere Lebensvorgänge zu unterhalten, und das zweite Produkt, Sauerstoff, wird an die Luft abgegeben. Die Umgruppierung erfolgt vielleicht nicht so dramatisch wie der Bellende Hund, doch sie ist Grundlage für alles höhere Leben auf unserem Planeten.

Wir können auf der Suche nach Reaktionsbeispielen bei unserem eigenen Körper anfangen. Unsere Zellen sind im Grunde genommen Beutel voller Chemikalien, die in Miniatur-Reaktionskolben umgebaut werden. Jede Zelle macht das Gegenteil von dem, was die Pflanze macht: Um Energie freizusetzen, lässt sie den Zucker, den wir mit der Nahrung aufnehmen, mit Sauerstoff, den wir aus der Atemluft entnehmen, reagieren und produziert daraus Kohlendioxid und Wasser. Diese spiegelbildliche „Atmungsreaktion" ist die zweite große Reaktion, die das Leben auf der Erde in Gang hält.

> ### Reaktionsgleichungen
>
> Jean Beguin veröffentlichte 1615 ein Chemielehrbuch, in dem ein Diagramm der Reaktion von *mercure sublimé* (Quecksilberchlorid, $HgCl_2$) mit *antimoine* (Antimontrisulfid, Sb_2S_3) gezeigt wurde. Auch wenn es eher spinnenförmig aussieht, gilt es als eine der frühesten Darstellungen einer Reaktionsgleichung. Später, im 18. Jh., benutzten William Cullen und Joseph Black, die in Glasgow und Edinburgh lehrten, Reaktionsgleichungen mit Pfeilen in ihren Vorlesungen.

Umgruppierungen Ob groß oder klein, langsam der blitzschnell, alle Reaktionen ändern die Anordnung der Atome. Die Atome der verschiedenen Elemente können auseinandergerissen und auf andere Weise wieder zusammengefügt werden. In der Regel bedeutet dies, dass neue Verbindungen entstehen, die

Reaktionen beobachten

Wenn wir normalerweise sagen, wir „sehen", dass eine Reaktion stattfindet, dann beziehen wir uns auf die Explosion, den Farbwechsel oder eine andere Auswirkung dieser Reaktion. Wir sehen nicht die einzelnen Moleküle, deshalb können wir nicht wirklich „sehen", was geschieht. Doch im Jahr 2013 konnten spanische und US-amerikanische Forscher tatsächlich Reaktionen in Echtzeit betrachten. Sie nutzten die Möglichkeiten der Rasterkraftmikroskopie, um extrem vergrößerte Aufnahmen von einzelnen Oligo-(phenylen-1,2-ethynylen)-Molekülen anzufertigen, die auf einer Silberoberfläche miteinander zu neuen, ringförmigen Produkten reagierten. Bei der Rasterkraftmikroskopie werden die Bilder auf völlig andere Art erzeugt als in einer Kamera. Das Mikroskop hat eine sehr feine Sonde oder Messnadel (Federarm, *cantilever*), die ein Signal erzeugt, wenn sie etwas auf einer Oberfläche berührt. Damit können einzelne Atome nachgewiesen werden. Auf den Bildern, die 2013 entstanden, sind sowohl die Bindungen als auch die Atome in den Ausgangsstoffen und Produkten deutlich sichtbar.

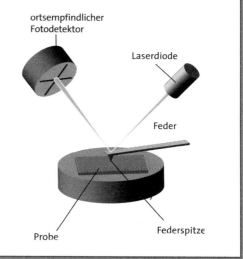

ortsempfindlicher Fotodetektor

Laserdiode

Feder

Probe

Federspitze

von Elektronen zusammengehalten werden, die neue Partneratome miteinander teilen (▶ Kap. 4). Beim Bellender-Hund-Versuch sind es Kohlenmonoxid und Schwefeldioxid, die neu entstehen, und auch Stickstoff- und Schwefel-Moleküle sind Produkte. Bei der Photosynthese werden größere und komplexere Moleküle gebildet – lange Zucker-Moleküle, die viele Kohlenstoff-, Wasserstoff- und Sauerstoff-Atome enthalten.

Worum es geht
Atome umgruppieren

09 Gleichgewichte

Manche Reaktionen führen nur in eine Richtung, während andere ständig vor und zurück pendeln. Bei diesen „flexiblen" Reaktionen gibt ein Gleichgewicht den Ausschlag. Gleichgewichte finden wir überall, in unserem Blut genauso wie im Treibstoffsystem, das die Astronauten von Apollo 11 zur Erde zurückbrachte.

Ein paar Freunde wollen heute Abend zu Ihnen kommen, Sie haben ein paar Flaschen Rotwein besorgt. In Vorfreude öffnen Sie schon die erste Flasche und schenken ein paar Gläser ein. Doch eine Stunde später, nach einer Reihe von Kurznachrichten mit Entschuldigungen, nippen Sie und ein einziger Gast noch immer am ersten Glas Wein, und alle anderen stehen unberührt da. Wie wird der Abend weitergehen? Es gibt zwei Möglichkeiten: Entweder wird auch Ihr letzter Freund Sie nach einer vorgeschobenen Entschuldigung verlassen, und Sie füllen, alleingeblieben, den Inhalt der unberührten Gläser zurück in die Flasche. Oder Sie beide trinken Ihre Gläser leer, leeren zusammen auch die anderen und öffnen bald darauf die nächste Flasche.

Den Wein am Fließen halten   Sie wundern sich, was all dies mit Chemie zu tun hat? Nun, es gibt viele chemische Reaktionen, die sich mit der Weinsituation auf der „ins Wasser gefallenen" Party vergleichen lassen. Wie der Vorgang, Wein in Gläser zu schenken und wieder zurück in die Flasche, sind auch diese Reaktionen reversibel. Chemiker nennen die Weinsituation ein Gleichgewicht, und das Gleichgewicht kontrolliert die Anteile von Ausgangsstoffen und Produkten einer chemischen Reaktion.

Stellen Sie sich vor, die Flasche mit Wein stelle die Ausgangsstoffe und der Wein im Glas die Produkte der Reaktion dar. Auf Ihrer Party kontrollieren Sie, ob Wein fließt: Sie schenken nach, wenn jemand ausgetrunken hat. In gleicher Weise kontrolliert das Gleichgewicht den Fluss von den Ausgangsstoffen zu den Produkten, und wenn Produkte fehlen, sorgt es dafür, dass wieder ein ausgegli-

Zeitleiste

1000	1884	1947
der große Stalaktit von Doolin Cave beginnt sich zu bilden	das Prinzip von Le Châtelier	Samuelson wendet das Prinzip von Le Châtelier auf die Ökonomie an

Gleichgewichtskonstante

Jede chemische Reaktion hat ihr eigenes Gleichgewicht, doch woher wissen wir, wo es liegt? Etwas, das wir „Gleichgewichtskonstante" nennen, gibt an, welcher Anteil der Ausgangsstoffe einer reversiblen Reaktion in Produkte umgewandelt wird und damit, wo das Gleichgewicht liegt. Die Gleichgewichtskonstante wird mit dem Symbol K abgekürzt, ihr Wert ergibt sich aus dem Zahlenverhältnis von Produkten zu Ausgangsstoffen. Wenn wir also gleiche Mengen (oder Konzentrationen) an Produkten und Ausgangsstoffen haben, dann hat K den Wert 1. Wenn jedoch mehr Produkte als Ausgangsstoffe vorliegen, dann ist K größer als 1. Wenn mehr Ausgangsstoffe als Produkte da sind, ist K kleiner als 1.

Jede Reaktion hat ihren eigenen Wert für K. Bei der industriellen Synthese von wichtigen Chemikalien wie Ammoniak (▶ Kap. 17) wird laufend ein Teil der Produkte entnommen. Das Gleichgewicht muss deshalb ständig Produkt nachproduzieren, um den ausgeglichenen Zustand beizubehalten. Denn Produkt zu entnehmen heißt, dass der Wert der Gleichgewichtskonstante sich kurzfristig ändert. Um den ausgeglichenen Wert wieder zu erreichen, muss die Reaktion von den Ausgangsstoffen zu den Produkten zeitweilig verstärkt werden, sodass mehr Produkte entstehen.

$$A \rightleftharpoons B$$
$$\text{Ausgangsstoffe} \rightleftharpoons \text{Produkte}$$

$$K_{Gl.} = [B] / [A]$$

(Eckige Klammern bedeuten, dass wir mit Konzentrationen rechnen.)

chener Zustand entsteht, indem Ausgangsstoffe in Produkte umgewandelt werden. Eine reversible Reaktion kann aber auch in die Gegenrichtung ablaufen. Wenn also etwas den ausgeglichenen Zustand stört und auf einmal zu viel an Produkten vorhanden ist, dreht das Gleichgewicht die Reaktion einfach um und verwandelt Produkte in Ausgangsstoffe zurück – genau wie Sie Wein in die Flasche zurückgießen.

Dass es ein Gleichgewicht gibt, bedeutet nicht, dass die Mengen auf beiden Seiten der Gleichung gleich sind – es ist nicht immer das gleiche Volumen an Wein in Ihrer Flasche wie in den Gläsern. Stattdessen gibt es für jedes chemische System einen eigenen Schwebezustand, in dem die Reaktionen vorwärts und rückwärts mit gleichen Geschwindigkeiten ablaufen. Dies gilt nicht nur für komplizierte Reaktionen, sondern auch für einfache Systeme wie schwache Säuren (▶ Kap. 11), die Protonen (H^+-Ionen) aufnehmen oder abgeben, und

1952

der große Stalaktit von
Doolin Cave wird entdeckt

1969

Distickstofftetroxid bringt
Apollo 11 zur Erde zurück

sogar für Wasser-Moleküle, die sich in H^+- und OH^--Ionen aufspalten. Das Gleichgewicht liegt bei Wasser viel stärker auf der Seite der H_2O-Moleküle als bei den H^+- und OH^--Ionen. Was auch immer geschieht, das Gleichgewicht wird dafür sorgen, dass die meisten Wasser-Moleküle erhalten bleiben.

> **Es gibt ein Mittleres in allen Dingen, das bestimmt wird vom Gleichgewicht.**
>
> Dimitri Mendelejew

Raketentreibstoff Wo können wir diese Art chemischer Gleichgewichte noch finden? Die Mondlandung von 1969 liefert uns ein gutes Beispiel. Das System, das die NASA für die Rückkehr von Neil Armstrong, Buzz Aldrin und Michael Collins vom Mond entwickelte, war ein chemisches. Um den Schub zu entwickeln, der sie vom Mond zurück in den Weltraum katapultierte, brauchten sie einen Treibstoff und ein Oxidationsmittel – etwas, das den Treibstoff heftig brennen ließ, indem es der Mischung Sauerstoff zur Verfügung stellte. Das Oxidationsmittel, das bei der Apollo-11-Mission eingesetzt wurde, heißt Distickstofftetroxid (N_2O_4). Es ist ein Molekül, das sich in der Mitte spalten lässt, sodass zwei Moleküle Stickstoffdioxid (NO_2) entstehen. Stickstoffdioxid kann sich jedoch leicht in Distickstofftetroxid zurückwandeln. Chemiker schreiben das so:

$$N_2O_4 \rightleftharpoons 2\ NO_2$$

Wenn wir Distickstofftetroxid in ein Glasgefäß füllen (was nicht ratsam ist, denn es ist korrodierend und wird Ihre Haut angreifen, wenn Sie etwas danebengießen), können wir sehen, wie sich das Gleichgewicht ans Werk macht. Solange es kalt ist, sitzt das farblose Distickstofftetroxid am Boden des Gefäßes, mit ein wenig bräunlichem Stickstoffdioxid-Gas darüber. Gleichgewichte können aber durch Wärme und andere Veränderungen der Bedingungen verschoben werden. Bei Distickstofftetroxid schiebt ein wenig Wärme die Reaktion in Richtung der rechten Seite der Gleichung, es entsteht mehr braunes Stickstoffdioxid-Gas. Beim Abkühlen wandelt es sich wieder zurück in Distickstofftetroxid.

Natürliche Gleichgewichte Gleichgewichte finden sich überall in der Natur. Sie halten die Reaktionen in unserem Blut unter Kontrolle, indem sie den pH-Wert bei 7 halten, sodass das Blut nicht zu sauer wird. Mit diesen Gleichgewichten sind reversible Reaktionen verbunden, die die Freisetzung von Kohlen-

Das Prinzip von Le Châtelier (das Prinzip des kleinsten Zwangs)

Im Jahr 1884 formulierte Henri Louis Le Châtelier das grundlegende Prinzip des chemischen Gleichgewichts. Es lässt sich etwa so ausdrücken: „Ein im chemischen Gleichgewicht befindliches System weicht einem äußeren ‚Zwang' wie einer Änderung der Temperatur oder der Konzentration bzw. des Druckes in der Weise aus, dass der Zwang geringer wird", oder auch so: „Wenn sich bei einem der Faktoren, die das Gleichgewicht beeinflussen, etwas ändert, regelt das Gleichgewicht so nach, dass die Auswirkungen der Änderungen minimal bleiben."

dioxid in unseren Lungen kontrollieren. Dadurch können wir Kohlendioxid ausatmen.

Haben Sie je die Zapfen und Türme von Stalagtiten und Stalagmiten in einer Tropfsteinhöhle gesehen und sich gefragt, wie sie entstanden sind? Der große Stalagtit, der von der Decke von Doolin Cave an der Westküste von Irland hängt, ist mit über sieben Metern Länge einer der größten der Welt. Er entstand über Tausende von Jahren. Dieses Naturwunder ist ein weiteres Beispiel für chemische Gleichgewichte.

$$CaCO_3 + H_2O + CO_2 \rightleftharpoons Ca^{2+} + 2\ HCO_3^-$$

$CaCO_3$ ist die chemische Formel von Calciumcarbonat, das den porösen Kalkstein aufbaut. In Regenwasser, in dem ein wenig Kohlendioxid aus der Luft gelöst ist, entsteht eine schwache Säure namens Kohlensäure (H_2CO_3), die mit dem Calciumcarbonat des Kalksteins reagiert und es in Calcium-Ionen (Ca^{2+}) und in Hydrogencarbonat-Ionen (HCO_3^-) auflöst. Wenn Regenwasser durch die Poren des Kalksteins rinnt, löst es ein wenig davon auf und nimmt die gelösten Ionen mit sich. Dieser langsame Vorgang reicht aus, um riesige Kalksteinhöhlen zu formen. Stalagtiten, wie der große Stalagtit von Doolin Cave, wachsen dort, wo das Wasser mit den gelösten Ionen über lange Zeit hinweg an derselben Stelle heruntertröpfelt. Dabei findet die entgegengesetzte Reaktion statt: Die Ionen wandeln sich um in Calciumcarbonat, Kohlendoxid und Wasser, und Kalkstein setzt sich ab. Schließlich wächst durch die kontinuierliche Ablagerung von Calciumcarbonat an der Tropfstelle ein herrliches Gebilde aus solidem Kalkstein.

Worum es geht
Ausgeglichenheit

10 Thermodynamik

Thermodynamik ist eine Methode, mit der Chemiker die Zukunft vorhersagen. Anhand von ein paar grundlegenden Gesetzen können sie herausfinden, ob eine Reaktion stattfinden wird oder nicht. Wenn es Ihnen schwerfällt, sich für die Thermodynamik zu begeistern, denken Sie daran, dass sie viel über Tee und über das Ende des Universums aussagt.

Der Begriff der Thermodynamik klingt vielleicht wie eines dieser verstaubten Fächer, über die heute keiner mehr Bescheid wissen muss. Sie beruht immerhin auf naturwissenschaftlichen Gesetzen, die vor mehr als hundert Jahren aufgestellt wurden. Was kann uns die Thermodynamik heute noch sagen? Nun, eine ganze Menge. Chemiker können mithilfe der Thermodynamik herausfinden, was in lebenden Zellen passiert, wenn sie gekühlt werden, zum Beispiel wenn menschliche Organe vor einer Transplantation in Eis gepackt werden. Thermodynamik hilft auch dabei, das Verhalten von flüssigen Salzen zu berechnen, die als Lösungsmittel in Brennstoffzellen, in Arzneistoffen und innovativen Materialien benutzt werden.

Die Gesetze der Thermodynamik sind so fundamental, dass es immer wieder neue Möglichkeiten geben wird, sie anzuwenden. Ohne die Gesetze der Thermodynamik ließe sich kaum verstehen oder vorhersagen, warum irgendein chemischer Vorgang oder eine Reaktion auf eine bestimmte Weise stattfindet. Es ließe sich auch nicht ausschließen, dass ein alltäglicher Vorgang auf eine andere, verrückte Art und Weise abläuft – etwa, dass Ihr Tee heißer und heißer wird, je länger Sie ihn stehen lassen. Was besagen diese unanfechtbaren Gesetze also?

Es wird weder geschaffen noch zerstört   Den ersten Hauptsatz der Thermodynamik haben wir bereits kennengelernt (▶ Kap. 7). In seiner einfachsten Form sagt er aus, dass Energie weder geschaffen noch zerstört werden kann. Das ergibt nur dann einen Sinn, wenn wir uns erinnern, was wir über Energie-

Zeitleiste

1842	1843	1847
Julius Robert von Mayer formuliert eine Vorform des Energieerhaltungssatzes	James Prescott Joule formuliert ebenfalls einen Energieerhaltungssatz	Hermann Helmholtz formuliert die endgültige Form des Energieerhaltungssatzes

System und Umgebung

Chemiker haben es gern ordentlich. Wenn sie ihre thermodynamischen Berechnungen anstellen, klären sie vorher immer ab, dass genau definiert ist, worüber sie sprechen. Zuerst bestimmen sie, welches System oder welche Reaktion sie erforschen, und alles andere ist dann die Umgebung. Bei einer sich abkühlenden Tasse Tee würden wir als Chemiker an den Tee selbst denken und an seine Umgebung, das heißt die Tasse, die Untertasse, die Luft, in die Dampf aufsteigt, die Hand, die wir an der Tasse wärmen. Bei chemischen Reaktionen kann es manchmal ziemlich schwierig werden, abzugrenzen, was zum System selbst gehört und was Umgebung ist.

Ein vollständiges thermodynamisches System

Verdampfen von Flüssigkeit

Heiße Flüssigkeit (Konvektion)

gasförmige Umgebung (Strahlung und Fortleitung)

Oberfläche (Leitfähigkeit)

umwandlungen sagten: Energie kann von einer Form in eine andere umgewandelt werden, zum Beispiel, wenn die chemische Energie des Treibstoffs in unserem Benzintank in kinetische oder Bewegungsenergie verwandelt wird, wenn wir den Zündschlüssel drehen. An genau solchen Energieumwandlungen sind die Leute interessiert, die Thermodynamik erforschen.

Chemiker könnten zwar sagen, bei einer bestimmten chemischen Reaktion gehe Energie „verloren", doch sie ist nicht wirklich verloren. Sie ist nur woanders hingegangen – meist in Form von Wärme in die Umgebung. In der thermodynamischen Sprache wird diese Art Reaktion, die zu „Wärmeverlust" führt, „exotherm" genannt. Das Gegenteil davon, eine Reaktion, die Wärme aus ihrer Umgebung absorbiert, heißt „endotherm".

Der Kernpunkt, den wir im Gedächtnis behalten müssen, ist dieser: Egal, wie viel Energie zwischen den Stoffen, die an der Reaktion teilnehmen, und mit ihrer Umgebung ausgetauscht wird, die Gesamtenergie bleibt immer dieselbe. Sonst würde der Satz von der Erhaltung der Energie – der erste Hauptsatz der Thermodynamik – nicht gelten.

1850	**1877**	**1912**	**1949**	**1964**
Rudolf Clausius und William Thomson legen den ersten und zweiten Hauptsatz der Thermodynamik dar	Ludwig Boltzmann beschreibt Entropie als ein Maß für Unordnung	Walter Nernst legt den dritten Hauptsatz der Thermodynamik dar	William Francis Giauque erhält den Nobelpreis für „seinen Beitrag zur chemischen Thermodynamik"	Flanders und Sann veröffentlichen das Lied „First and Second Law"

Der zweite Hauptsatz zerstört das ganze Universum Der zweite Hauptsatz der Thermodynamik ist ein bisschen schwieriger zu verstehen, doch mit ihm lässt sich so gut wie alles erklären. Durch ihn wird der Urknall erklärt und das Ende des Universums vorhergesagt, und zusammen mit dem ersten Hauptsatz sagt er uns, warum Versuche, ein Perpetuum mobile zu konstruieren, zum Scheitern verurteilt sind. Er erklärt auch, warum unser Tee abkühlt anstatt heißer zu werden.

Das Knifflige an diesem zweiten Hauptsatz ist, dass er sich auf ein schwieriges Konzept namens Entropie stützt. Entropie wird oft als ein Maß für Unordnung umschrieben: Je weniger geordnet etwas ist, desto höher ist seine Entropie. Stellen wir uns eine Tüte mit Salzstangen vor. Wenn alle Salzstangen unversehrt in der Packung liegen, ist ihre Unordnung recht gering. Reißen wir die Packung aber zu begierig auf, werden die Stangen wild durcheinander auf den Boden fallen – ihre Entropie steigt deutlich an. Dasselbe gilt, wenn wir den Stöpsel von einem Gefäß mit übelriechendem Methangas abziehen. Diesmal wird unsere Nase feststellen, dass die Entropie wächst.

> **Den zweiten Hauptsatz der Thermodynamik nicht zu kennen, ist wie niemals ein Werk Shakespeares gelesen zu haben.**
>
> C. P. Snow

Der zweite Hauptsatz der Thermodynamik stellt fest, dass die Entropie stets ansteigt oder zumindest niemals geringer wird. Die Unordnung nimmt zu. Das gilt für alle Systeme, sogar für das Universum selbst, das irgendwann ein komplettes Durcheinander bilden und erlöschen wird. Die Begründung für diese ernüchternde Vorhersage ist, dass es weit mehr Möglichkeiten gibt, die Salzstangen auf dem Boden zu verteilen, als sie in der Tüte zu behalten (▶ Box: Entropie). Der zweite Hauptsatz wird auch manchmal über Wärme formuliert, dann besagt er, dass Wärme immer von wärmeren zu kälteren Stellen fließt – Ihr Tee wird demnach seine Wärme verlieren und kalt werden.

Aus der Sicht eines Chemikers ist der zweite Hauptsatz wichtig, um zu ermitteln, was bei chemischen Prozessen und Reaktionen geschieht. Eine Reaktion ist nur dann thermodynamisch zulässig oder in anderen Worten: Sie kann nur dann in eine bestimmte Richtung ablaufen, wenn die Entropie insgesamt zunimmt. Um dies zu herauszufinden, muss der Chemiker nicht nur darüber nachdenken, wie sich die Entropie in seinem System verändert, das oft komplizierter ist als eine Tüte Salzstangen oder eine Tasse Tee, sondern auch, wie sich die Entropie in der Umgebung ändert (▶ Box: System und Umgebung). Solange der zweite Hauptsatz nicht verletzt wird, kann die Reaktion ablaufen. Sollte sie

Entropie

Was Entropie tatsächlich bemisst, ist: Wie viele mögliche Zustände gibt es für ein System unter gewissen gegebenen Parametern? Wir kennen vielleicht die Größe einer Tüte Salzstangen und wissen wie viele Salzstangen sie enthält. Doch einmal durchgeschüttelt, können wir nicht mehr sagen, wo sich jede Salzstange befinden wird, wenn wir die Tüte öffnen. Die Entropie sagt uns, wie viele Arten es gibt, die Salzstangen anzuordnen. Je größer die Tüte ist, desto mehr Möglichkeiten gibt es. Bei chemischen Reaktionen, wenn Moleküle an die Stelle der Salzstangen treten, gibt es noch weitere Parameter zu beachten, zum Beispiel Temperatur und Druck.

es nicht, muss der Chemiker herausfinden, was er ändern muss, um sie in Gang zu bringen.

Wer hat Angst vor dem dritten Hauptsatz? Der dritte Hauptsatz der Thermodynamik ist weniger bekannt als die ersten beiden. Seine Kernaussage ist, dass am absoluten Nullpunkt die Entropie eines perfekten Kristalls – perfekt ist die Voraussetzung – null wird. Das erklärt vielleicht, warum der dritte Hauptsatz der Thermodynamik oft vergessen wird. Er klingt ein wenig abstrakt und nur nützlich für Leute, die Dinge bis zum absoluten Nullpunkt (–273 °C) abkühlen können und dabei mit Kristallen arbeiten, perfekten und idealen Kristallen noch dazu!

Worum es geht

Energieumwandlung

11 Säuren

Wie kommt es, dass wir unsere Salatsoße mit Essig zubereiten, die Soße an den Salat geben und essen können, während Fluor-Antimonsäure die Salatschüssel selbst auffressen würde? Es hängt von einem winzigen Atom ab, das in jeder Säure vorhanden ist, von der Salzsäure in unserem Magen bis hin zu den stärksten Supersäuren der Welt.

Humphry Davy war der bescheidene Lehrling eines Arztes, der berühmt wurde, weil er betuchte Mitmenschen ermunterte, Lachgas einzuatmen. Davy wurde in Penzance, Cornwall, geboren, seine Liebe gehörte der Literatur. Er war mit den berühmtesten romantischen Schriftstellern Westenglands befreundet, Robert Southey und Samuel Taylor Coleridge, seine Erfolge erzielte er jedoch in der Chemie. Während einer Anstellung im Pneumatischen Institut in Bristol verfasste er die Arbeiten, die ihm einen Lehrauftrag in London und später eine Professur einbringen sollten.

Karikaturen des 19. Jahrhunderts zeigen Davy, wie er die Zuhörer seiner Vorlesungen mit Experimenten zur berauschenden Wirkung von Lachgas (Distickstoffmonoxid, N_2O) unterhielt, obwohl er bereits vorschlug, das Gas als Narkosemittel einzusetzen. Neben seinen populären Vorträgen leistete Davy Pionierarbeit auf dem Gebiet der Elektrochemie (▶ Kap. 23). Er erkannte zwar nicht als Erster, dass sich Verbindungen mithilfe von Elektrizität in ihre Atome spalten lassen, nutzte die Technik jedoch und entdeckte die Elemente Kalium und Natrium. Daneben prüfte er eine Theorie, die einer der ganz Großen der Chemie aufgebracht hatte, Antoine de Lavoisier.

Lavoisier war einige Jahre zuvor, während der Französischen Revolution, auf der Guillotine hingerichtet worden. Er hatte sich in vieler Hinsicht um den Fortschritt der Chemie verdient gemacht, etwa mit dem Vorschlag, dass Wasser aus Sauerstoff und Wasserstoff zusammengesetzt ist, doch zumindest einmal lag er falsch. Er war der Meinung, dass es Sauerstoff – dem er selbst diesen Namen gegeben hatte – sei, der Säuren sauer macht. Doch Davy wusste es besser. Über

Zeitleiste

1778	1810	1838
Sauerstofftheorie der Säuren von Antoine Laurent de Lavoisier	Humphry Davy verwirft die Sauerstofftheorie	Wasserstofftheorie der Säuren von Justus von Liebig

Elektrolyse spaltete er Salzsäure in ihre Elemente und fand heraus, dass sie nur aus Wasserstoff und Chlor besteht, aber keinen Sauerstoff enthält. Salzsäure ist die Säure, die in keinem chemischen Labor fehlt, und auch die Säure, die unserem Magen bei der Verdauung der Nährstoffe hilft.

Wasserstoff anstelle von Sauerstoff

Im Jahr 1810 schloss Davy aus seinen Experimenten, dass es nicht Sauerstoff sein konnte, der eine Substanz zur Säure machte. Doch es sollte fast noch ein Jahrhundert dauern, bis sich dank dem schwedischen Chemiker Svante Arrhenius die erste moderne Theorie der Säuren herausbildete – er erhielt dafür den Nobelpreis. Arrhenius schlug vor, dass Säuren Stoffe sind, die in Wasser zerfallen und dabei positiv geladene Wasserstoff-Ionen (Protonen, H^+) freisetzen. Er schlug auch vor, dass alkalische Stoffe (► Box: Basen) Hydroxid-Ionen (OH^-) freigeben, wenn sie sich in Wasser lösen. Auch wenn Arrhenius' Definition der Basen später abgeändert wurde, ist seine zentrale These, dass Säuren Protonen abgeben, noch heute die Grundlage für unser Verständnis der Säuren.

Das Mol

Chemiker haben eine seltsame Vorstellung von Mengen. Anstatt ihre Stoffe einfach abzuwiegen, möchten sie häufig ganz genau wissen, wie viele Teilchen davon vor ihnen liegen. Die Menge, die so vielen Teilchen entspricht, wie in 12 g Kohlenstoff enthalten sind, nennen sie ein „Mol". Ein Etikett auf einer Flasche mit Säure, das mit „1 M" (1-molar) beschriftet ist, sagt uns, dass ein Liter des Flascheninhalts $6,02 \times 10^{23}$ Säureteilchen enthält. Zum Glück müssen wir nicht nachzählen! Jede Substanz hat ihre Molmasse – die Masse, die genau einem Mol Teilchen entspricht.

Schwache und starke Säuren

Heute betrachten wir Säuren als Protonen-Donatoren und Basen als Protonen-Akzeptoren (denken Sie daran, dass in diesem Zusammenhang Proton für ein Wasserstoff-Atom steht, dem sein Elektron genommen wurde, sodass es zum Ion geworden ist; der Satz sagt also nur, dass Säuren Wasserstoff-Ionen abgeben und dass Basen sie annehmen). Die Stärke einer Säure ist ein guter Maßstab dafür, wie leicht ein Molekül ein Proton abgeben kann. Die Essigsäure (Ethansäure, CH_3COOH) unserer Salatsoße ist eine recht schwache Säure, denn zu jeder Zeit wird ein guter Teil der Essigsäuremoleküle seine Protonen

❝ Ich werde die Chemie wie ein Hai angreifen ... ❞
Der Dichter
Samuel Taylor Coleridge,
Freund von Humphry Davy

1903
Svante Arrhenius erhält den Nobelpreis für seine „Theorie über die elektrolytische Dissoziation"

1923
Johannes Brønsted und Thomas Lowry schlagen unabhängig voneinander wasserstoffbasierte Theorien für Säuren vor

1923
Gilbert Lewis erweitert den Säurebegriff

Basen

Eine Lösung mit einem pH-Wert über 7 wird „basisch" oder auch „alkalisch" genannt; pH 7 ist der mittlere Bereich der pH-Skala, die meist von 0 bis 14 dargestellt wird (negative pH-Werte und pH-Werte oberhalb von 14 sind jedoch möglich). Der Begriff „alkalisch" kommt von den Alkalimetallen wie Natrium und Kalium; Soda (Natriumcarbonat, Na_2CO_3) wurde früher aus Asche gewonnen und reagiert, in Wasser gelöst, stark alkalisch. Schwedische Forscher stellten 2009 fest, dass basische Stoffe die Zähne genauso wie saure Stoffe (zum

Beispiel Fruchtsäfte) angreifen können. Damit wird die alte Logik, die Zähne mit Soda (Backpulver) zu putzen, um Säuren zu neutralisieren, widerlegt. Die pH-Skala ist eine logarithmische Einteilung. Ein Anstieg des pH-Wertes um 1 bedeutet, dass eine Lösung zehnmal basischer ist, ein Absinken um 1, dass eine Lösung zehnmal saurer ist. Eine basische Lösung mit pH 14 ist zehnmal basischer als eine Lösung mit pH 13, eine Säurelösung mit pH 1 ist zehnmal saurer als eine Lösung mit pH 2.

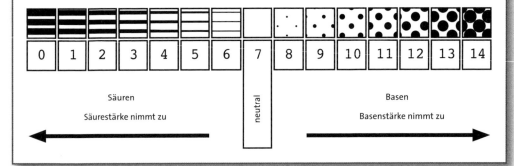

| 0 | 1 | 2 | 3 | 4 | 5 | 6 | 7 | 8 | 9 | 10 | 11 | 12 | 13 | 14 |

Säuren — Säurestärke nimmt zu   neutral   Basen — Basenstärke nimmt zu

bei sich haben. Die Protonen spalten sich ständig ab und kommen wieder zurück, um sich mit dem Hauptmolekül zu verbinden, wir haben es mit einem Gleichgewicht zu tun (▶ Kap. 9).

Davys Salzsäure (HCl) kann im Vergleich dazu ziemlich gut ihr Proton abgeben. Wenn wir Salzsäure in Wasser geben, werden all ihre Moleküle sich in Protonen (H^+) und Chlorid-Ionen (Cl^-) spalten, sie ionisieren also vollständig.

Die Stärke einer Säure ist etwas anderes als ihre Konzentration. Lösen wir genau die gleiche Zahl Moleküle einer starken und einer schwachen Säure in Wasser, dann gibt die starke Säure mehr Protonen ab als die schwache Säure, der pH-Wert der starken Säure ist niedriger. Nur wenn die starke Säure mit Wasser weiter verdünnt wird, kann ihre Lösung gleich sauer oder sogar weniger sauer werden als die der schwachen Säure. Chemiker geben die Konzentration an Protonen in einer Lösung über die pH-Skala an. Es mag irritierend sein, doch ein niedriger pH-Wert (kleiner als 7) steht für eine hohe Konzentration an Protonen und damit für eine saure Lösung, während ein hoher pH-Wert (größer als 7) bedeutet, wir haben eine basische Lösung vor uns.

Supersäuren Wie jeder weiß, liegt das Aufregende an Säuren darin, dass sich damit allerlei auflösen lässt – Tische, Gemüse, oder, wie in der TV-Serie *Breaking Bad* zu sehen, ein Toter in der Badewanne. Um ehrlich zu sein, Flusssäure (Fluorwasserstoff, HF) würde sich nicht schnurstracks durch den Badezimmerboden fressen oder augenblicklich einen Körper zersetzen, wie das in der TV-Serie vorgeführt wurde. Doch es wäre schmerzhaft, bekämen wir etwas davon ab.

Eine wirklich garstige Säure bekommen wir aus Flusssäure, die wir mit einem Stoff namens Antimonpentafluorid vermischen. Fluor-Antimonsäure, die daraus entsteht, ist so sauer, dass ihr pH-Wert außerhalb des unteren Endes der pH-Skala liegt. Sie ist so korrosiv, dass sie in Teflonbehältern aufbewahrt werden muss, einem äußerst beständigen Material, das von den stärksten in der Chemie bekannten Bindungen zusammengehalten wird. Fluor-Antimonsäure ist eine sogenannte Supersäure.

Manche Supersäuren können sich durch Glas fressen. Seltsamerweise kann Carboransäure, eine der stärksten Supersäuren, in einer Glasflasche ohne Probleme aufbewahrt werden. Das kommt daher, dass es nicht die Säurestärke ist – das Proton, das Arrhenius identifizierte –, die bestimmt, ob eine Säure auch korrosiv wirkt. Diese Eigenschaft hängt vom Molekülrest ab. Bei der Flusssäure ist es das Fluorid-Ion, das neben dem Proton bei der Spaltung entsteht, das Glas angreift. Bei der Carboransäure, die zwar eine stärkere Säure ist als Flusssäure, ist der zurückbleibende Rest stabil und reagiert nicht mit Glas.

Worum es geht
Wasserstoff-Ionen freisetzen

12 Katalysatoren

Manche Reaktionen kommen ohne Hilfe einfach nicht voran. Sie brauchen einen kleinen Anstoß. Bestimmte Elemente und Verbindungen können diesen Anstoß geben, sie werden „Katalysatoren" genannt. Bei industriellen Prozessen sind Katalysatoren oft Metalle; durch sie werden die Reaktionen gesteuert. Auch unser Körper benutzt winzige Mengen von Metallen, eingebaut in sogenannte Enzyme, um biologische Vorgänge zu beschleunigen.

Im Februar 2011 untersuchten Ärzte im Prince-Charles-Hospital in Brisbane, Australien, eine 73 Jahre alte Frau mit Arthritis, die über Gedächtnisprobleme, Schwindelanfälle, Übelkeit, Depressionen und Appetitlosigkeit klagte. Keines ihrer Symptome schien mit der Arthritis oder mit der künstlichen Hüfte in Verbindung zu stehen, die sie fünf Jahre zuvor erhalten hatte. Nach einigen Tests stand fest, dass die Konzentration an Cobalt im Blut erhöht war. Das Metallgelenk der künstlichen Hüfte verlor Cobalt, die neurologischen Symptome der Frau ergaben sich als Folge davon.

Cobalt ist ein toxisches Metall. Bei Kontakt mit der Haut führt es zu einem Ausschlag, beim Einatmen kommt es zu Atemproblemen. In hohen Dosierungen verursacht es alle möglichen Probleme im Körper. Dennoch ist es für uns überlebenswichtig. Wie andere Übergangsmetalle (▶ Kap. 2), zum Beispiel Kupfer und Zink, ist es notwendig, damit die Enzyme in unserem Körper ihre Arbeit verrichten können. Die bedeutendste Rolle spielt Cobalt in Vitamin B_{12}, das in Fleisch und Fisch vorkommt und auch Frühstücksflocken zugesetzt wird. Es wirkt als Katalysator.

Aushilfskräfte Was ist ein Katalysator? Wahrscheinlich haben Sie den Begriff im Zusammenhang mit Abgaskatalysatoren bei Fahrzeugen (▶ Box: Fahrzeugkatalysatoren) oder in Phrasen wie Innovationskatalysator schon gehört. Sie haben vielleicht ein unbestimmtes Gefühl, dass er damit zu tun hat, Dinge in Gang zu bringen. Um zu verstehen, wie ein chemischer Katalysator

Zeitleiste

1912	1964
Paul Sabatier erhält den Nobelpreis für Chemie für Arbeiten über Metallkatalyse	Dorothy Hodgkin erhält den Nobelpreis für Chemie für die erste Strukturaufklärung eines Metalloenzyms

oder ein Enzym wirkt, stellen Sie sich am besten eine Aushilfskraft vor. Sie müssen vielleicht dringend die Zimmerdecke streichen, scheuen jedoch vor der Anstrengung zurück. Deshalb greifen Sie auf die Hilfsbereitschaft und das handwerkliche Geschick eines Mitbewohners oder Familienmitglieds zurück und rekrutieren ihn/es, um die richtige Farbe und Pinsel zu kaufen, während Sie selbst versuchen, die Energie aufzubringen, um loszulegen. Nun, da jemand hilft, scheint die Anstrengung etwas geringer.

Genau das Gleiche passiert bei einer chemischen Reaktion. Die Reaktionspartner kommen ohne ein bisschen Hilfe einfach nicht voran. Der Katalysator lässt die Anstrengung ein wenig geringer erscheinen, wie Ihr helfender Mitbe-

---

Fahrzeugkatalysatoren

Der Abgaskatalysator eines Fahrzeugs ist das Bauteil, das die gefährlichsten Schadstoffe der Abgase entfernt oder zumindest unschädlich macht. Das seltene Rhodium, eines der teuersten Metalle überhaupt, hat seine Hauptanwendung in Fahrzeugkatalysatoren: Es hilft mit, Stickoxide in Stickstoff und Wasser umzuwandeln. Die Umwandlung von Kohlenmonoxid in Kohlendioxid wird dagegen häufig von Palladium katalysiert. Kohlendioxidausstöße lassen sich also nicht vermeiden, doch zumindest enthalten die Abgase kein Kohlenmonoxid mehr, das wesentlich gefährlicher für den Menschen ist. In einem Fahrzeugkatalysator sind die reagierenden Stoffe Gase, der Rhodium-Katalysator ist ein Feststoff – die beiden befinden sich also in unterschiedlichen Zustandsformen (▶ Kap. 6). Diese Art von Katalyse nennen die Chemiker heterogen. Wenn Katalysator und reagierende Stoffe sich im gleichen Aggregatzustand befinden, wird das „homogene Katalyse" genannt.

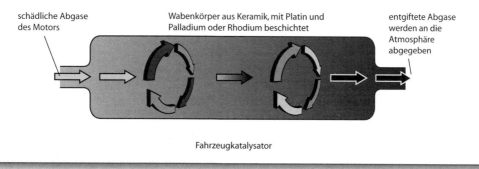

schädliche Abgase des Motors

Wabenkörper aus Keramik, mit Platin und Palladium oder Rhodium beschichtet

entgiftete Abgase werden an die Atmosphäre abgegeben

Fahrzeugkatalysator

1975
erste Abgaskatalysatoren werden in Kraftfahrzeuge eingebaut

1990
Richard Schrock synthetisiert effiziente Metallkatalysatoren für Metathese-Reaktionen

2001
Pinkerton führt das erste selbstreinigende Glas ein, der Effekt beruht auf Photokatalyse

wohner. Er kann die Energie, die für die Reaktion notwendig ist, tatsächlich ein wenig vermindern, denn er ermöglicht einen anderen Reaktionsweg, auf dem die Reaktionspartner nur eine geringere Energiehürde überwinden müssen. Zusätzlich wird er selbst bei der Reaktion nicht verbraucht, sondern kann immer wieder neu aushelfen.

Nur ein wenig Im Körper finden wir die katalytischen Fähigkeiten von Übergangsmetallen oft in Vitaminen. Vitamin B_{12} war lange Zeit der mysteriöse Faktor aus roher Leber, der anämische Hunde und Menschen heilte. Mithilfe eines zentralen Cobalt-Ions katalysiert es verschiedene Reaktionen, die für die Reifung und den Stoffwechsel der Erythrozyten wichtig sind. Seine komplizierte Struktur gehört zu den ersten Faktoren von Metalloenzymen, die durch Röntgenstrukturanalyse aufgeklärt wurden (▶ Kap. 22). Dorothy Crowfoot Hodgkin erhielt für ihre akribischen Untersuchungen dazu 1964 den Nobelpreis für Chemie. Zu den weiteren Enzymen mit Übergangsmetall-Ionen als „Aushilfen" gehört die Cytochrom-*c*-Oxidase, die Kupfer einsetzt, um in Pflanzen und Tieren die Energie von Nährstoffen zu nutzen.

> **❞ Nickel schien ... eine bemerkenswerte Fähigkeit zu besitzen, Ethylen zu hydrieren, ohne ... selbst verändert zu werden, das heißt als Katalysator zu wirken. ❝**
>
> **Paul Sabatier,**
> **Nobelpreisträger für Chemie, 1912**

Nur eine ganz geringfügige Menge an Cobalt ist nötig, um die paar Milligramm Vitamin B_{12} in unserem Körper funktionsfähig zu halten (vergessen Sie nicht, das Vitamin wird recycelt). Doch mit zu viel Cobalt im Körper werden Sie sich unwohl und krank fühlen. Als die künstliche Hüfte der Patientin in Brisbane gegen ein Modell aus Polyethylen und Keramik ausgetauscht wurde, fühlte sie sich innerhalb weniger Wochen besser.

Hart und schnell Übergangsmetalle sind nicht nur für biologische Reaktionen gute Katalysatoren, sondern ganz generell. Nickel, ein silbrig-weißes Metall, das für Geldmünzen und Spezialstähle eingesetzt wird, katalysiert auch die Härtung von Margarine. Diese Hydrierungsreaktionen fügen Wasserstoff-Atome an die Kohlenstoffketten von Fettsäuren an, die damit von „ungesättigt" (mit Kohlenstoff-Kohlenstoff-Doppelbindungen) zu „gesättigt" umgewandelt werden. Um die Wende zum 20. Jahrhundert bemerkte der französische Chemiker Paul Sabatier, dass Nickel, Cobalt, Eisen und auch Kupfer die Hydrierung von ungesättigtem Acetylen (Ethin, C_2H_2) zu Ethan (C_2H_6) beschleunigen können. Mit Nickel, dem effektivsten dieser Metalle, begann er, die verschiedensten kohlenstoffhaltigen Verbindungen zu hydrieren. Im Jahr 1912 erhielt er den

---

Photokatalyse

Der Begriff „Photokatalyse" bezieht sich auf chemische Reaktionen, die durch Licht beschleunigt werden. Das Konzept wurde auf selbstreinigende Fenster angewandt, die Schmutz abstreifen, wenn die Sonne scheint. Eine noch futuristischere Anwendung sind die photokatalytischen *scrubber* (Gaswäscher) der NASA, die Astronauten im Weltraum bei der Anzucht von Getreide einsetzten, um das Gas Ethylen (Ethen, C_2H_4) zu entfernen, das den Alterungsprozess bei Pflanzen fördert.

Nobelpreis für „seine Methode, organische Verbindungen bei Gegenwart fein verteilter Metalle zu hydrieren". Zu diesem Zeitpunkt setzte die Nahrungsmittelindustrie Nickel bereits als Katalysator ein, um flüssige Pflanzenöle in gehärtete Margarine umzuwandeln.

Das Problem bei der Hydrierung von Pflanzenöl mit Nickel liegt darin, dass der Katalysator auch die Bildung von *trans*-Fettsäuren fördert. Das sind teilweise hydrierte Nebenprodukte, die zu erhöhten Cholesterinspiegeln führen und Mitverursacher von Herzerkrankungen sein sollen. In den frühen 2000er-Jahren griffen die Regierungen das Problem auf und begrenzten die zulässigen Mengen an *trans*-Fettsäuren in Nahrungsmitteln.

Nicht alle Katalysatoren sind Übergangsmetalle – viele verschiedene Elemente und Verbindungen können chemische Reaktionen beschleunigen. Der Nobelpreis für Chemie des Jahres 2005 wurde jedoch für Arbeiten zu Reaktionen vergeben, die ebenfalls von Metallkatalysatoren gesteuert werden: die Metathese-Reaktionen, die wichtig sind für die Synthese von Wirkstoffen und Kunststoffen. Cobalt findet topaktuell Anwendung bei der Gewinnung von Wasserstoff aus Wasser (▶ Kap. 50), der als sauberer Brennstoff eingesetzt werden kann.

Worum es geht
Wiederverwendbare Reaktionstreiber

13 Redox

Viele alltägliche Reaktionen werden dadurch vorangetrieben, dass Elektronen von einem Molekül zum anderen hin- und hergeschoben werden. Rost und die Photosynthese grüner Pflanzen sind Beispiele für diese Reaktionsart. Doch warum nennen wir sie Redox-Reaktion?

Der Begriff mag wie die Fortsetzungsfolge eines Actionfilms klingen, doch „Redox" beschreibt eine bestimmte Reaktionsart, die grundlegend ist für die Chemie. Redox-Reaktionen sind an vielen chemischen Prozessen in der Natur beteiligt, zum Beispiel an der Photosynthese in grünen Pflanzen (▶ Kap. 37) und der Verdauung von Nahrung in unserem Darm. Sauerstoff spielt bei Redox-Prozessen häufig eine Rolle, daraus erklärt sich das „ox" (von engl. *oxygen*) in Redox. Um jedoch wirklich zu verstehen, was Redox bedeutet, müssen wir darüber nachdenken, was mit den Elektronen bei einer Reaktion geschieht.

Eine ganze Menge von dem, was bei einer chemischen Reaktion passiert, hängt mit dem Verbleib der Elektronen zusammen, mit den negativ geladenen Teilchen, die eine Art Wolke um den Kern jedes Atoms bilden. Wir wissen schon, dass Elektronen Atome zusammenhalten können – Atome können Elektronen miteinander teilen und über diese Bindung Verbindungen eingehen (▶ Kap. 5) –, und wir wissen auch, dass das Ladungsgleichgewicht gestört wird, wenn ein Atom Elektronen abgibt oder hinzugewinnt, sodass negativ oder positiv geladene Teilchen, die Ionen, entstehen.

Gewinn und Verlust   Chemiker benutzen spezielle Ausdrücke für den Verlust und Gewinn von Elektronen. Wenn ein Atom oder Molekül Elektronen verliert, heißt das Oxidation; während es von einem Atom oder Molekül, das Elektronen hinzugewonnen hat, heißt, es sei reduziert worden. Es gibt verschiedene Eselsbrücken, sich dies zu merken, vielleicht hilft Ihnen diese Verknüpfung: Elektronen-a-bgabe = Oxid-a-tion; Elektronena-u-fnahme = Red-u-ktion.

Zeitleiste

vor ca. **3** Mrd. Jahren	**17.** Jh.	**1779**
Cyanobakterien treiben Photosynthese	die Transformation von Cinnabar (Quecksilbersulfid) in Quecksilber wird „Reduktion" genannt	Antoine Laurent de Lavoisier benennt den Teil der Luft, der mit Metallen reagiert, Sauerstoff

Oxidationsstufen

Es ist einfach zu behaupten, Redoxreaktionen hätten etwas mit Elektronenübertragung zu tun, doch wie können wir herausfinden, wohin die Elektronen gehen, und wie viele von ihnen? Dafür müssen wir etwas über Oxidationsstufen wissen. Oxidationsstufen sagen uns die Zahl der Elektronen, die ein Atom hinzunehmen oder abgeben kann, wenn es sich mit einem anderen Atom verbindet. Fangen wir mit ionischen Verbindungen an, da kann uns die Ladung Hinweise geben. Die Oxidationsstufe eines Eisen-Ions (Fe^{2+}), das durch Oxidation zwei Elektronen abgegeben hat, lautet +2. Wir wissen also, zwei Elektronen fehlen. Das ist einfach, und wir können die Rechnung auf jedes andere Ion übertragen. In Kochsalz (NaCl) ist die Oxidationsstufe von Na^+ +1

und von Cl^- ist sie −1. Wie steht es mit Verbindungen, die über kovalente Bindungen verknüpft sind, so wie Wasser? Nun, bei Wasser (H_2O) ist es so, als ob das Sauerstoff-Atom jedem der beiden Wasserstoff-Atome ein Elektron wegnehmen würde, um seine äußere Elektronenschale zu füllen (▶ Kap. 5), seine Oxidationsstufe ist daher −2. Viele Übergangsmetalle wie zum Beispiel Eisen haben je nach ihren Bindungspartnern mehrere unterschiedliche Oxidationsstufen, doch in vielen Fällen können wir herausfinden, von wem die Elektronen kommen und zu wem sie gehen, wenn wir die „normalen" Oxidationsstufen kennen. Häufig (aber nicht immer) ergibt sich die normale Oxidationsstufe aus der Position des Elements im Periodensystem.

Eisen(III), Aluminium	+3
Eisen(II), Calcium	+2
Wasserstoff, Natrium, Kalium	+1
freie Atome (ungeladen)	0
Fluor, Chlor	−1
Sauerstoff, Schwefel	−2
Stickstoff	−3

Warum heißt die Abgabe von Elektronen „Oxidation"? Oxidation ist doch eine Reaktion, bei der Sauerstoff mitwirkt? Leider gilt das nur manchmal, und dadurch wird der Begriff „Oxidation" ein bisschen verwirrend. Rosten ist zum Beispiel eine Reaktion zwischen Eisen, Sauerstoff und Wasser. Es ist eine Oxidation, an der Sauerstoff beteiligt ist. Rosten ist aber auch ein Beispiel für die andere Art der Oxidation. Beim Rosten verlieren Eisen-Atome Elektronen und werden positiv geladene Eisen-Ionen. So würden Chemiker zeigen, was mit Eisen bei der Reaktion geschieht:

1880
Erfindung der Batterie

1897
Entdeckung des Elektrons durch Joseph John Thomson

20. Jh.
Begriff „Redox" für Reduktions-Oxidations-Reaktionen

2005
erste Mega-Rust-Konferenz

$$Fe \rightarrow Fe^{2+} + 2\,e^-$$

Die beiden negativ geladenen Elektronen, die das Eisen-Atom bei der Oxidation verliert, werden als „2 e^-" geschrieben.

Die beiden Bedeutungen von Oxidation hängen miteinander zusammen, der Begriff „Oxidation" wurde einfach erweitert und bezieht nun Reaktionen mit ein, an denen kein Sauerstoff teilnimmt. Wie es oben steht, achten Chemiker beim Eisen-Atom darauf, wie viele Elektronen es im Vergleich zum ungeladenen Zustand abgibt. Zwei Elektronen abzugeben bedeutet, dass es zwei positive Ladungen trägt, denn nun gibt es zwei negativ geladene Elektronen weniger, als in seinem Atomkern positiv geladene Protonen sind.

> **Es gibt mehr Dinge, um die sich die Marines kümmern sollten, als Rost zu bekämpfen.**
>
> Matthew Koch,
> zuständig für Korrosionsvorbeugung und -kontrolle, US Marine Corps

Zwei Reaktionshälften Was geschieht mit den Elektronen? Sie können nicht einfach verschwinden. Um zu verstehen, wohin sie wandern, müssen wir auch darüber nachdenken, was mit Sauerstoff beim Rosten passiert. Eisen gibt Elektronen ab, und gleichzeitig erhält Sauerstoff Elektronen (er wird reduziert) und verbindet sich mit Wasserstoff aus Wasser-Molekülen, es entstehen Hydroxid-Ionen:

$$O_2 + 2\,H_2O + 4\,e^- \rightarrow 4\,OH^-$$

Es gibt also eine Oxidation und eine Reduktion, die gleichzeitig stattfinden. Wir können die beiden Vorgänge gemeinsam schreiben, so etwa:

$$2\,Fe + O_2 + 2\,H_2O \rightarrow 2\,Fe^{2+} + 4\,OH^-$$

Reduktion und Oxidation, die gleichzeitig stattfinden, heißen Redox-Reaktion! Die beiden „Hälften" der Reaktion – und zwar jeder Redox-Reaktion – heißen passend Halbreaktionen.

Wenn Sie sich nun wundern, warum wir noch immer keinen Rost (Eisenoxid) bekommen haben: Das liegt daran, dass die Eisen- und Hydroxid-Ionen dazu miteinander reagieren müssen und Eisenhydroxid bilden ($Fe(OH)_2$), das dann mit Wasser und noch mehr Sauerstoff weiterreagiert zu hydratisiertem Eisenoxid ($Fe_2O_3 \cdot n\,H_2O$). Unsere Redox-Reaktion ist nur ein Teil eines größeren, mehrstufigen Rostvorgangs.

Oxidations- und Reduktionsmittel

Bei einer chemischen Reaktion heißt ein Molekül, das Elektronen von einem anderen Molekül abzieht, „Oxidationsmittel" – denn es bewirkt den Verlust von Elektronen (erinnern Sie sich, Elektronenabgabe ist Oxidation). Umgekehrt stellt ein Reduktionsmittel Elektronen zur Verfügung: Es ermöglicht dem anderen Molekül die Elektronenaufnahme oder Reduktion. Das Bleichmittel Natriumhypochlorit ist ein starkes Oxidationsmittel. Es bleicht Textilien, indem es den Farbstoffmolekülen Elektronen entzieht. Dadurch verändert sich deren Struktur, die Farbe wird zerstört.

Was soll's? Zu wissen, was beim Rosten genau passiert, ist wichtig, denn Rostvermeidung und -entfernung kosten Industriezweige wie Schifffahrt oder Luftfahrt Milliarden von Euro jedes Jahr. Die American Society of Naval Engineers hält sogar alljährlich eine Tagung namens „Mega Rust" ab, auf der sich Forscher über Korrosionsvorsorge austauschen.

Noch nützlichere Beispiele für eine Redox-Reaktion sind der Haber-Bosch-Prozess (▶ Kap. 17), der für die Herstellung von Düngemitteln wichtig ist, aber auch Batterien. Wenn wir uns überlegen, dass der elektrische Strom aus einer Batterie ein Strom von Elektronen ist, müssen wir uns auch fragen, wo all diese Elektronen herkommen. In einer Batterie fließen sie von einer „Halbzelle" zur anderen. Jede der beiden Halbzellen ist Schauplatz einer der beiden Halbreaktionen: In der einen werden Elektronen durch Oxidation freigegeben, in der anderen werden die Elektronen durch Reduktion aufgenommen. Und mitten im Elektronenfluss befindet sich das Gerät, das wir damit betreiben wollen.

Worum es geht

Elektronen abgeben und aufnehmen

14 Gärung

Vom Steinzeitwein zu eingelegtem Gemüse und vom Bier des Altertums zu isländischen Haifisch-Spezialitäten ist die Geschichte der Gärung eng mit der Geschichte menschlicher Ernährung und Trinkgewohnheiten verbunden. Archäologen haben herausgefunden, dass wir Gärungsreaktionen durch Mikroorganismen nutzten, lange bevor wir wussten, dass es Mikroorganismen überhaupt gibt.

Im Jahr 2000 reiste Patrick McGovern, ein Chemiker der Universität von Pennsylvania, der sich mit molekularer Archäologie beschäftigt, nach China, um 9000 Jahre alte Steinzeitkeramik zu untersuchen. Sein Interesse galt nicht der Keramik an sich, sondern ihrem Inhalt, von dem Reste erhalten waren. Während der nächsten Jahre unternahmen er und seine amerikanischen, chinesischen und deutschen Kollegen chemische Tests an Proben aus 16 verschiedenen Trinkgefäßen und Krügen aus der Henan-Provinz. Als sie fertig waren, veröffentlichten sie die Ergebnisse in einer wichtigen wissenschaftlichen Zeitschrift und fügten auch Ergebnisse an, die sie von wohlriechenden Flüssigkeiten aus zwei verschiedenen Gräbern gewonnen hatten. Die eine war 3000 Jahre in einer bronzenen Teekanne eingeschlossen gewesen, die andere fand sich in einem Deckelkrug.

Die Reste aus den Keramikgefäßen brachten den Nachweis für das älteste bekannte fermentierte Getränk, das aus Reis, Honig und Weißdornfrüchten oder wilden Trauben hergestellt worden war. Es gab sogar Ähnlichkeiten zwischen den chemischen Eigenschaften der Bestandteile von damals und denen in modernem Reiswein. Die wohlriechenden Flüssigkeiten beschreibt das Team als filtrierten Reis- und Hirsewein, der wahrscheinlich mithilfe von Pilzen, die die Zucker des Getreides abbauten, vergoren worden war. McGovern hat später auch verkündet, dass die alten Ägypter bereits vor 18 000 Jahren Bier brauten.

Zeitleiste

7000–5500 v. Chr.	1835	1857
frühe fermentierte Getränke in China	Charles Cagniard de la Tour beobachtet die Knospung von Hefezellen in Alkohol	Louis Pasteur bestätigt, dass lebende Hefezellen Alkohol produzieren

Lebendiger Nachweis Bierbrauen ist gewiss eine uralte Tradition, doch erst das Aufkommen moderner wissenschaftlicher Methoden hat gezeigt, wie es funktioniert. In der Mitte des 19. Jahrhunderts formulierten Wissenschaftler die „Keim-Theorie" von Krankheiten: dass Krankheiten durch Mikroorganismen hervorgerufen werden. Und so, wie die meisten Menschen nicht glauben konnten, dass lebende Organismen Krankheiten verursachen, glaubten sie auch nicht, dass lebende Organismen irgendetwas mit dem Gärungsprozess bei der Herstellung von Alkohol zu tun haben könnten. Obwohl Hefen seit vielen Jahren in der Brauerei und beim Backen eingesetzt und auch mit den Reaktionen in Verbindung gebracht wurden, die zu Alkohol führen, betrachtete man sie als unbelebte Zutaten und nicht als lebendige Organismen. Doch Louis Pasteur, der Wissenschaftler, der den Impfstoff gegen Tollwut entwickelte und nach dem das „Pasteurisieren" benannt ist, setzte sich mit seinen Studien an Wein und an Krankheiten durch.

> [Das] Ferment, das in den Trunk gegeben wird, damit er arbeitet, und in das Brot, damit es locker wird und anschwillt.
>
> Definition von Hefe, aus einem englischen Wörterbuch von 1755

Mit der Erfindung besserer Mikroskope hatte sich der Blick auf die Hefen allmählich verändert. Pasteur beschrieb schließlich 1857 in dem Artikel *Mémoire sur la fermentation alcoolique* seine Experimente zu Hefe und Gärung und wies klar nach, dass die Hefezellen zur Herstellung von Alkohol mittels Gärung lebend und teilungsfähig sein müssen. Fünfzig Jahre später erhielt Eduard Buchner den Nobelpreis für Chemie für die Entdeckung der Rolle, die Enzyme in Zellen spielen. Buchner hatte zunächst mit den Enzymen der Hefen gearbeitet, die die berauschenden Produkte erzeugen.

Blubbern und Backen Die Reaktion, die wir heute mit Gärung assoziieren, lautet:

$$\text{Zucker} \rightarrow \text{(Hefe)} \rightarrow \text{Ethanol} + \text{Kohlendioxid}$$

Zucker ist der Nährstoff der Hefe, und die Hefeenzyme sind natürliche Katalysatoren, die helfen, Zucker aus Früchten oder Getreide in Ethanol (ein Alkohol, ▶ Box: Tödliche Getränke) und Kohlendioxid umzuwandeln. Dieselbe Hefeart

1907 Eduard Buchner erhält den Nobelpreis für die Entdeckung der zellfreien Gärung

2004 Nachweis für Gelage vor 9000 Jahren wird publiziert

(*Saccharomyces cerevisiae*), aber andere Stämme, wird beim Brauen benutzt. Jedes Päckchen Hefe, das der Brauer dem Kessel zugibt, enthält Milliarden von Hefezellen, und hinzu kommen noch wilde Hefen, die auf den Körnern und Früchten wachsen sowie, bei der Herstellung von Most und Cidre, auf den Apfelschalen. Manche Brauer versuchen, diese wilden Hefestämme zu züchten, während andere versuchen, sie zu vermeiden, da sie Fehlnoten bewirken können. Sowohl beim Brauen als auch beim Backen entsteht Alkohol, doch beim Backen verdampft er.

Durch das Kohlendioxid erhält Brot seine lockere Struktur: Die Gasbläschen bleiben im Teig stecken. Gleichmäßige Bläschen machen auch einen guten Champagner aus. Bei der Herstellung von Schaumwein lässt der Winzer das meiste Kohlendioxid entweichen, doch gegen Ende des Gärungsvorgangs versiegelt er die Flasche. Die Gasbläschen bleiben darin gefangen und erzeugen den Druck, mit dem der Korken knallt. Das eingesperrte Kohlendioxid löst sich in der Flüssigkeit und bildet darin Kohlensäure. Erst wenn es aufschäumend entweicht, wandelt es sich in Kohlendioxid zurück.

Tödliche Getränke

Aus chemischer Sicht ist ein Alkohol ein organisches Molekül, das eine OH-Gruppe enthält. „Alkohol" wird oft als Synonym für Ethanol (C_2H_5OH) gebraucht, doch es gibt viele weitere Alkohole. Methanol (CH_3OH) ist der am einfachsten aufgebaute Alkohol, es enthält nur ein Kohlenstoff-Atom. Methanol wird auch „Holzgeist" genannt, denn es kann durch Erhitzen von Holz unter Ausschluss von Luft erzeugt werden. Methanol ist deutlich giftiger als Ethanol und führt zu gelegentlichen Todesfällen, wenn es unabsichtlich mit alkoholischen Getränken aufgenommen wird. Es gibt keine Methode, mit der der Trinkende es leicht erkennen könnte, doch bei kommerziellen Brau- und Brennvorgängen entsteht Methanol nur in sehr geringen Mengen.

Selbst Gebrautes und schwarz Gebranntes sind in dieser Hinsicht gefährlicher.

Methanol kann tödliche Wirkung haben, weil unser Körper es in Ameisensäure (Methansäure) umwandelt, den Wirkstoff der Ameisen. Im Jahr 2013 wurde vom Tod dreier Australier berichtet, verursacht durch Methanol im selbst gebrannten Grappa. Ironischerweise werden Methanolvergiftungen unter anderem durch Trinken von Ethanol behandelt.

Methanol

Ethanol

Milchsäurebakterien

In Joghurt und Käse wandeln Bakterien Milchzucker (Lactose) in Milchsäure um. Diese Bakterien heißen „Milchsäurebakterien", die Menschheit nutzt sie seit Jahrtausenden, um Nahrung zu fermentieren. Eine ähnliche Reaktion erfolgt in unseren Muskeln, wenn unser Stoffwechsel Zucker in Abwesenheit von Sauerstoff verarbeitet. Die entstehende Milchsäure wurde lange Zeit als Ursache des Muskelkaters betrachtet.

Alkohol und Säure   Lassen wir uns nicht täuschen und glauben, Gärung käme nur bei Bier und Brot vor oder nur durch Hefe (▶ Box: Milchsäurebakterien). Bevor es Kühlschränke gab, war Fermentation eine nützliche Methode, um Fisch zu konservieren. In Island gilt fermentiertes Fleisch vom Hai, das *kæstur hákarl* genannt wird, heute noch als Delikatesse.

In der Regel bedeutet „Gärung" die „Umwandlung von Zucker in Alkohol". Manchmal entsteht jedoch auch Säure: Sauerkraut ist ein fermentiertes Produkt, das aus Kohl durch Bakterieneinwirkung entsteht und durch Beizen in der Säurelösung, die sie produzieren, haltbar wird.

In den letzten Jahren wurden fermentierten Nahrungsmitteln eine ganze Reihe nützlicher Eigenschaften für die Gesundheit zugeschrieben. Studien haben fermentierte Milchprodukte mit verminderten Risiken für Herzerkrankungen, Schlaganfall, Diabetes und vorzeitigen Tod in Zusammenhang gebracht. Es wird vermutet, dass die lebenden Mikroorganismen aus den fermentierten Produkten die Bakteriengesellschaften unserer Därme positiv beeinflussen. Die Gesundheitsrichtlinien der offiziellen Stellen sind jedoch zurückhaltender, und das mit gutem Grund, denn wir müssen immer noch sehr viel darüber lernen, was Bakterien in unserem Inneren tun.

Auch wenn die heutige Fitnesskost weit entfernt ist vom Wein vor 9000 Jahren, haben beide doch etwas gemeinsam: die lebenden Mikroorganismen, die die chemischen Reaktionen steuern, durch die köstliche und berauschende Produkte entstehen.

Die Brot-und-Schnaps-Reaktion

15 Cracken

Es gab eine Zeit, als Öl nur als Brennstoff in altmodischen Lampen diente. Seither hat sich viel getan – und das Dank Cracken, dem chemischen Prozess, mit dem Kohlenwasserstoffe aus Erdöl in kleinere Stoffe gespalten werden, aus denen nützliche (und belastende) Produkte unserer heutigen Welt werden, von Benzin bis zu Einkaufstaschen.

Es ist eine seltsame Vorstellung, dass unsere Fahrzeuge von totem Gewebe angetrieben werden. Benzin entstand im Wesentlichen aus prähistorischen Pflanzen und Tieren, die Millionen Jahre lang unter Felsen gepresst wurden, bis daraus Erdöl entstand, das herausgebohrt und bearbeitet wurde, sodass wir es heute verbrennen und daraus Energie gewinnen können. Der Teil dieses Prozesses, der allen, die mit Erdölchemie nicht vertraut sind, rätselhaft vorkommen könnte, ist das „Bearbeiten".

Der chemische Trick, mit dem das tote Gewebe, das unter den Steinen hervorkommt, in nützliche Ausgangsstoffe verwandelt wird, ist das Cracken. Es führt zu viel mehr als nur Treibstoff. Viele der Dinge, die wir täglich benutzen, sind letztendlich aus dem Cracken hervorgegangen. Praktisch alle Plastikprodukte zum Beispiel (▶ Kap. 40) begannen einst in einer Erdölraffinerie.

Die Welt vor dem Cracken Bevor im 19. Jh. Cracken erfunden wurde, war Kerosin (▶ Box: Flugzeugtreibstoff) eines der wenigen nützlichen Erdölprodukte. Kerosinlampen waren die neue, modische Art, sein Heim zu beleuchten, auch wenn häufig Brände daraus entstanden. Der Brennstoff wurde durch Destillieren von Öl erhalten: Öl wurde auf eine bestimmte Temperatur erhitzt und dann abgewartet, dass der Kerosinanteil verkochte und im Vorlagekolben kondensierte. Benzin gehörte zu den Anteilen, die leicht abdampften, und wurde oft in nahegelegene Wasserläufe gekippt, denn man wusste nichts weiter damit anzufangen. Die Myriaden Möglichkeiten, die in rohem Erdöl stecken, blieben verborgen – doch nicht lange.

Zeitleiste

1855	1891	1912	1915
Benjamin Silliman vermutet, Produkte aus der Erdöldestillation könnten nützlich sein	Patent für thermisches Cracken in Russland erteilt	Patent für thermisches Cracken in den USA erteilt	National Hydrocarbon Company benennt sich um in Universal Oil Products

Im Jahre 1855 schrieb Benjamin Silliman, ein amerikanischer Professor für Chemie, der oft nach seiner Meinung zu Problemen aus Bergbau und Mineralogie gefragt wurde, über das „Steinöl" von Venango County in Pennsylvania.

Einige der Beobachtungen, die er dabei äußerte, scheinen wie eine Prophezeiung zur Zukunft der chemischen Industrie. Er stellte fest, dass das schwere Steinöl beim Erhitzen im Verlauf einiger Tage verdampfte. Dabei entwich eine Reihe von Fraktionen, die Silliman für möglicherweise nützlich hielt. Ein Herausgeber der Zeitschrift *American Chemist* bemerkte später, dass Silliman „die meisten der Methoden, die seither angewendet werden, vorwegnahm und beschrieb".

> **❜ ... es gibt guten Grund zur Ermunterung in dem Glauben, dass Ihre Firma ein Rohmaterial in ihrem Besitz hat, aus dem Sie mit einfachen und nicht teuren Verfahren Produkte von Wert herstellen können. ❛**
>
> **Benjamin Silliman**
> berichtet seinem Kunden

Wo ist der Knackpunkt? Heute haben für uns die leichteren Fraktionen wie Benzin – das die frühen Destillateure in den Fluss kippten – den größten Wert. Was das Geschäft mit dem Steinöl jedoch zum Big Business machte, war die Erfindung des Crackens; erst das thermische Cracken, dann ein Verfahren mithilfe von Wasserdampf und schließlich das katalytische Cracken, das von synthetischen Katalysatoren (▶ Kap. 12) gesteuert wird.

Die Anfänge des Crackens sind nicht völlig geklärt, doch die ersten Patente darüber wurden 1891 in Russland und 1912 in den USA erteilt. Der Begriff „Cracken" (engl. für Spalten, Knacken) ist eine fast lautmalerische Beschreibung des chemischen Vorgangs: Lange Kohlenwasserstoffketten werden in kleinere Moleküle zerbrochen. Der Crackvorgang erlaubt es, die Produkte aus der Erdöldestillation für die weiteren geplanten Produktionsschritte maßgerecht zu spalten. Benzin, das aus Molekülen mit fünf bis zehn Kohlenstoff-Atomen besteht, lässt sich zwar durch Destillation aus Erdöl gewinnen, durch Cracken erhalten wir jedoch noch mehr davon. Die Kerosinfraktion mit Moleküllängen von 12 bis 16 Kohlenstoff-Atomen lässt sich zum Beispiel zu Benzin cracken.

Die frühen Crackmethoden produzierten recht viel Koks, einen stark kohlenstoffhaltigen Rückstand, der alle paar Tage aus der Anlage entfernt werden musste. Als das Steamcracken, bei dem mit Wasserdampf gearbeitet wird, eingeführt wurde, entfiel das Koksproblem durch die Zugabe von Wasser, doch

1920	**1936**	**2014**
Standard Oil Company produziert die erste Petrochemikalie, Isopropanol	Exxon Mobil Oil (damals Socony Vacuum Oil) und Sun Oil bauen katalytische Crack-Anlagen	durch die Fischer-Tropsch-Synthese kann Kerosin aus Kohlendioxid, Wasser und Sonnenlicht hergestellt werden

hatten die Produkte nicht die Qualität, die erforderlich ist, damit ein Benzinmotor ruhig läuft. Der Durchbruch stellte sich ein, als sich herausstellte, dass das Aufspalten von Petroleum in verschiedene Produkte durch Katalysatoren gefördert wird. Ursprünglich wurden dafür Tonmineralien, die Zeolithe, eingesetzt, die Silicium und Aluminium enthalten, doch später konnten künstliche Versionen dieser Mineralien im Labor entwickelt werden.

Flugzeugtreibstoff

Kerosin ist das dünnflüssige Öl, mit dem früher Lampen betrieben wurden. In einigen Teilen der Welt wird mit Kerosin oder dem wachsartigen Paraffin noch immer beleuchtet und geheizt, Kerosin wird heute aber hauptsächlich als Flugzeugtreibstoff verwendet. Die Bestandteile von Kerosin sind Kohlenwasserstoffe mit Kettenlängen von 12 bis 16 Kohlenstoff-Atomen. Dadurch ist Kerosin schwerer, weniger flüchtig und weniger leicht entflammbar als Benzin, deshalb ist es auch sicherer in der Handhabung. Es besteht nicht aus einer einzelnen Verbindung, sondern aus einer Mischung geradkettiger und ringförmiger Kohlenwasserstoffe, deren Siedepunkte im gleichen Bereich liegen. Kerosin wird aus Rohöl durch Destillation und Cracken gewonnen, genau wie auch Benzin, doch die Benzinfraktionen haben niedrigere Siedepunkte und werden deshalb bei tieferer Temperatur gesammelt. 2014 haben Chemiker erklärt, sie hätten Kerosin aus Kohlendioxid, Wasser und Sonnenlicht synthetisiert: Das Sonnenlicht erhitzt Kohlendioxid und Wasser, es entstehen Kohlenmonoxid und Wasserstoff (das Gasgemisch wird „Synthesegas", kurz „Syngas" genannt) und im Weiteren (nach einem „Fischer-Tropsch-Synthese" genannten Verfahren) der Treibstoff (s. synthetische Treibstoffe, ▶ Kap. 16, ▶ Kap. 50).

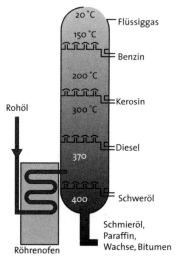

Trennsäule

20 °C — Flüssiggas

150 °C

Benzin

200 °C

Kerosin

Rohöl

300 °C

Diesel

370

Schweröl

400

Schmieröl, Paraffin, Wachse, Bitumen

Röhrenofen

Kampfflugzeugtreibstoff Beim Steamcracken brechen Kohlenwasserstoffketten, die nur Einzelbindungen haben, in kürzere Moleküle mit Doppelbindungen. Doppelbindungen sind für Chemiker gute Ansatzpunkte, um neue Produkte herzustellen. Beim katalytischen Cracken werden jedoch die Kohlenwasserstoffe nicht einfach gespalten, sondern die Atome im Molekül neu angeordnet, es entstehen auch verzweigte Kohlenwasserstoffketten. Verzweigte Kohlenwasserstoffe sind die besten Treibstoffe, denn in Verbrennungsmotoren bewirkt ein zu großer Anteil an geradkettigen Kohlenwasserstoffen, dass der Motor „klopft" und nicht sauber läuft.

> ### Der Schuchow-Radioturm
>
> In der Schabolowka-Straße in Moskau steht ein verblüffend leicht gestalteter, 160 m hoher Rundfunk-Sendeturm, der von Wladimir Schuchow in den 1920er-Jahren entworfen und konstruiert wurde. Schuchow war ein bemerkenswerter Mensch. Er baute die ersten beiden russischen Öl-Pipelines und trug zum Konzept der Wasserversorgung Moskaus bei. Für seine Methode des thermischen Crackens wurde ihm sehr früh ein Patent erteilt – noch bevor ein solches Verfahren von den rivalisierenden Amerikanern patentiert wurde. Der Schuchow-Turm entging 2014 nur knapp dem Abriss.

Kurz vor dem Zweiten Weltkrieg wurde die erste katalytische Crackanlage in Marcus Hook, Pennsylvania, gebaut. Damit standen den Alliierten Treibstoffe zur Verfügung, die die deutsche Luftwaffe nicht hatte. Die 41 Millionen Barrel an hochwertigem Flugzeugtreibstoff, die in Marcus Hook hergestellt wurden, verbesserten vermutlich die Manövrierfähigkeit der Kampfflugzeuge und verliehen ihnen einen leichten Vorteil in der Luft.

Das katalytische Cracken produziert nicht nur hervorragende Treibstoffe, es ist auch ein Schlüsselverfahren für die chemische Industrie, da damit viele der Ausgangsprodukte, wie Polyethylen, hergestellt werden, auf denen weltweit wichtige Chemikalien beruhen. Wenn uns das Öl je ausgeht, werden wir alternative Verfahren finden müssen, diese Produkte herzustellen. Manche Produzenten wenden sich heute schon den lebenden anstelle der toten Pflanzen zu, um daraus Grundchemikalien zu gewinnen. Ein deutscher Hersteller verkauft bereits Farbe, die aus Reseda gewonnen wurde, einer süßlich duftenden Pflanze, die auch für Parfüm verwendet wird.

Worum es geht
Uns Öl zunutze machen

16 Chemische Synthese

Wie viele der Produkte, die wir zu Hause tagtäglich benutzen, enthalten synthetische – von Menschen hergestellte – Verbindungen? Vielleicht ist Ihnen bewusst, dass Medikamente und Zusätze in vielen unserer Nahrungsmittel Produkte der chemischen Industrie sind, haben Sie aber auch an Ihre elastische Unterwäsche oder die Füllung Ihres Sofas gedacht?

Überlegen Sie einmal, welche Kleidungsstücke Sie gerade tragen. Haben Sie eine Vorstellung, woraus Ihr Hemd oder Ihre Unterwäsche bestehen? Sehen Sie sich die Etiketten an: Was ist Viskose? Woher kommt Elastan? Und nun sehen Sie sich in Ihrem Badezimmer um: Welche Bestandteile hat Ihre Zahnpasta? Ihr Haarwaschmittel? Wozu ist Propylenglycol gut? Es wird noch verwirrender, wenn Sie Ihre Medikamente ansehen (▶ Kap. 44) oder Ihren Vorratsschrank öffnen oder die Inhaltsstoffe lesen, die auf Ihrer Kaugummipackung angegeben sind.

Es ist kaum zu glauben, dass so viele der Chemikalien, die sich in unserer Kleidung, in Nahrung, Reinigungsmitteln und Medikamenten finden, im letzten Jahrhundert von Chemikern erfunden wurden. Diese synthetischen Stoffe wurden in Laboratorien entwickelt und werden nun im industriellem Maßstab hergestellt.

> ❯ **Ich bin nur ein Typ in Elastan, der schnell um Linkskurven kommt. ❮**
> **Der kanadische Eisschnellläufer**
> **Olivier Jean**

Natürlich oder synthetisch   Viskose (früher auch Kunstseide oder Rayon genannt) war die erste synthetische Faser, die Chemiker herstellten. Die Fasern bilden ein weiches, baumwollartiges Gewebe, das leicht Farbstoffe – und Schweiß – aufnimmt. Ein frühes Herstellungsverfahren wurde Ende des 19. Jahrhunderts entwickelt. Viskose unterscheidet sich eigentlich nicht allzu sehr von einem natürli-

Zeitleiste

1856	1891	1905	1925
der 18-jährige William Henry Perkin entdeckt den ersten künstlichen Farbstoff	Verfahren zur Herstellung von Viskose entwickelt	erstes großtechnisches Verfahren zur Herstellung von Viskose	die Fischer-Tropsch-Synthese wird patentiert

chen Bestandteil der Pflanzen, der Cellulose, doch sie lässt sich nicht auf Feldern heranziehen. Cellulose wird aus zerkleinertem Holz gewonnen, und mit verschiedenen chemischen und physikalischen Verfahren entstehen daraus Krümel von gelbem Cellulosexanthogenat. Die Xanthogenat-Reste werden im weiteren Verfahren durch Säurezugabe fast vollständig abgespalten. Was zurückbleibt, sind Fasern, die praktisch aus reiner Cellulose bestehen und Baumwolle sehr ähnlich sind. In Textilien werden Baumwolle und Viskose oft miteinander vermischt.

Jedes Verfahren, bei dem chemische Reaktionen genutzt werden, um spezifische, nützliche Produkte herzustellen, kann als „chemische Synthese" bezeichnet werden. Natürliche Produkte wie Cellulose entstehen ebenfalls durch chemische Reaktionen – in diesem Fall finden sie in Pflanzen statt –, doch Chemiker betrachten das eher als Biosynthese (▶ Kap. 36).

Manchmal sind die Stoffe, die Chemiker synthetisieren, Kopien von natürlichen Verbindungen. Dann geht es häufig darum, das Produkt günstiger herzustellen oder in größeren Mengen, und weniger darum, etwas Besseres zu produzieren als das natürliche Produkt. Immerhin leistet die Natur in der Regel gute Arbeit. Basis für den Wirkstoff im Grippemittel Tamiflu ist zum Beispiel Shikimisäure, die in den Samen der asiatischen Gewürzpflanze Sternanis vorkommt. Da die Versorgung mit Sternanis aber begrenzt ist, versuchen Chemiker, den Wirkstoff von Grund auf synthetisch herzustellen. Viele

Synthetische Treibstoffe

Die Fischer-Tropsch-Synthese ist ein Verfahren, mit dem in mehreren Stufen aus Wasserstoff und Kohlenmonoxid synthetische Treibstoffe hergestellt werden können. Die beiden Gase (das Gemisch heißt „Synthesegas") werden normalerweise hergestellt, indem Kohle vergast wird. Diese Synthese ermöglicht es, die flüssigen Treibstoffe, die wir normalerweise aus Erdöl (▶ Kap. 39) gewinnen, unabhängig von Öl herzustellen. Das südafrikanische Unternehmen Sasol stellt bereits seit Jahrzehnten synthetische Treibstoffe her.

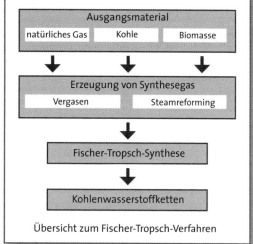

Übersicht zum Fischer-Tropsch-Verfahren

1962
erste Lycra-Produkte werden verkauft

1985
früher Prototyp eines DNA-Synthesizers

2012
das Projekt „Dial-a-Molecule" veröffentlicht die erste Anleitung zur eleganten Synthese

Die Synthesemaschine

Stellen Sie sich vor, Chemiker müssten nicht mehr das ganze Procedere durchlaufen, über eine Serie aufeinander aufbauender Reaktionen das Molekül zu konstruieren, das sie haben möchten. Stellen Sie sich vor, sie müssten nur eine Beschreibung dieses Moleküls in eine Maschine eingeben, und die Maschine würde den besten Reaktionsweg berechnen und durchführen. Welche Revolution beim Entwerfen von Arzneistoffen und neuen Materialien! Für DNA zumindest bestehen derartige Maschinen bereits: DNA-Synthesizer können kurze DNA-Stücke mit jeder gewünschten Sequenz hervorbringen. Das Gleiche für beliebige Moleküle zu entwickeln, ist ganz klar eine größere Herausforderung, nicht zuletzt an die Rechenkapazität. Eine solche Synthesemaschine müsste zur Berechnung der Synthesewege mit Lichtgeschwindigkeit Millionen unterschiedlicher Reaktionen prüfen und Milliarden verschiedener Reaktionswege vergleichen. Trotz Vorbehalten gibt es ernstzunehmende Anstrengungen in diese Richtung. Eine Gruppe britischer Forscher, die gemeinsam am Projekt „Dial-a-Molecule" arbeitet, hat sich zum Ziel gesetzt, die Synthese eines beliebigen Moleküls „so einfach zu machen, wie eine Telefonnummer zu wählen". Ein amerikanisches Projekt hat ein „chemisches Google" entwickelt, das 86 000 chemische Regeln berücksichtigt, um mit Algorithmen die besten Synthesewege zu ermitteln.

verschiedene Methoden wurden schon veröffentlicht. Bei jeder muss abgewogen werden, ob sie günstiger ist als die Extraktion der Shikimisäure aus den Samen.

Elastische Hosen   Andere synthetische Produkte lassen sich auf keinerlei natürliches Vorbild zurückführen, sie sind sogar erst durch ihre „unnatürlichen" Eigenschaften nützlich für uns. Elastan ist ein leuchtendes Beispiel dafür. Vielleicht ist es Ihnen auch eher als Lycra bekannt – das dehnbare, hauteng sitzende Material, das nicht nur Radfahrer lieben. Der Kleidungshersteller Gap mischt Elastan mit Nylon für seine Yoga-Bekleidung, während StudioLux von Under Armour eine Mischung von Elastan mit Polyester enthält. Heute sind wir wenig beeindruckt von all diesen ausgefallen klingenden Fasern, doch das Auftauchen von Elastan auf dem Textilmarkt der 1960er-Jahre war eine Revolution.

Wie die Cellulose-Moleküle der Baumwollfasern sind auch die langkettigen Moleküle von Elastan Polymere, in denen dieselben chemischen Bausteine sich immer wieder wiederholen. Die Herstellung der Polyurethan-Bausteine erfolgt über eine Reihe von Reaktionen, und ihr Zusammenschluss geschieht über eine andere Reihe von Reaktionen. Wahrscheinlich brauchten die Forscher bei DuPont deshalb mehrere Jahrzehnte, um einen praktikablen Herstellungsprozess auszutüfteln. Im Vergleich zu Baumwollfasern hatte die „Faser K", wie sie zunächst genannt wurde, einige erstaunliche und wertvolle Eigenschaften. Elastanfasern lassen sich bis auf das Sechsfache ihrer Anfangslänge dehnen und springen anschließend in ihre Form zurück. Sie sind dauerhafter und überstehen größere Spannung als natürlicher Gummi. DuPont hatte ein Blockbuster-Produkt, und Damenunterwäsche wurde plötzlich wesentlich bequemer.

Chemisches Gerüst Denken wir jetzt nochmals an unsere eigene Kleidung, unsere Badezimmer- und Vorratsschränke. Denken Sie daran, wie viele weitere Produkte Sie kaufen, in denen Materialien oder Bestandteile enthalten sind, die Chemiker in jahre- oder jahrzehntelanger unermüdlicher Forschung entwickelten. Allein die Zahl chemischer Reaktionen, die notwendig waren, Ihren Haushalt zu füllen, ist schwindelerregend.

Viele chemische Produkte sind aus dem Cracken von Öl (▶ Kap. 15) hervorgegangen, einer verlässlichen Quelle wertvoller Chemikalien. Falls Sie sich noch immer fragen, wozu Propylenglycol gut ist – es ist der Bestandteil des Haarwaschmittels, der Ihrem Haar hilft, Feuchtigkeit aufzunehmen und so weich zu bleiben. Propylenglycol wird aus Propylenoxid hergestellt, das wiederum durch eine Reaktion von Propylen (durch Cracken produziert) mit Chlor und Wasser entsteht. Propylenoxid wird auch bei der Herstellung von Frostschutzmitteln und Schaumstoffen für Möbel und Matratzen eingesetzt. Vielleicht haben Sie noch nie von Propylenoxid gehört, doch der weltweite jährliche Bedarf liegt bei mehr als sechs Millionen Tonnen – nicht, weil Propylenoxid an sich besonders wertvoll wäre, sondern weil daraus durch chemische Synthese alle möglichen Alltagsprodukte hergestellt werden können.

Auf gleiche Weise bilden viele andere Verbindungen das chemische Gerüst, auf dem als Inhalte die industriellen Produkte ruhen. Von Farbstoffen bis zu Arzneistoffen, von Reinigungs- zu Lösungsmitteln, von Plastik bis zu Pestiziden, was auch immer Sie nennen, die chemische Industrie war wahrscheinlich an der Herstellung beteiligt.

Worum es geht
Nützliche Chemikalien

17 Das Haber-Bosch-Verfahren

Einer der wichtigsten Fortschritte des 20. Jahrhunderts war Fritz Habers Entdeckung, wie Ammoniak preiswert hergestellt werden kann. Ammoniak wird benutzt, um Düngemittel zu produzieren, die die Ernährung von Milliarden Menschen sicherstellen. Es ist jedoch auch Grundstoff für Sprengstoffe – eine Tatsache, die bei der Errichtung der ersten großen Produktionsanlage zu Beginn des Ersten Weltkriegs mitspielte.

Henri Louis Le Châtelier war der Sohn des Ingenieurs Louis Le Châtelier. Sein Vater interessierte sich für Dampflokomotiven und die Stahlproduktion und lud viele bekannte Wissenschaftler zu sich nach Hause ein. Als er im Paris der 1850er-Jahre aufwuchs, lernte Henri Louis viele berühmte französische Wissenschaftler kennen. Sie müssen ihn beeinflusst haben, denn Henri Louis wuchs zu einem der berühmtesten Chemiker heran. Eine grundlegende Regel der Chemie trägt seinen Namen: das Prinzip von Le Châtelier (▶ Kap. 9).

Das Prinzip von Le Châtelier beschreibt, wie reversible Reaktionen ins Gleichgewicht kommen. Doch als er eine der wichtigsten reversiblen Reaktionen auf der Erde (▶ Box: Die Ammoniaksynthese) durchführen wollte, glitt Henri Louis aus. Er verpatzte das Experiment, mit dem er die Verbindung hätte herstellen können, die im Zentrum der Aufmerksamkeit der weltweiten Düngemittel- und Waffenindustrie stand.

Salpeterkriege Düngemittel enthalten Stickstoff in einer Form, die von Pflanzen aufgenommen und zum Aufbau von Proteinen genutzt werden kann. Mit dem Stickstoff (N_2), der in der Luft in großen Mengen vorhanden ist, ist ihnen dies nicht möglich. Gegen Ende des 19. Jahrhunderts wurde die Bedeutung von Düngemitteln und Stickstoffverbindungen erkannt, und Europa

Zeitleiste

1807	1879	1901	1907
Humphry Davy stellt durch Elektrolyse von Wasser an Luft Ammoniak her	Kriegserklärung Chiles an Bolivien und Peru um die salpeterreiche Region Atacama	Henri Louis Le Châtelier stellt Versuche ein, Ammoniak herzustellen	Walter Nernst synthetisiert Ammoniak unter hohen Drücken

begann, Salpeter (Natriumnitrat, NaNO$_3$) aus Südamerika zu importieren, um die Nahrungsmittelproduktion mithilfe des Düngers zu steigern. Ein Krieg um salpeterreiche Regionen begann zwischen Chile, Peru und Bolivien, den Chile gewann.

In Europa gab es inzwischen das dringende Bedürfnis, die Versorgung mit Ammoniak auf heimischem Boden zu sichern. Einfachen Luftstickstoff (N$_2$) in Stickstoffverbindungen wie Ammoniak umzusetzen – Stickstoff zu „fixieren"–, war energieintensiv und teuer. In Frankreich versuchte Le Châtelier die Synthese, indem er Stickstoff und Wasserstoff, die beiden Komponenten von Ammoniak, unter hohem Druck reagieren ließ. Seine Versuchsanordnung explodierte, sein Assistent wäre fast dabei getötet worden.

> ### Die Ammoniaksynthese
>
> Die reversible Reaktion, durch die Ammoniak entsteht, lautet:
>
> $$N_2 + 3\,H_2 \rightleftharpoons 2\,NH_3$$
>
> Das ist eine Redox-Reaktion (▶ Kap. 13). Es ist auch eine exotherme Reaktion, das heißt, Energie wird an die Umgebung abgegeben: Es muss nicht groß erhitzt werden, damit die Reaktion stattfindet. Sie geht auch bei niedrigen Temperaturen munter dahin. Um Ammoniak in industriellen Maßstäben herzustellen, ist dennoch Erhitzen erforderlich. Höhere Temperaturen verschieben das Gleichgewicht der Reaktion (▶ Kap. 9) zwar etwas auf die linke Seite der Gleichung, sodass mehr Stickstoff und Wasserstoff da sind, doch die Reaktion läuft dann sehr viel schneller ab – es kann also mehr Ammoniak in kürzerer Zeit hergestellt werden.

Später stellte Le Châtelier fest, dass bei seinem Versuchsaufbau Luftsauerstoff in die Reaktionsmischung gekommen war. Er war nahe dran gewesen, Ammoniak zu synthetisieren – doch heute verbinden wir den Namen Fritz Haber mit der Ammoniaksynthese.

Mit Beginn des Ersten Weltkriegs wurde Ammoniak aus einem weiteren Grund wichtig: Die Sprengstoffe Nitroglycerin und Trinitrotoluol (TNT) konnten damit hergestellt werden. Der Ammoniak, den Europa für Düngemittel begehrt hatte, wurde schnell für Kriegsziele genutzt.

Das Haber-Bosch-Verfahren Wäre nicht die beinahe tödlich ausgehende Explosion erfolgt, hätte Le Châtelier seine Ammoniak-Experimente möglicherweise nie beiseitegelegt. Das Haber-Bosch-Verfahren zur Ammoniaksynthese greift sogar auf die Theorien von Le Châtelier zurück. Bei der Reaktion entsteht ein Gleichgewicht zwischen den beiden Ausgangsstoffen Stickstoff und Wasser-

1909	**1914**	**1915**	**1918**
Fritz Haber synthetisiert Ammoniak im Labor	Beginn des Ersten Weltkriegs	Fritz Haber beaufsichtigt den ersten Chlorgasangriff bei Ypres	Fritz Haber erhält den Nobelpreis für Chemie

stoff und dem Produkt Ammoniak. Wie das Prinzip von Le Châtelier (das Prinzip des kleinsten Zwangs) vorhersagt, wird der ausgeglichene Zustand gestört, wenn ein Teil des Produkts entnommen wird. Das Gleichgewicht wird versuchen, diesen Zustand wiederherzustellen, indem es Produkt nachbildet. Beim Haber-Bosch-Verfahren wird deshalb laufend Ammoniak aus dem Reaktionsgefäß entnommen.

Haber benutzte eine Eisenoxid-Verbindung als Katalysator. Auch hier hatte Le Châtelier nicht allzu weit danebengelegen. In einem Buch, das er 1936 veröffentlichte, schrieb er, dass er Versuche mit diesem Katalysator unternommen hatte. Haber griff auch auf thermodynamische Überlegungen von Walter Nernst zurück, der 1907 Ammoniak synthetisiert hatte. Nachdem Fritz Haber 1909 die ersten Tropfen Ammoniak im Labor gewonnen hatte, entwickelte er zusammen mit dem Chemiker und Ingenieur Carl Bosch die Bedingungen für die großtechnische Synthese. Fast ein Jahrzehnt später, 1919, wurde ihm für die Ammoniaksynthese in einer umstrittenen Entscheidung der Nobelpreis verliehen.

Natürliche Stickstofffixierung

Salpeter ist ein natürlich vorkommendes Mineral, das Stickstoff in einer reaktiven oder „fixierten" Form enthält. Vor der Einführung des Haber-Bosch-Verfahrens war eine weitere Hauptquelle von „reaktivem Stickstoff" Guano aus Peru – die Exkremente von Seevögeln, die entlang der peruanischen Küste nisten. Es gibt auch andere Wege der Stickstofffixierung. Blitzschläge führen kleine Mengen Luftstickstoff in Ammoniak über. Frühe Verfahren der Ammoniakherstellung ahmten dies nach und nutzten Elektrizität, doch sie erwiesen sich als zu teuer. Bestimmte Bakterien, die in Knöllchen an den Wurzeln von Leguminosen wachsen, zum Beispiel an Klee-, Erbsen- und Bohnenpflanzen, fixieren ebenfalls Stickstoff. Aus diesem Grund werden in der Landwirtschaft wechselnde Furchtfolgen angebaut: Nährstoffe, die dem Boden entnommen wurden, können ersetzt werden, der Boden wird fruchtbar für die folgende Aussaat. Der Anbau von Klee bewirkt, dass sich Stickstoff im Boden anreichert, sodass im folgenden Jahr weniger Dünger benötigt wird.

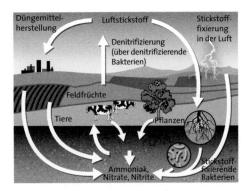

Es wird geschätzt, dass sich die Getreideproduktion durch die Verfügbarkeit von Stickstoffverbindungen für Düngemittel verdoppelte. In den folgenden hundert Jahren wurden vier Milliarden Menschen von dem Getreide ernährt, das durch den preiswerten, energieeffizienten Weg zur Herstellung von Ammoniak geerntet werden konnte – Ammoniak wurde als „Brot aus der Luft" gepriesen. Doch Le Châtelier mag zwar verzweifelt gewünscht haben, er hätte die Ammoniaksynthese erfunden, ihm ist auch die Schattenseite erspart geblieben. Im Laufe des 20. Jahrhunderts gab es mehr als hundert Millionen Tote bei bewaffneten Konflikten, und in vielen Fällen spielte das Haber-Bosch-Verfahren eine Rolle dabei.

> **Ich ließ mir die Entdeckung der Ammoniaksynthese aus den Fingern gleiten. Es war der größte Fehler meiner wissenschaftlichen Laufbahn.**
> Henri Louis Le Châtelier

Fritz Haber war im Ersten Weltkrieg als wissenschaftlicher Berater für das Kriegsministerium tätig. Er plante und überwachte den ersten deutschen Angriff mit Chlorgas, bei dem im April 1915 bei Ypres Tausende französischer Soldaten getötet wurden. Möglicherweise hatte er sich aus dem Gaseinsatz eine Verkürzung des Krieges und weniger Verluste von Menschenleben erhofft. Seine Frau, die ihn gebeten hatte, die Arbeit an Chemiewaffen einzustellen, erschoss sich nur Tage darauf. Haber wurde der Nobelpreis verliehen, doch seine Entscheidungen werden zwiespältig betrachtet. An Le Châtelier indessen erinnert man sich wegen seiner Erklärungen der Grundlagen, die das chemische Gleichgewicht regeln.

Ammoniak wird noch immer in riesigen Mengen hergestellt. Allein in den USA waren es 2012 mehr als 16 Mrd. Kilogramm. Die Auswirkungen der Stickstoffverbindungen, die von den Feldern in Flüsse und Seen gewaschen werden, werden von den Forschern noch immer untersucht.

Worum es geht
Chemische Reaktionen entscheiden über Leben und Tod

18 Chiralität

Zwei Moleküle können fast identisch aussehen und sich dennoch ganz unterschiedlich verhalten. Diese merkwürdige Laune der Chemie kommt von der Chiralität – dem Prinzip, dass manche Moleküle Spiegelbilder haben, sie als rechts- und linkshändige Variante vorkommen. Die Folge ist, dass es bei jeder chiralen Verbindung eine Variante gibt, die ihren Job erledigt, und eine, die etwas ganz anderes tut.

Legen Sie die Hände wie zum Gebet aneinander: Auf diese Weise können Sie die Asymmetrie Ihrer Hände am besten wahrnehmen. Ihre Linke ist ein Spiegelbild der Rechten – Ihre Hände sind nicht gleich, sondern exakte Gegenstücke. Wie auch immer Sie sie drehen und wenden, Sie können Ihre Linke nicht mit der Rechten in Deckung bringen. Selbst ein Vertauschen der beiden Hände – wenn eine perfekte Handtransplantation möglich wäre – könnte das nicht ändern.

Es gibt Moleküle, die sich wie Händepaare verhalten. Sie kommen als Spiegelbildvarianten vor, die sich nicht exakt übereinanderlegen lassen. Sie sind aus den gleichen Atomen aufgebaut und sehen, oberflächlich betrachtet, gleich aus. Doch die Struktur der einen Variante spiegelt die andere. Der Fachausdruck für diese rechts- und linkshändigen Varianten lautet „Enantiomere", und ein Molekül, von dem ein Enantiomer existiert, heißt „chiral".

Jeder Linkshänder, der schon versucht hat, mit einer Schere für Rechtshänder zu schneiden, wird ahnen, welche Konsequenzen aus Chiralität erwachsen. Der Unterschied zwischen den beiden Enantiomeren eines Moleküls kann bedeuten, dass die eine Variante sich verhält, wie wir es erwarten – die andere aber nicht. Treibstoffe, Pestizide, medizinische Wirkstoffe, sogar die Proteine in unserem Körper bilden chirale Moleküle.

Gute und schlechte Varianten Es gibt einen ganzen Zweig in der Chemie, der sich der Herstellung chiraler Verbindungen mit der richtigen „Händigkeit"

Zeitleiste

1848	1957	1961	1980
Louis Pasteur entdeckt die Chiralität von Natriumammonium-tartrat	Medikament Thalidomid wird zunächst in Deutschland eingeführt	Verkauf von Thalidomid wird eingestellt	Einführung des Begriffs „EPC-Synthese" (*enantiomerically pure compound*)

verschrieben hat. Letztendlich liegt das Ziel bei der industriellen Herstellung einer Verbindung darin, Gewinn zu erzielen. Wenn sich bei der Herstellung eines neuen Arzneistoffs eine Mischung von rechts- und linkshändigen Molekülen ergibt, von denen nur die linkshändigen im Körper wirksam sind, können die Reaktionen so verändert werden, dass die wirksame Variante bevorzugt entsteht.

Mehr als die Hälfte der medizinischen Wirkstoffe, die heutzutage produziert werden, sind chirale Verbindungen. Auch wenn viele von ihnen als Mischung der beiden Enantiomere hergestellt und verkauft werden, wirkt eines der beiden Enantiomere in der Regel besser als das andere. Betablocker, mit denen zu hoher Blutdruck und zu hohe Herzschlagfrequenz behandelt werden, sind ein gutes Beispiel. In bestimmten Fällen jedoch kann das „falsche" Enantiomer sogar Schaden anrichten.

Es gibt kein schrecklicheres Beispiel für ein „schlechtes" Enantiomer als Thalidomid, dessen Wirkung auf Babys im Mutterleib berüchtigt ist. Thalidomid wurde zu Beginn der 1950er-Jahre als Schlaf- und Beruhigungsmittel verkauft, doch bald auch Schwangeren verschrieben, um deren morgendliche Übelkeit einzudämmen. Unglücklicherweise führte die „falsche" Variante des Arzneistoffs zu Fehlbildungen bei den Babys. Es wird vermutet, dass

> ### Racemische Gemische
>
> MIschungen, die zu etwa gleichen Teilen aus links- und rechtshändigen Varianten einer Verbindung bestehen, heißen „racemische Gemische" oder kurz „Racemate". Wenn von dem Arzneistoff Thalidomid nur das eine Enantiomer vor uns liegt, ein paar der Moleküle aber in die andere Variante „umspringen", sodass eine Mischung entsteht, sagen wir, sie „racemisieren".

durch die Wirkung von Thalidomid mehr als zehntausend Kinder mit schweren Schädigungen geboren wurden. Bis heute dauern gerichtliche Auseinandersetzungen zwischen der Herstellerfirma und Geschädigten an.

Herstellung von Spiegelbildern Versuche, nur die „gute" Variante von Thalidomid anzuwenden, schlugen fehl, weil das Molekül im Körper in die Spiegelbildvariante überführt werden kann (▶ Box: Racemische Gemische), der Körper selbst stellt eine Mischung der beiden Formen her.

2001	2012
William S. Knowles, Ryōji Noyori und Barry Sharpless erhalten den Nobelpreis für Chemie für asymmetrische Synthesemethoden	Analyse von Fragmenten des Tagish-Lake-Meteoriten ergibt Überschuss an linkshändigen Aminosäuren

Wie erkennen wir, ob eine Verbindung chiral ist?

Zwei Moleküle, die aus genau den gleichen Atomen aufgebaut sind, deren Atome aber unterschiedlich angeordnet sind, heißen „Isomere". Bei chiralen Verbindungen sind die Atome bei beiden Isomeren gleich angeordnet. Sie sind praktisch identisch, nur lassen sie sich nicht ineinander überführen, sondern sind Spiegelbilder. Wie können wir nun sagen, ob ein Molekül chiral ist? Das Unterscheidungsmerkmal ist die Symmetrie: Ein chirales Molekül hat keine Symmetrieebene. Wenn Sie das Molekül zeichnen und eine imaginäre Linie ziehen können, die es in zwei gleiche Hälften teilt – stellen Sie sich vor, Sie klappen das Papier entlang der Linie zusammen und die Hälften überdecken sich –, dann ist es nicht chiral. Doch vergessen Sie nicht, dass Moleküle dreidimensionale Objekte sind. Die Entscheidung ist nicht immer so einfach wie das Zeichnen einer Linie, es kann sogar sehr schwierig sein, nur aus der Darstellung auf dem Papier richtig zu schließen. Für kompliziertere Moleküle kann ein dreidimensionales Modell aus Stäbchen und Knetmasse helfen (s. Stereoisomere, ▶ Kap. 34).

Symmetrieebene

keinerlei Symmetrieebene im Molekül

Manche Verbindungen können von ihren chiralen Gegenstücken getrennt werden, und es ist auch möglich, Reaktionen so zu planen, dass die Produkte nur ein einzelnes Enantiomer enthalten. Zwei Amerikaner und ein Japaner erhielten 2001 gemeinsam den Nobelpreis für ihre Arbeiten zu chiralen Katalysatoren – die sie einsetzten, um chirale Verbindungen wie Arzneistoffe herzustellen. Einer der Preisträger war William Knowles, der die Reaktionen entwarf, mit denen nur die „gute" Variante des Parkinson-Wirkstoffs Dopa hergestellt wird. Wie bei Thalidomid wirkt auch bei Dopa das zweite Enantiomer toxisch.

In den letzten Jahrzehnten achten die Arzneimittelzulassungsbehörden verstärkt auf mögliche Probleme durch enantiomere Verbindungen. Während die Hersteller früher Gemische aus links- und rechtshändigen Molekülen produzierten und das weniger wirksame Spiegelbild als unbeabsichtigten Ballast betrachteten, versuchen sie nun, von Anfang an nur das „gute" Enantiomer herzustellen.

Das Leben ist einhändig Die Natur hat ihre eigene Herangehensweise. In den Reagenzgläsern der Chemiker entstehen ohne spezielle Hilfsmittel in der Regel fast gleiche Mengen an links- und rechtshändigen Molekülen. Biologische Moleküle zeigen ein vorhersagbares Muster in ihrer Händigkeit. Aminosäuren, die Bausteine der Proteine, sind linkshändig, Zucker sind dagegen rechtshändig. Niemand kann erklären, warum das so ist, doch die Forscher, die die Entstehung des Lebens auf der Erde untersuchen, haben verschiedene Theorien dazu.

Einige Wissenschaftler haben vorgeschlagen, dass Moleküle, die mit Meteoriten auf die frühe Erde gelangt sind, dem Leben hier einen Stups in die „rechte" oder „linke" Richtung gegeben haben. Es gibt Meteoriten, die auf der Erde aufgetroffen sind und Aminosäuren enthielten, und deshalb ist es denkbar, dass ein kleiner Überschuss an linkshändigen Aminosäuren von den organischen Verbindungen in der Ursuppe aufgenommen wurde, als das Leben entstand. Was auch immer ablief, es ist wahrscheinlich, dass ein paar anfängliche Ungleichgewichte von links- und rechtshändigen Molekülen sich im Laufe der Zeit verstärkten. Doch wir können nicht in der Zeit zurückreisen, um die Theorie zu überprüfen. Deshalb können wir auch nicht ausschließen, dass sich die „Einhändigkeit" in der Natur nicht doch später entwickelte, als das Leben komplexer geworden war.

Chiralität in biologischen Molekülen ist nicht nur ein Kuriosum. Sie bringt uns zurück zu unserem Verständnis von synthetischen chiralen Verbindungen und ihrer Wirkung im Körper. Arzneistoffe entfalten ihre Wirkung, weil sie sich an biologische Moleküle in unserem Körper anlagern können. Damit ein Wirkstoff Erfolg haben kann, muss er zunächst „passen". Stellen Sie sich das vor wie eine Hand, die in einen Handschuh schlüpft – nur der linke Handschuh passt leicht auf die linke Hand.

> **Chiralität hielt Alices Aufmerksamkeit gefangen, als sie über die makroskopische Welt nachgrübelte, die sie im Vergrößerungsglas erspähte ...**
> **Donna Blackmond**

Spiegelmoleküle

19 Grüne Chemie

In den letzten Jahrzehnten ist „grüne Chemie" ein Thema geworden – eine nachhaltigere Art, Chemie im Labor und in der Industrie zu betreiben, die Umweltverschmutzung und Abfälle eindämmen und Reaktionen umweltverträglich planen will. All das begann, als Planierraupen in einen Hinterhof in Quincy, Massachusetts, eindrangen.

Paul Anastas wuchs in Quincy, Massachusetts, USA auf, zu einer Zeit, als man vom Haus seiner Eltern aus über die Quincy Wetlands blicken konnte. Diese Aussicht wurde durch Großunternehmen und große Glasgebäude zerstört. Anastas schrieb einen Aufsatz über die Wetlands, der ihm mit neun Jahren eine Auszeichnung durch den amerikanischen Präsidenten einbrachte. Knapp zwanzig Jahre später trug er einen Doktortitel in organischer Chemie und begann, für die United States Environmental Protection Agency (EPA) zu arbeiten. Dort schrieb er auch sein Manifest für eine sauberere, grünere Art von Chemie, durch das er später zum „Vater der grünen Chemie" wurde.

Mit gerade 28 Jahren sah Anastas die Aufgabe grüner Chemie darin, die Auswirkungen von Chemikalien, chemischen Vorgängen und industriellen Prozessen auf die Umwelt zu reduzieren. Wie? Im Wesentlichen durch eine schlauere, umweltfreundlichere Art, Wissenschaft zu treiben, sodass Abfälle vermieden und chemische Prozesse energieeffizient durchgeführt werden. Es war ihm klar, dass dieses Konzept in der Industrie nicht begeistert aufgenommen werden würde, deshalb machte er es schmackhafter durch den Hinweis, dass cleveres Arbeiten auch günstigeres Arbeiten bedeutet.

Grünere Entsalzung

Das Wachstum der Bevölkerungszahlen und Trockenheit führen dazu, dass Wasser knapper wird. Viele Städte auf der ganzen Welt nutzen Entsalzungsanlagen, um einen Teil ihres Trinkwassers aus Meerwasser gewinnen zu können. Das Salz zu entfernen ist ein energieaufwendiger Prozess, bei dem das Wasser durch eine dünne Membran mit winzigen Löchern gezwungen werden muss. Diese Technik nennt sich „reverse Osmose". Die Herstellung der speziellen Membranen, die dazu eingesetzt werden, erfordert eine ganze Reihe von Chemikalien und Lösungsmitteln. Einer der Gewinner der Presidential Green Challenge Awards von 2011 war ein Unternehmen, das ein Verfahren zur Herstellung neuer, preisgünstiger Polymermembranen entwickelte, bei dem weniger schädliche Lösungsmittel eingesetzt werden müssen. Die NEXAR-Membranen der Firma Kraton sollen auch in den

Entsalzungsanlagen energiesparend arbeiten und könnten die Energiekosten um die Hälfte senken.

Entsalzung erfolgt, wenn Salzwasser mit einem Druck, der den osmotischen Druck übersteigt, durch die Membran gepresst wird

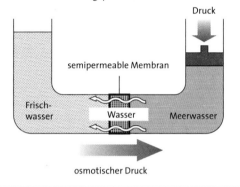

Die zwölf Prinzipien grüner Chemie Paul Anastas und der Chemiker John Warner von Polaroid entwickelten 1998 zwölf Prinzipien grüner Chemie. In Kurzform besagen sie:

1. Produziere so wenig Abfall wie möglich!
2. Plane chemische Verfahren so, dass jedes einzelne Atom genutzt wird!
3. Setze keine gefährlichen Stoffe ein und stelle keine gefährlichen Nebenprodukte her!
4. Entwickle neue, weniger toxische Produkte!
5. Benutze sichere Lösungsmittel und weniger davon!
6. Erhöhe die Energieeffizienz!
7. Setze Rohstoffe ein, die auswechselbar sind!
8. Entwickle Reaktionen, die nur die benötigten Produkte ergeben!

2011
Markt für grüne Chemie umfasst 2,8 Mrd. Dollar

2020
Markt für grüne Chemie soll 98,5 Mrd. Dollar umfassen

9. Nutze Katalysatoren für effizientere Reaktionen!
10. Entwerfe Produkte, die natürlich abgebaut werden können!
11. Überwache die Reaktionen, um Abfälle und gefährliche Nebenprodukte zu vermeiden!
12. Minimiere die Risiken von Unfällen, Feuer und Explosionen!

> **Wir werden wissen, dass grüne Chemie den Durchbruch geschafft hat, wenn der Begriff ‚grüne Chemie' nicht mehr benutzt wird, weil sie selbstverständlich geworden ist.**
>
> Paul Anastas,
> zitiert in der New York Times

Im Zentrum dieser Prinzipien stehen der effizientere Umgang mit Ressourcen und Produkten und der Gebrauch von Stoffen, die für Mensch und Umwelt ungefährlich sind. Das sagt schon der gesunde Menschenverstand, denken Sie vielleicht. Doch in der chemischen Industrie wurde lange Zeit ganz anders gedacht, die Prinzipien mussten einmal ausgesprochen werden.

Im Weißen Haus Paul Anastas war rasch vom einfachen Chemiker zum Abteilungsleiter und von da zum Direktor eines neuen Programms der EPA zur grünen Chemie aufgestiegen. In seinem ersten Jahr als Direktor schlug er eine Reihe von Auszeichnungen vor, mit denen Errungenschaften auf dem Gebiet der grünen Chemie gewürdigt werden sollten – Errungenschaften sowohl von Wissenschaftlern an Universitäten als auch von Unternehmen. Der damalige amerikanische Präsident, Bill Clinton, unterstützte die Auszeichnungen, die Presidential Green Chemistry Challenge, die noch immer viel Beachtung finden.

Ein Preisträger des Jahres 2012 war ein Unternehmen namens Buckman International, dessen Chemiker eine Methode gefunden hatten, widerstandsfähiges Recyclingpapier ohne Vergeudung von Chemikalien und Energie herzustellen. Sie wandten Punkt 9 der Liste von Anastas und Warner an und setzten Enzyme – Biokatalysatoren – bei ihren Reaktionen ein, um Holzfasern mit genau der richtigen Struktur zu erzielen. Ihren Berechnungen nach kann ein einziger Papierhersteller damit bis zu 1 Mio. Dollar pro Jahr an Ausgaben einsparen; sie stützen damit die Behauptung von Anastas, dass cleveres Arbeiten günstigeres Arbeiten bedeutet.

Weitere Auszeichnungen wurden für grüne Herstellungsmethoden von Kosmetika, Treibstoffen und für Membranen zur Entsalzung von Meerwasser verliehen. Anastas wurde bald von Clinton selbst angeworben und begann, im Weißen Haus im Office of Science and Technology an Umweltfragen zu arbeiten. Er war vom Präsidenten im Alter von neun Jahren ausgezeichnet worden, hatte selbst eine Auszeichnungsreihe durch den Präsidenten zustande gebracht und arbeitete nun im Weißen Haus – mit nur 37 Jahren.

Grüne Zukunft Nach Angaben der EPA selbst ging die Menge an gefährlichen chemischen Abfällen in den USA von 278 Mio. Tonnen 1991 – dem Jahr, in dem Anastas den Begriff grüne Chemie prägte – auf 35 Mio. Tonnen im Jahr 2009 zurück. Die Unternehmen begannen, Umweltschutz ernster zu nehmen. Lassen wir uns aber von den Erfolgen nicht mitreißen. Anastas war sehr erfolgreich, er hatte großartige Ideen und kam bis ins Weiße Haus damit, doch die Probleme der Industrie waren damit nicht im Handumdrehen beseitigt. Weit entfernt – viele bedeutende Chemikalien, die Grundstoff alltäglicher Produkte sind, werden letztendlich noch immer aus Erdöl hergestellt, einem nicht nachwachsenden Grundstoff, der auch umweltschädliche Auswirkungen hat. Es gibt noch viel für uns zu tun.

Grüne Chemie ist ein noch junges Gebiet. Es wird angenommen, dass es schnell wachsen wird, nach manchen Schätzungen auf Umsätze von fast 100 Mrd. Dollar bis Ende dieses Jahrzehnts. Doch Anastas wird nicht zufrieden sein, bevor nicht die ganze chemische Industrie grün geworden ist. In einem Interview mit *Nature*, einer führenden wissenschaftlichen Zeitschrift, sagte er 2011 – zwanzig Jahre, nachdem der Begriff „grüne Chemie" geprägt wurde –, sein letztendliches Ziel sei eine chemische Industrie, die völlig nach den Prinzipien der grünen Chemie arbeite. Wenn dieses Ziel erreicht sei, werde es den Begriff „grüne Chemie" nicht mehr geben, grüne Chemie sei einfach Chemie.

Atomeffizienz

Die Prinzipien der grünen Chemie beziehen sich auf das Konzept der Atomeffizienz (*atom economy*), das von Barry Trost an der Stanford University entwickelt wurde. Für jede beliebige Reaktion lässt sich abschätzen, wie viele Atome mit den Ausgangsstoffen eingesetzt werden und wie viele in den Produkten wiedergefunden werden. Das Verhältnis der Zahlen gibt an, wie wirtschaftlich die Atome eingesetzt wurden. Für die grüne Chemie ist jedes einzelne Atom wichtig.

Worum es geht

Chemie, die die Umwelt intakt lässt

20 Trennung

Ob es darum geht, das Kaffeepulver von unserem morgendlichen Gebräu zu trennen, den Duft des Jasmins aus den Blüten zu gewinnen oder Heroin aus dem Blut am Schauplatz eines Verbrechens, nur wenige Techniken sind in der Chemie nützlicher als diejenigen, mit denen Stoffe voneinander getrennt werden. Der holländische Begriff für Chemie bedeutet „die Kunst, zu trennen".

In jedem TV-Krimi gib es unweigerlich den Moment, in dem die Kriminaltechniker ausschwärmen und den Schauplatz in Beschlag nehmen. Wir können nicht erkennen, was sie tun. Wir wissen auch nicht, wonach sie später in ihren Laboratorien fahnden. Sie tauchen in ihren papierdünnen Einmal-Schutzanzügen auf, und ein paar Minuten später erhält der Kommissar ein Blatt Papier mit den Ergebnissen. Der Fall ist gelöst.

Dabei wäre es wirklich interessant, die Arbeit in einem gerichtsmedizinischen Labor kennenzulernen. Kriminaltechniker sind zum Beispiel herausragende Experten darin, chemische Trennungen vorzunehmen. Stellen Sie sich vor, Sie kommen von einem besonders üblen Tatort zurück. Überall ist Blut verspritzt, es gibt Hinweise auf Drogenmissbrauch. Nun sollen Sie herausfinden, wer welche Drogen genommen hat. Blutproben sind vorhanden, doch wie bekommen Sie die Drogen aus dem Blut heraus, um sie zu analysieren? Dieses Problem ist eine sehr komplizierte Version vom Märchen des „Aschenputtel", das vor dem Herd Linsen aus der Asche auslesen soll. In unserem Fall sind beide Stoffe nass und können nicht von Hand voneinander getrennt werden.

Chromatographie Die Methoden, die die Kriminaltechniker zwangsläufig anwenden werden, gehören in den Bereich der Chromatographie. Im Prinzip werden sie versuchen, die Drogen an irgendetwas festkleben zu lassen – was auch immer als klebriges Material dient –, sodass sie erhalten bleiben, während das Blut abgewaschen wird. Das ist ein wenig wie die Linsen mit einem Mag-

Zeitleiste

altes Ägypten	1906	1941	1945
Blütenduft wird mithilfe von Fetten isoliert	erste Veröffentlichung über chromatographische Methoden	Archer J. P. Martin und Richard L. M. Synge führen die Verteilungschromatographie ein	Erika Cremer und Fritz Prior entwickeln die Gaschromatographie

neten aus der Asche zu ziehen. Gerichts-
medizinisch ausgedrückt sind die Drogen
der Analyt – der zu bestimmende Stoff.

Duftstoffe und Farben   Im Wesentlichen unterscheidet sich die moderne Chromatographie nicht allzu sehr von den
Extraktionsmethoden, die in Branchen wie
der Parfümherstellung seit Jahrhunderten
angewandt werden. Das klebrige Material
muss nicht unbedingt fest sein. Parfü-
meure, die zum Beispiel den Duft von Jas-
min aus den Blüten herausziehen, nehmen
dafür eine flüssige Verbindung wie Hexan.
Der wesentliche Punkt ist, dass die Duft-
moleküle der flüssigen Verbindung ähnli-
cher sind als die restlichen Moleküle der
Blüten.

Die meisten von uns kennen Chromatographie bereits aus der Schule: Dort haben
wir mit saugfähigem Papier die verschiedenen Farbstoffe von Tinten oder Pigmenten
aufgetrennt, unsere Analyte von damals.
Zwei unterschiedliche Farbstoffe werden
unterschiedlich gut am Papier haften und
werden von der Flüssigkeit, die vom Papier

Elektrophorese

Der Begriff „Elektrophorese" steht für eine ganze
Reihe verschiedener Methoden, mit denen Moleküle wie DNA oder Proteine durch Anlegen elektrischer Spannung voneinander getrennt werden.
Die Proben werden auf ein Gel oder eine Flüssigkeit aufgetragen und die Moleküle über ihre Ober-
flächenladung getrennt: Negativ geladene Moleküle bewegen sich zur positiven Elektrode, positiv
geladene Moleküle zur negativen Elektrode. Kleinere Moleküle kommen schneller voran als große,
weil sie sich leichter durch das Gel bewegen können. Elektrophorese trennt die Moleküle deshalb
nach ihrer Größe.

Gelelektrophorese

aufgesogen wird, unterschiedlich weit mitgenommen. Am Schluss bilden sie
einzelne, unterschiedlich gefärbte Farbtupfer. Der Ausdruck „Chromatographie"
bedeutet wörtlich „mit Farbe schreiben". Einer der ersten Wissenschaftler, der
um 1900 herum mit Chromatographie experimentierte, war ein Botaniker, der
Pflanzenpigmente auftrennen wollte. Doch erst 1941 kombinierten Archer
Martin und Richard Synge Flüssig-flüssig-Extraktionsmethoden, wie sie in der
Parfümindustrie gebräuchlich waren, mit der Chromatographie. Sie führten

1952

Archer J. P. Martin und Richard
L. M. Synge erhalten den
Nobelpreis für Chemie

1970

Csaba Horváth prägt den
Begriff HPLC – *high-pressure*,
später *high-performance liquid
chromatography*

1980

Nutzung der Kapillarelektrophorese
zur DNA-Sequenzierung

Den Weizen im Mehl nachweisen

Trennmethoden spielen eine wichtige Rolle bei Nahrungsanalysen. Spezialisierte Unternehmen helfen Lebensmittelherstellern, chemische Verbindungen und Fremdstoffe in ihren Produkten aufzuspüren, und das bedeutet auch, sie von den anderen Bestandteilen zu trennen. Zum Beispiel stellen Verunreinigungen in Produkten, die als gluten-, weizen- oder lactosefrei verkauft werden sollen, ein Problem dar. Sogar kleinste Mengen der kritischen Verbindungen können bei anfälligen Menschen zu Krankheitssymptomen führen. Lebensmittelchemiker finden diese Verunreinigungen über chromatographische Methoden. Eine 2015 veröffentlichte Studie deutscher Chemiker beschreibt zum Beispiel eine neue Methode, um Spuren von Weizen in Dinkelmehl nachzuweisen. Das Problem bei diesen beiden Getreidearten besteht darin, dass sie oft miteinander zu Weizen/Dinkel-Hybriden gekreuzt werden. Dinkel ist im Allgemeinen leichter verdaulich, Hybridpflanzen enthalten jedoch Gene und damit Protein von beiden Arten. Die Forscher konnten jedoch ein Gliadin-Protein identifizieren, das nur in Weizen vorkommt. Sie zeigten, dass es möglich ist, durch Hochleistungsflüssigkeitschromatographie (*high-performance liquid chromatography*, HPLC) von Dinkelmehl zu bestimmen, ob es Weizenproteine enthält – das Gliadin-Protein wäre dann im Chromatogramm zu erkennen. Mit der gleichen Methode könnten auch verschiedene Getreidearten anhand ihrer weizen- oder dinkelartigen Proteine unterschieden werden.

damit die Verteilungschromatogaphie ein, mit der sie Aminosäuren mithilfe eines Gels trennten.

Da Chromatographie etwas Ähnlichkeit mit Extraktionsverfahren hat, werden unsere Kriminaltechniker wohl die Chromatographie einsetzen. Denn Chromatographie ist noch geeigneter, sehr kleine Mengen von Stoffen – Wirkstoffen, Sprengstoffen, Brandbeschleunigern oder anderen Analyten – zu trennen.

Weitere Schritte Beim Schulexperiment zur Auftrennung der Tintenfarbstoffe wird das Papier (das als klebriges Material oder Magnet fungiert) „stationäre Phase" genannt. Die Farbstoffe, die in das Papier hineingesaugt werden, sind die mobile Phase. Auch wenn die heutigen gerichtsmedizinischen Labore technisch etwas besser ausgestattet sind, diese Namen werden noch immer verwendet. Zwei häufig benutzte Methoden sind die Gaschromatographie und die Hochleistungsflüssigkeitschromatographie (*high-performance liquid chromatography, HPLC*), bei der mit hohen Drücken gearbeitet wird. Mit beiden können Wirkstoffe, Sprengstoffe oder Brandbeschleuniger abgetrennt werden. Beide Geräte können auch direkt an ein Massenspektrometer (▶ Kap. 21) gekoppelt werden, über das die fragliche Substanz identifiziert werden kann. Der molekulare „Fingerabdruck" des Analyts würde ihn dann zum Beispiel als Heroin ausweisen.

Um zu klären, wer es war, der das Heroin im Blut hatte, können die Kriminaltechniker auch die Kapillarelektrophorese einsetzen (▶ Box: Elektrophorese), eine weitere verbreitete Trennmethode. Dabei werden zum Beispiel

DNA-Stückchen durch elektrische Spannung gezwungen, sich durch winzige Kanäle (die Kapillaren) zu zwängen, sodass die Stückchen sich je nach der DNA-Zusammensetzung in unterschiedliche Muster aufspalten. Dieses Muster, der „genetische Fingerabdruck", kann dann mit einer Kontroll-DNA – aus einer anderen Blutprobe, aus einem Haar – verglichen werden. Die wahre Kunst des Kriminaltechnikers liegt darin, zu entscheiden, welche Methoden die richtigen sind und sie entsprechend zu kombinieren. Das Endergebnis kann der Nachweis von Heroin sein, doch möglicherweise waren verschiedenste Trennversuche nötig, um die Verbindung für den Nachweis überhaupt zu erhalten.

Andere Trennmethoden Natürlich sind Kriminaltechniker nicht die Einzigen, die chromatographische Methoden anwenden, auch wenn sie im Fernsehen glanzvolle Rollen spielen. Trennverfahren sind Standardmethoden in der Analytik. Weitere wichtige Trennmethoden sind die gute alte Destillation, bei der Flüssigkeiten über ihre Siedetemperaturen voneinander getrennt werden (▶ Kap. 15), und die Zentrifugation, bei der Teilchen in einer Zentrifuge anhand ihrer Dichte getrennt werden. Vielleicht erkennen Sie hier schon ein Muster: Alle Trennmethoden nutzen einfach die unterschiedlichen Eigenschaften der Verbindungen, die getrennt werden sollen. Als letztes Beispiel wollen wir uns den altmodischen Papier-Kaffeefilter vor Augen halten, der festes Kaffeepulver und flüssigen Kaffee räumlich voneinander trennt: Die Trennmethode beruht auf dem Aggregatzustand. Auch das Filtrieren ist ein übliches Trennverfahren im Labor, doch es wird durch Erzeugung von Unterdruck und Einsatz von Pumpen unterstützt. Zusätzliche Verfahren sagen dem Chemiker dann, welche Bestandteile seine Mischungen und Verbindungen haben.

> ❞ Sogar heute noch wird Chemie in Holland ‚Scheikunde' genannt, die ‚Kunst der Trennung'. ❞
>
> **Professor A. Tiselius,** Mitglied des Nobel-Komitees für Chemie (1952)

Was uns der Krimi nicht erklärt

21 **Spektren**

Für die meisten von uns sind Spektren gezackte oder gewellte Diagramme, die im Ergebnisteil von wissenschaftlichen Artikeln stehen. Doch für den kundigen Betrachter enthüllen diese Muster die verworrenen Details der molekularen Strukturen von Verbindungen. Eine der Methoden, die zu derartigen Diagrammen führen, ist auch die Grundlage eines Schlüsselverfahrens der medizinischen Diagnostik – der Magnetresonanztomographie (MRT).

Wenn bei jemandem, der an einem Gehirntumor leidet, eine MRT-Untersuchung – eine Magnetresonanztomographie oder Kernspintomographie – vorgenommen wird, so wird der Erkrankte gebeten, sich in eine Maschine mit sehr starken Magneten zu legen, die eine Reihe von Schnittbildern des Kopfes erstellt. Mit diesen Bildern können die Größe und Lage des Tumors beurteilt werden, sie unterstützen die Ärzte bei der Entscheidung, ob und wie operiert werden soll. Das Gerät kann die Bilder erzeugen, ohne dem Patienten Schmerzen zu bereiten oder ihm in irgendeiner Form Schaden zuzufügen. Der Patient muss nur ganz ruhig liegen, um die Aufnahmen nicht zu stören.

Die Tatsache, dass MRT-Untersuchungen völlig unschädlich sind, muss oft betont werden. Ein Grund dafür ist, dass die Methode von der Kernspinresonanz (*nuclear magntic resonance*, NMR) abgeleitet wurde, und alles, was mit den Wörtchen „Kern" oder „nuklear" zu tun hat, macht uns misstrauisch. Sowohl MRT- als auch NMR-Aufnahmen beruhen auf der Eigenschaft bestimmter Atome, sich wie winzige Magnete zu verhalten. Wenn sie einem starken Magnetfeld ausgesetzt sind, richten sie sich nach diesem Magnetfeld aus. Werden nun zusätzlich Radiowellen ausgeschickt, wird die Ausrichtung gestört. Ein NMR-Gerät kann aus den Signalen der winzigen Magnete Informationen über die Umgebung der Atomkerne errechnen, und ein MRT-Gerät kann daraus Rückschlüsse über den Kopf des Patienten ziehen.

Zeitleiste

1945	1955	1960
Edward Purcell und Felix Bloch entdecken unabhängig voneinander das Phänomen der Kernspinresonanz (NMR)	William Dauben und Elias Corey verwenden NMR zur Strukturaufklärung	erstes kommerziell erfolgreiches NMR-Gerät, das Varian A-60

Von NMR zu MRT   Paul Lauterbur, der Chemiker mit den bahnbrechenden Ideen zur Entwicklung der MRT (der dafür 2003 den Nobelpreis erhielt), war ursprünglich Experte für NMR. Er lernte die Methode an den Mellon Institute Laboratories in den 1950er-Jahren, als er seine Doktorarbeit anfertigte, und arbeitete auch bei der US-Army für eine kurze Weile damit. Vermutlich war er der einzige Mensch, der mit dem neuen NMR-Gerät des Army Chemical Center umgehen konnte. Etwa zu dieser Zeit kam das erste kommerzielle NMR-Gerät

Untersuchung von Neugeborenen

Die Massenspektrometrie ist eine der Methoden, mit denen das Blut Neugeborener auf bestimmte chemische Verbindungen untersucht wird: So können Verbindungen identifiziert werden, die auf Erbkrankheiten hinweisen. Hohe Anteile der Aminosäure Citrullin können zum Beispiel bedeuten, dass das Baby an einer vererbten Krankheit namens Citrullinämie leidet, durch die sich giftige Stoffe im Blut anreichern und die zu Erbrechen, Krämpfen und Wachstumsstörungen führen kann. Da Citrullin an Stoffwechselvorgängen beteiligt ist, dient es auch als Hinweisgeber („Biomarker") auf Rheumatoide Arthritis. Citrullinämie ist eine seltene Krankheit, doch sie kann schnell lebensbedrohlich werden, wenn sie nicht von klein auf behandelt wird. Die Massenspektrometrie ist eine sehr schnelle und genaue Methode, um Proben zu analysieren. Mit ihr können auch verschiedene Verbindungen gleichzeitig nachgewiesen werden, und ein und dieselbe Probe kann verwendet werden, um auf eine Reihe verschiedener Krankheiten zu testen.

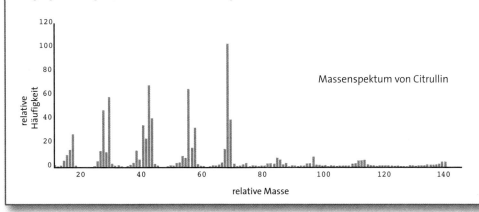

Massenspektum von Citrullin

1973
Paul Lauterbur führt
Magnetresonanztomographie
(MRT) ein

2003
Nobelpreis für die Entdeckung
der Magnetresonanztomographie

2011
American Chemical Society
nimmt das Varian A-60 unter die
historischen Meilensteine auf

– die Varian A-60, entwickelt von Varian Associates – auf den Markt. Es sollte bald eine breitere Anwendung in der Medizin finden.

Das Element, das am häufigsten zur Aufnahme von NMR-Spektren herangezogen wird, ist Wasserstoff, der als Bestandteil von Wasser auch in Blut und den Körperzellen vorkommt. Indem die Atomkerne von Wasserstoff als Magnete eingesetzt werden, kann mit der NMR-Spektroskopie ein Bild vom Kopfinneren eines Patienten erstellt werden. Paul Lauterbur wurde 1971 auf Untersuchungsergebnisse aufmerksam, die ein Mediziner an Tumorzellen erzielt hatte: Der Wassergehalt einer Tumorzelle unterscheidet sich vom Wassergehalt einer gesunden Zelle, und Raymond Damadian konnte zeigen, dass NMR-Aufnahmen dieser Zellen sich ebenfalls unterscheiden. Allerdings nahm er die Untersuchungen an Ratten vor und musste seine Tiere opfern, um die Aufnahmen vorzunehmen. Lauterbur fand nicht nur einen Weg, die Versuchsdaten in ein (zunächst verwaschenes) Bild umzuwandeln, sondern auch, die Daten aufzunehmen, ohne dem Patienten ein Haar zu krümmen.

Als Lauterbur 2003 den Nobelpreis erhielt, gab es die NMR-Spektroskopie seit mehr als einem halben Jahrhundert. Sie war zu einem der wichtigsten analytischen Instrumente in chemischen Labors weltweit geworden. Wasserstoff-Atome kommen in fast allen organischen Verbindungen vor. In NMR-Spektren zeigen die Protonen charakteristische Signale, die Wasserstoff-Atomkernen in bestimmten chemischen Umgebungen entsprechen – sie ergeben sich aus der Art und den Positionen der Nachbaratome. Aus den Positionen der Wasserstoff-Atome einer Verbindung kann ein organischer Chemiker sehr viel über deren Aufbau herausfinden. Er kann damit die Struktur von völlig neuen Verbindungen ermitteln oder auch bekannte Verbindungen identifizieren.

Spektren entziffern Das NMR-Spektrum einer Verbindung bildet ein spezifisches Muster, einen chemischen Fingerabdruck. Neben NMR-Spektren gibt es noch andere Arten von chemischen Fingerabdrücken, und wie NMR-Spektren beruht auch ihre Deutung darauf, charakteristische Wellenberge oder Ausschläge zu erkennen. Bei der Massenspektrometrie stehen die unterschiedlichen Signale für unterschiedliche Bruchstücke – Ionen – des untersuchten Moleküls. Sie entstehen zum Beispiel, wenn das Molekül mit Elektronenstrahlen hoher Energie beschossen wird. Die Lage des Signals entlang der waagrechten Skala gibt die Masse des Molekülbruchstücks an, und die Höhe des Signals ist ein

Maß dafür, wie häufig es vorkommt. Der Forscher kann so die Bruchstücke herausfinden, in die seine Verbindung zerbrochen ist, und durch Zusammenpuzzeln der Bruchstücke die Struktur des Gesamtmoleküls herausfinden.

Infrarotanalyse Die Infrarotspektroskopie ist eine weitere wichtige analytische Methode. Durch infrarote Strahlung werden die Bindungen zwischen den Atomen eines Moleküls dazu gebracht, stärker zu schwingen. Weil die verschiedenen Bindungen unterschiedlich schwingen, zeigt das Infrarotspektum eine Reihe von Signalen, die den Bindungstypen zugeordnet werden können. Zum Beispiel führen die O–H-Bindungen von Alkoholen zu ganz speziellen Ausschlägen; das Spektrum kann aber durch Überlagerung verschiedener Signale verkompliziert werden. Wie andere Spektren auch ist das IR-Spektrum ein molekularer Fingerabdruck, aus dem ein geübtes Auge Eigenschaften einer chemischen Verbindung herauslesen kann.

Diese Techniken, Moleküle zu identifizieren, werden nicht nur von Chemikern eingesetzt, denen die Bechergläser durcheinandergeraten sind. Mit ihnen kann der Verlauf chemischer Reaktionen verfolgt oder können Biomoleküle identifiziert werden; ihre Genauigkeit reicht aus, die Änderung einer einzelnen Aminosäure in einer langen Proteinsequenz aufzuzeigen. Mithilfe der Massenspektrometrie werden Drogen nachgewiesen, Arzneistoffe festgestellt, Neugeborene auf Erbkrankheiten getestet (▶ Box: Untersuchungen von Neugeborenen) und Spuren von Verunreinigungen in Nahrungsmitteln aufgezeigt.

Spektrenskandal

In der chemischen Forschung kann der Nachweis, dass eine Reaktion tatsächlich stattgefunden hat, davon abhängen, dass ein NMR-Spektrum des Produkts vorgelegt werden kann. Davon kann es auch abhängen, ob eine Zeitschrift die Forschungsergebnisse zur Veröffentlichung annimmt. Wo so viel auf dem Spiel steht, gerät der eine oder andere in Versuchung, seinen Beweisen ein wenig nachzuhelfen. Bengu Sezen, eine Chemikerin an der Columbia-Universität, musste 2005 mehrere ihrer Veröffentlichungen zurückziehen, weil sie Signale ihrer NMR-Spektren durch die „Copy-and-Paste-Methode" passend gemacht hatte.

Worum es geht
Molekulare Fingerabdrücke

22 Kristallographie

Mit Röntgenstrahlen auf Material zu schießen, klingt fast wie Science-Fiction – insbesondere, wenn dafür Ausrüstung mit Millionenwert eingesetzt wird. Kristallographie bewegt sich klar auf dem Boden der wissenschaftlichen Tatsachen, doch sie ist deshalb nicht weniger eindrucksvoll.

Nicht weit südlich von Oxford, England, steht inmitten von grünen Feldern ein silbrig glänzendes Gebäude. Von der Straße aus wirkt es vielleicht wie ein Sportstadion, doch lassen Sie sich nicht täuschen, sollten Sie je dort vorbeikommen. In seinem Inneren beschleunigen Forscher Elektronen auf unvorstellbare Geschwindigkeiten, um Lichtstrahlen zu erzeugen, die zehn Milliarden Mal heller sind als die Sonne. In dem Gebäude ist die Diamond Light Source untergebracht, die teuerste wissenschaftliche Einrichtung, die je in Großbritannien errichtet wurde.

Wie der Large Hadron Collider des CERN in Genf ist die Diamond Light Source ein Teilchenbeschleuniger. Doch hier krachen die Teilchen nicht aufeinander, sondern sie werden auf Kristalle gerichtet, die wenige tausendstel Millimeter groß sind. Mit dem superhellen Licht können Wissenschaftler in die Herzen individueller Moleküle spähen und enthüllen, wie deren Atome miteinander verknüpft sind.

Röntgenvision   Die Diamond Light Source erzeugt extrem starke Röntgenstrahlen. Diese Strahlen wurden 1895 von Wilhelm Röntgen entdeckt, der sie X-Strahlen (engl. *X-ray*) nannte. Sie sind die Grundlage für die Strukturaufklärung wichtiger biologischer Moleküle, die über hundert Jahre andauerte, aber auch für Arzneistoffe und sogar hochmoderne Materialien für Solarkollektoren, Gebäude und zur Wasserreinigung. Die theoretischen Grundlagen sind unkompliziert: Wenn Röntgenstrahlen auf Materie treffen, werden sie in verschiedene Richtungen gestreut, und aus dem Streuungsmuster lässt sich die dreidimensionale Anordnung der Materiemoleküle berechnen. Das Streuungsmuster ergibt

Zeitleiste

1895	1913	1937	1946
Wilhelm Röntgen entdeckt die nach ihm benannten Strahlen	William Bragg und sein Sohn orten über Röntgenstrahlen die Positionen von Atomen in einem Kristall	Dorothy Hodgkin ermittelt die Struktur von Cholesterin	Dorothy Hodgkin ermittelt die Struktur von Penicillin

sich als eine Reihe von Punkten, die widerspiegeln, wo Strahlen vom Detektor aufgefangen wurden. In der Praxis ist die Röntgenstrukturaufklärung jedoch alles andere als einfach, denn sie erfordert perfekte Kristalle – säuberlich angeordnete Reihen von Molekülen. Nicht aus allen Molekülen lassen sich leicht perfekte Kristalle züchten. Bei Eis und Kochsalz funktioniert es, doch bei großen Molekülen wie Proteinen muss nachgeholfen werden.

> ### Dorothy Crowfoot Hodgkin
> ### (1910–1994)
>
> Dorothy Hodgkin war eine der hervorragendsten Wissenschaftlerinnen des 20. Jahrhunderts. Sie war auch Dozentin, beliebte Leiterin ihres Labors – eine ihrer Studentinnen war die spätere britische Premierministerin Margaret Thatcher –, viele Jahre Kanzlerin der Universität Bristol und engagierte sich für humanitäre Angelegenheiten. Sie wurde auf zwei britischen Briefmarken abgebildet.

Herauszufinden, wie perfekte Kristalle einer Verbindung gezüchtet werden können, kann bereits Jahre oder sogar Jahrzehnte dauern. Das galt zum Beispiel, als die israelische Chemikerin Ada Yonath sich entschied, Kristalle von Ribosomen herzustellen. Das Ribosom ist die Maschinerie der Zelle, die Protein zusammenbaut. Ribosomen kommen in allen lebenden Zellen vor, ihre Struktur zu kennen, könnte deshalb dabei helfen, alle möglichen Arten von Krankheiten zu bekämpfen. Das Problem ist jedoch, dass Ribosomen selbst aus vielen verschiedenen Proteinen und anderen Molekülen zusammengesetzt sind, sodass Hunderttausende Atome zusammenkommen und sich eine sehr komplexe Struktur ergibt.

Kristallisationsmethoden   Yonath begann in den späten 1970er-Jahren und versuchte mehr als zehn Jahre lang, Ribosomen verschiedener Bakterien zu kristallisieren, um sie danach mit Röntgenstrahlen zu untersuchen. Als sie endlich genug gute Kristalle beisammen hatte, waren die Muster der Röntgenbeugung knifflig zu interpretieren, und die Auflösung der Bilder war niedrig.

Es dauerte bis ins Jahr 2000, drei Jahrzehnte, und erforderte die Zusammenarbeit mit anderen Forschern, mit denen sie später den Nobelpreis teilte, bis ihre Bilder schließlich scharf genug waren, um an ihnen die Struktur des Ribosoms auf atomarer Ebene aufzuklären. Nichtsdestotrotz war es ein Triumph. Als sie das Projekt begonnen hatte, hatte niemand geglaubt, dass die Umsetzung möglich sein würde. Vor Kurzem haben pharmazeutische Unternehmen die Struktu-

1956	**1964**	**1969**	**2009**
Dorothy Hodgkin ermittelt die Struktur von Vitamin B_{12}	Dorothy Hodgkin erhält den Nobelpreis für die Kristallstrukturaufklärung von biologischen Molekülen	Dorothy Hodgkin ermittelt die Struktur von Insulin	Nobelpreis wird für die Kristallstrukturaufklärung des Ribosoms verliehen

Röntgenstrahlbeugung

Heutzutage brauchen Wissenschaftler nur einen Bruchteil der Menge an Kristallen, mit der Dorothy Hodgkin 1940 arbeitete, um Strukturinformationen zu erhalten. Das liegt daran, dass inzwischen sehr viel stärkere Röntgenstrahlen zur Verfügung stehen. Sie werden in Teilchenbeschleunigern erzeugt, in denen Elektronen mit hoher Geschwindigkeit herumsausen. Dabei geben sie eine elektromagnetische Strahlung ab, die Röntgenstrahlen. Diese Strahlung ist sichtbarem Licht ähnlich, doch mit viel kürzerer Wellenlänge. Um Teilchen von der Größe atomarer Strukturen zu untersuchen, kann sichtbares Licht nicht eingesetzt werden, denn seine Wellenlänge ist zu groß: Jede Welle ist länger als ein Atom, sie wird deshalb nicht von ihm gestreut.

Bei der Röntgenstrahlbeugung werden Kristalle auf etwas Ähnliches wie eine Nadelspitze geklebt und gekühlt, während sie mit Röntgenstrahlen beschossen werden. Die Streuung der Strahlen wird Beugung oder Diffraktion genannt, das charakteristische Muster, das der Detektor aufzeichnet, ist das Beugungsmuster.

Röntgenstrahlen treffen auf einen Kristall und werden gestreut, es entsteht ein Muster aus Millionen Punkten auf einem CCD-Sensor

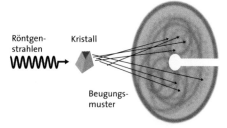

ren, die Ada Yonath und ihre Kollegen erstellt haben, für die Entwicklung neuer Wirkstoffe gegen arzneimittelresistente Bakterien herangezogen.

Ada Yonath war jedoch nicht die erste Frau, die ihre ganze Laufbahn der Kristallographie widmete. Die Pionierarbeit auf dem Gebiet der Röntgenstrukturanalyse wurde ab den 1930er-Jahren von Dorothy Crowfoot Hodgkin geleistet, die die Kristallstrukturen vieler biologisch wichtiger Moleküle aufklärte, zum Beispiel von Cholesterin, Penicillin, Vitamin B_{12} und – noch nach der Verleihung des Nobelpreises 1964 – von Insulin. Trotz körperlicher Einschränkungen, da sie seit dem 24. Lebensjahr an rheumatoider Arthritis litt, arbeitete sie unermüdlich, um Zweifler zu widerlegen. Während des Zweiten Weltkriegs, als die Methode noch neu war und von vielen misstrauisch betrachtet wurde, untersuchte sie Penicillin. Zumindest von einem ihrer Kollegen in Oxford ist bekannt, dass er ihren Strukturvorschlag verspottete. Doch ihre Ergebnisse erwiesen sich als richtig. Die Struktur von Penicillin klärte sie innerhalb von drei Jahren auf, für Insulin brauchte sie mehr als dreißig Jahre.

Digitale Umstellung Zu Hodgkins Zeit wurden die Beugungsmuster auf fotografischen Platten aufgenommen: Die Röntgenstrahlen trafen auf den Kristall und wurden von ihm gestreut, sodass sie auf eine dahinter platzierte fotografische Platte auftrafen. Die Punkte, die sich nach dem Entwickeln auf der Platte zeigten, bildeten das Muster, aus dem Hodgkin die Atomanordnung zu errechnen hoffte. Heute werden bei der Röntgenstrukturanalyse digitale Sensoren benutzt, ganz zu schweigen von den mächtigen Teilchenbeschleunigern wie Diamond Light Source und den Computern, die all die Daten erfassen und die Berechnungen erstellen können, die notwendig sind, die Strukturen zu ermitteln. Es war Hodgkin, die sich für Computer in Oxford einsetzte, nachdem sie die Computer der Universität Manchester bei der Aufklärung der Struktur von Vitamin B$_{12}$ hatte nutzen können. Doch bis dahin war sie auf ihre beeindruckenden eigenen Fähigkeiten angewiesen, um die komplexen Berechnungen anzustellen.

Es sieht so aus, als hätten die Röntgenstrukturanalyse und ihre Unterstützer die Trumpfkarte gezogen. Einige Forscher mögen an ihrem Nutzen gezweifelt haben, doch seit den 1960er-Jahren wurden mit ihrer Hilfe die Strukturen von mehr als 90 000 Proteinen und anderen biologischen Molekülen aufgeklärt (▶ Kap. 38). Röntgenbeugung ist die Methode der Wahl für die Erforschung von Strukturen auf atomarer Ebene. Doch auch wenn sich die Methode längst bewährt hat, sind noch immer Probleme zu überwinden. Es ist noch immer nicht einfach, perfekte Kristalle zu züchten. Deshalb gibt es Versuche, mit nicht ganz perfekten Kristallen zu arbeiten. Und 60 Jahre, nachdem Hodgkin mit der Strukturaufklärung von Insulin begann, haben Forscher der NASA nun einen noch genaueren Blick darauf geworfen: Sie haben Insulinkristalle im Weltraum gezüchtet. Unter den Bedingungen der minimalen Schwerkraft auf der internationalen Raumstation ISS lassen sich weit bessere Kristalle züchten.

> **Wenn das die Formel für Penicillin ist, gebe ich die Chemie auf und züchte Pilze.**
>
> **Der Chemiker John Cornforth über Hodgkins (korrekte) Struktur**

Worum es geht

Die Struktur einzelner Moleküle enthüllen

23 Elektrolyse

An der Wende zum 19. Jahrhundert wurde die Batterie erfunden, und Chemiker begannen, mit Elektrizität zu experimentieren. Schon bald nutzten sie eine neue Methode namens Elektrolyse, mit der sie Stoffe auseinandernehmen konnten und neue Elemente entdeckten. Die Elektrolyse wurde auch ein Verfahren, mit dem chemische Stoffe wie zum Beispiel Chlor hergestellt werden konnten.

Im Jahre 1875 erfand ein amerikanischer Arzt ein Verfahren, um Haarwurzeln zu zerstören, sodass er seine Patienten von eingewachsenen Wimpern befreien konnte. Er nannte es „Elektrolyse", sie wird auch heute noch zur Entfernung der Körperbehaarung eingesetzt. Diese Enthaarungstechnik hat jedoch wenig mit der gleichermaßen bahnbrechenden Elektrolysemethode zu tun, mit der ebenfalls 1875 das silbrig glänzende Element Gallium entdeckt wurde. Gemeinsam ist ihnen nur eine Sache – Sie sehen den Hinweis im Namen –, beide brauchen Elektrizität.

Diese zweite Art der Elektrolyse gab es 1875 schon seit mehr als einem halben Jahrhundert, und sie hatte bereits die Chemie des 19. Jahrhunderts revolutioniert. Wir dürfen diese Methode der experimentellen Chemie deshalb niemals mit dem Verfahren zur Entfernung der Beinbehaarung verwechseln. Die Elektrolyse hatte auch große Auswirkungen auf das Gesundheitswesen und wurde zur Methode, mit der Chlor aus Sole gewonnen wird (Chlor war lange Zeit das wichtigste Desinfektionsmittel, mit dem unsere Schwimmbecken und unser Trinkwasser von Krankheitserregern freigehalten werden). Damals jedoch war die Elektrolyse wahrscheinlich besser bekannt als die Methode, mit der Humphry Davy, Wissenschaftler und Dozent an der Royal Institution in London (▶ Kap. 11), eine ganze Reihe von Elementen, nämlich Natrium, Calcium und Magnesium, aus ihren Verbindungen hatte isolieren können.

Zeitleiste

1800	1854	späte 1800er-Jahre
erste Beschreibung einer Batterie durch Alessandro Volta	John Snow zeigt, dass Wasser Krankheiten übertragen kann	William Nicholson und Anthony Carlisle führen die Elektrolyse ein

Versilbern und Vergolden

Beim Versilbern und Vergolden wird mithilfe der Elektrolyse eine hauchdünne Schicht eines teuren Metalls auf ein preiswerteres anderes Metall aufgetragen. Das Metallobjekt selbst bildet eine der Elektroden, die ganze Anordnung wird „galvanische Zelle" genannt. Wir können einen Löffel mit Silber überziehen, indem wir ihn über einen Draht mit einer Batterie verbinden und in eine Lösung von Silbercyanid in Wasser eintauchen. Der Löffel bildet die negative Elektrode, die positiv geladenen Silber-Ionen im Wasser werden von ihm angezogen. Um den Nachschub an Silber-Ionen zu sichern, dient ein Stückchen Silber als positive Elektrode. Im Endeffekt wird Silber von der einen Elektrode zur anderen übertragen. Auf dieselbe Art und Weise kann ein Klümpchen Gold an der positiven Elektrode befestigt und ein Schmuckstück oder eine Smartphone-Hülle mit einer Goldschicht überzogen werden. Die Lösung, in die die Elektroden eintauchen, heißt Elektrolyt.

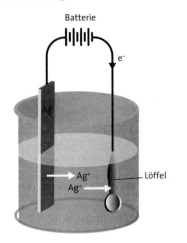

Aufspalten von Wasser Humphry Davy führte die berühmtesten Experimente mit der Elektrolyse durch. Der Ruhm für ihre Erfindung gebührt jedoch einem wenig bekannten Chemiker, William Nicholson, und seinem Freund, dem Chirurgen Anthony Carlisle. Die beiden waren fasziniert von Experimenten, die Alessandro Volta, ein Vorreiter der Elektrizitätslehre, in jenem Jahr 1800 abgeschlossen hatte, und versuchten, sie zu wiederholen. Zu diesem Zeitpunkt bestand Voltas „Batterie" nur aus einem säulenartigen Stapel Metallscheiben, feuchten Lappen und ein paar Drähten. Fasziniert davon, dass sich Bläschen aus Wasserstoff bildeten, wenn einer der Drähte einen Tropfen Wasser berührte, nahmen sie die Drähte und hielten sie an die zwei Enden eines wassergefüllten Rohres. Sie erhielten Sauerstoffbläschen an einem Ende der Rohres und Wasserstoffbläschen am anderen. Mithilfe der Elektrizität hatten Nicholson und

1892
Elektrolyse wird industriell genutzt, um Chlor aus Sole zu gewinnen

1908
Chlor wird erstmals zur Wasseraufbereitung eingesetzt

Carlisle die Bindungen der Wassermoleküle gespalten und die Moleküle in ihre Bestandteile zerlegt.

Nicholson war ein fähiger Vortragender, Schriftsteller und Übersetzer, der bereits eine eigene, beliebte wissenschaftliche Zeitschrift herausgab. Er zweifelte nicht, was mit diesen Ergebnissen zu tun war. Das *Journal of Natural Philosophy, Chemistry and the Arts*, bekannt und beliebt als *Nicholsons's Journal*, brachte bald darauf einen Artikel, in dem das Herannahen eines neuen Zeitalters der Elektrochemie angekündigt wurde.

Elektrochemie Voltas Säule von Metallscheiben wurde weiter nachgebaut und umgebaut, schließlich wurde etwas daraus, das unseren heutigen Batterien ähnelte, und bald benutzten Wissenschaftler die Elektrolyse für alle möglichen Experimente. Davy fand Calcium, Kalium, Magnesium und weitere Elemente, sein schwedischer Rivale Jöns Jakob Berzelius versuchte, in Wasser gelöste Salze aufzuspalten. Aus chemischer Sicht ist ein Salz eine Verbindung, die aus Ionen aufgebaut ist, und die Ladungen dieser Ionen gleichen sich gegenseitig aus. In Kochsalz – Natriumchlorid – sind die Natrium-Ionen positiv geladen und die Chlorid-Ionen negativ geladen. Natrium kann aber auch ein leuchtend gelbes Salz mit Chromat-Ionen (CrO_4^-) bilden. Das sieht sehr viel aufregender aus als Kochsalz, ist jedoch giftig und ungenießbar.

> **Die große Frage nach der Zersetzung des Wassers ... erhält bedeutende Unterstützung durch die Experimente, die von Herrn Nicholson und Herrn Carlisle als Ersten durchgeführt wurden ...**
>
> **John Bostock**
> in *Nicholson's Journal*

Dies führt uns reibungslos zu unserem heutigen Verständnis davon, wie Elektrolyse tatsächlich funktioniert, denn es geht um Ionen (Box in ▶ Kap. 4). Wenn ein Salz in Wasser gelöst wird, zerfällt es in seine positiv und negativ geladenen Ionen. Bei der Elektrolyse werden diese Ionen jeweils von den entgegengesetzt geladenen Elektroden angezogen. Elektronen werden an der negativen Elektrode zur Verfügung gestellt, deshalb nehmen dort zum Beispiel positiv geladene Silber-Ionen (▶ Box: Versilbern und Vergolden) Elektronen auf und werden zu einem Überzug aus neutralen Silber-Atomen. Die negativ geladenen Ionen werden derweil von der positiven Elektrode angezogen und tun dort das Gegenteil: Sie geben ihre überschüssigen Elektronen ab und werden neutral. Bestimmte Salze, wie unser Kochsalz, enthalten Natrium-Ionen. Natrium-Ionen sind zwar wie Silber-Ionen positiv geladen, doch sie verhalten sich nicht gleich: Wenn sie im Wasser von den Chlorid-Ionen getrennt werden, tun sie sich mit Hydroxid-Ionen (OH^-) zusammen zu Natriumhydroxid. Die negative Elektrode zieht dann nicht mehr die Natrium-

Ionen an, sondern Protonen (H$^+$), die Elektronen von der Elektrode aufnehmen und als Wasserstoff (H$_2$) davonblubbern.

Eine saubere Revolution Die gleiche Versuchsanordnung bildet den Hintergrund für einen ganzen Industriezweig zur Produktion von Chlor durch Elektrolyse. Im Prinzip können wir elektrischen Strom durch Meerwasser leiten und dadurch Chlor gewinnen. Als Nebenprodukt entsteht dabei Natriumhydroxid (Ätznatron), das wir zusammen mit Öl zur Herstellung von Seife nutzen können.

> ### Elektrizität
>
> Die „Volta'sche Säule" war die erste kontinuierliche Elektrizitätsquelle. Davor wurden Glasgefäße mit Metallbelägen, die Leidener Flaschen, benutzt, um Elektrizität einzusammeln und aufzubewahren. Die Spannung wurde mit handbetriebenen Elektrisiermaschinen erzeugt. Um die Spannung aufzubewahren, wurden die Leidener Flaschen mit Wasser oder sogar mit Bier gefüllt – bis den Wissenschaftlern klar wurde, dass es der Metallbelag und nicht die Flüssigkeit ist, der die Spannung bewahrt.

Zur gleichen Zeit, als die Elektrochemie im 19. Jahrhundert Fortschritte feierte, gab es große Probleme durch die Übertragung von Krankheiten durch Trinkwasser. Bis zur Mitte des Jahrhunderts glaubte man, dass Cholera durch „schlechte Dünste" oder „Miasmen" übertragen würde. Doch während eines Cholera-Ausbruchs in London im Jahr 1854 konnte John Snow zeigen, dass die Erkrankten sich über das verunreinigte Wasser einer Pumpenanlage in Soho angesteckt hatten – er vermerkte die Wohnungen der Erkrankten auf einer Karte und wurde damit zu einem der ersten Epidemiologen.

Innerhalb von ein paar Jahrzehnten wurde durch Elektrolyse gewonnenes Chlor das Desinfektionsmittel, das Mikroorganismen im Trinkwasser beseitigt. Seinen ersten Einsatz fand es in der Trinkwasserversorgung von Jersey City in den USA. Chlor wird auch als Bleichmittel eingesetzt und ist in vielen Arzneistoffen und Insektiziden enthalten. Die Wasserstoffbläschen, die bei der Elektrolyse von Solelösungen zur Gewinnung von Chlor mit entstehen, werden heute teilweise in Brennstoffzellen eingesetzt, um noch mehr elektrischen Strom zu gewinnen.

Worum es geht
Elektrizität spaltet chemische Verbindungen

24 Fertigung im Mikromaßstab

Wir haben vielleicht Hunderte oder Tausende Mikrochips zuhause, von denen jeder einzelne eine ingenieurtechnische Großtat darstellt. Er ist jedoch auch das Ergebnis wichtiger chemischer Fortschritte. Ein Chemiker ätzte die ersten Muster in Silicium-Plättchen. Auch wenn die Halbleiterchips heute wesentlich kleiner sind als vor 50 Jahren, die Chemie des Siliciums ist dieselbe geblieben.

Nur wenige Entwicklungen haben einen so starken Einfluss auf die menschliche Gesellschaft und Kultur ausgeübt wie der Halbleiterchip. Unser Leben wird von Computern, Smartphones und unzähligen weiteren elektronischen Geräten geregelt, die von integrierten Schaltkreisen – Halbleiterchips und Mikrochips – gesteuert werden. Die Miniaturisierung von elektronischen Schaltkreisen hat uns wortwörtlich Rechenleistung in die Tasche gelegt, die gestaltet, wie wir die Welt betrachten.

Einer der wichtigsten chemischen Fortschritte, die zur Entwicklung der Halbleiterchips führten, wird dabei manchmal übersehen. Historische Darstellungen nennen stets Jack Kilby von Texas Instruments, der später den Nobelpreis für Physik erhielt, als den Erfinder des integrierten Schaltkreises, und sie beziehen sich immer wieder auf Bell Laboratories, kurz Bell Labs, in denen die ersten Transistoren entwickelt wurden; doch der Chemiker Carl Frosch und sein Techniker Lincoln („Link") Derick bei Bell Labs werden oft nur am Rande erwähnt.

Forscher Frosch Vielleicht liegt es daran, dass über Carl Frosch nur wenig bekannt ist. Über den Beginn seiner Laufbahn oder sein Leben außerhalb Bell Labs gibt es kaum Aufzeichnungen. In seiner Jugend wurde er als wissenschaftliches Talent gehandelt – die New Yorker *Schenectady Gazette* vom 2. März

Zeitleiste

1948	1954	1957
erster Transistor wird von Bell Laboratories vorgestellt	Carl Frosch und Lincoln Derick überziehen einen Silicium-Halbleiter mit einer Siliciumdioxid-Schicht	Bell Laboratories übertragen mit „Fotolack" Muster auf eine Silicium-Oberfläche

1929 zeigt ihn auf einem grobkörnigen Schwarzweißbild als Grübler, abgebildet neben einer Werbeanzeige für Erbsen. Der Begleitartikel verkündet seine Wahl in die wissenschaftliche Verbindung „Sigma Xi", die „höchste Ehre", die einem naturwissenschaftlichen Studenten zuteilwerden kann. Doch dann wird es für mehr als zehn Jahre ruhig um ihn.

Im Jahre 1943 arbeitet Frosch für Bell Labs in den Murray Hill Chemical Laboratories. Ein Kollege, Allen Bortrum, erinnert sich an ihn als einen bescheidenen Menschen, er muss jedoch auch eine Ader für den Wettstreit gehabt haben, denn in der Juni-Ausgabe des *Bell Laboratories Record* wird er gezeigt, wie er einen Preis für die höchste Trefferzahl in der Murray Hill Bowling League entgegennimmt. Fünf Jahre später stellen Bell Labs den ersten Transistor vor, der aus Germanium hergestellt war. Kleinere Varianten dieser elektronischen Miniaturschaltungen sollten später zu Hunderten und Tausenden

Halbleiterchips herstellen

Eines der ersten einfachen Muster, die Frosch in seine Plättchen ätzte, war *THE END*. Im Grunde ist das Verfahren, mit dem integrierte Schaltkreise oder Halbleiterchips hergestellt werden, ein wenig wie eine Mischung aus Drucken und Fotografien entwickeln. Drucktechniken, die kurz zuvor entwickelt wurden, um Muster auf gedruckte Leiterplatten zu übertragen, wurden abgeändert, um Muster auf Silicium-Plättchen zu übertragen. Inzwischen ist es möglich, sehr komplexe Muster zu ätzen und mehrere Masken auf demselben Silicium-Plättchen aufzubringen.

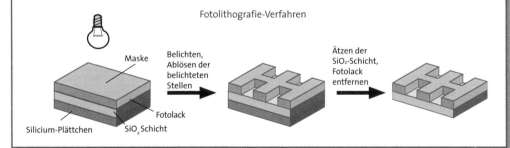

Fotolithografie-Verfahren

Maske

Belichten, Ablösen der belichteten Stellen

Ätzen der SiO_2-Schicht, Fotolack entfernen

Silicium-Plättchen SiO_2 Schicht   Fotolack

Dotieren

Ein Silicium-Atom hat vier Elektronen in der äußersten Schale. Im Silicium-Kristall teilt jedes Silicium-Atom seine vier Elektronen mit vier anderen Silicium-Atomen – für jedes Atom ergeben sich insgesamt vier Elektronenpaare, die es mit anderen Atomen teilt. Phosphor hat fünf Elektronen in der äußersten Schale. Wenn Phosphor als Dotierstoff dem Silicium zugegeben wird, bringt es ein „freies" Elektron mit, das im Kristall herumwandert und eine Ladung trägt. So entsteht n-dotiertes Silicium: Ladungsträger im Kristall sind negativ geladene Elektronen. Daneben gibt es p-dotiertes Silicium, p steht hier für positive Ladungen. Die Ladung wird durch „fehlende" Elektronen übertragen. Das klingt vielleicht ein wenig verrückt, doch überlegen wir: Bor – ein p-Dotierstoff – hat ein Elektron weniger in der äußersten Schale als Silicium. Bor-Atome im Silicium-Kristall führen zu Lücken, „Elektronenlöchern", dem benachbarten Silicium-Atom fehlt nun ein Elektron. Auch in p-dotierten Halbleitern werden die Ladungen durch Elektronen übertragen: Ein Elektron aus der Nachbarschaft füllt die Lücke, hinterlässt aber eine neue.

auf modernen Computerchips untergebracht werden, nun jedoch hergestellt aus Silicium. Frosch und Derick, ein früherer Kampfpilot, machten die Entdeckung, der Silicon Valley den Namen verdankt.

Glänzende Ideen In den 1950er-Jahren wurden Halbleiter mit dem Diffusionsverfahren hergestellt, mit dem Dotierstoffe – Fremdatome, die die elektrische Leitfähigkeit des Kristalls verändern – bei sehr hohen Temperaturen über Gase in sehr dünne Plättchen von Germanium oder Silicium eingeführt wurden. An integrierte Schaltungen war damals noch nicht zu denken. In den Bell Labs konzentrierten sich Frosch und Derick darauf, das Diffusionsverfahren zu verbessern. Sie arbeiteten bereits mit Silicium, denn Germanium war anfällig für Mängel, doch sie hatten nicht die beste Ausrüstung, und Frosch äscherte ständig die Silicium-Plättchen ein.

Bei ihren Experimenten stellten sie die Plättchen in einen Ofen und leiteten den Dotierstoff in einem Strom von Wasserstoffgas darüber. Eines Tages kehrte Derick in das Labor zurück und musste feststellen, dass der Wasserstoffstrom ihre Plättchen in Brand gesetzt hatte. Bei ihrer Prüfung stellte er überrascht fest, dass sie blank und glänzend waren: Sauerstoff war eingedrungen und hatte mit dem Wasserstoff reagiert, Wasserdampf war entstanden, der mit der Silicium-Oberfläche reagiert und eine glasartige Schicht aus Siliciumdioxid (SiO_2) gebildet hatte. Diese Siliciumdioxid-Schicht ist nicht wesentlich für die Fotolithographie, mit der Halbleiterchips noch immer hergestellt werden.

Waschen und Wiederholen Bei der Fotolithographie wird das Muster des integrierten Schaltkreises in die Siliciumdioxid-Schicht geätzt. Die Schicht wird mit Fotolack bedeckt, einem lichtempfindlichen Polymer. Darüber wird eine

Maske gelegt, die das Muster des Schaltkreises in vielen Wiederholungen enthält, sodass viele Chips auf einmal hergestellt werden können. Unter der Maske reagieren die dem Licht ausgesetzten Stellen des Fotolacks, der Lack wird löslich und kann abgewaschen werden. Das Muster wird nun in die glänzende Siliciumdioxid-Schicht darunter eingeätzt.

Frosch und Derick erkannten, dass sie durch die Siliciumdioxid-Schicht zum einen die Silicium-Plättchen vor Beschädigungen während des Diffusionsverfahrens schützen konnten und zum anderen die Bereiche festlegen, die sie dotieren wollten. Die Dotierstoffe Bor und Phosphor (▶ Box: Dotieren) können nicht durch die Siliciumdioxid-Schicht dringen, doch wenn Fenster in diese Schicht geätzt werden, können die Dotierstoffe an genau festgelegte Stellen diffundieren. 1957 veröffentlichten Frosch und Derrick einen Artikel im *Journal of the Electrochemical Society*, in dem sie ihre Entdeckungen darlegen und auf das Potenzial hinweisen, „präzise Oberflächenmuster" zu erzielen.

Halbleiterunternehmen entdeckten sehr schnell den Charme der Idee. Sie wollten mehrere Halbleiter aus einzelnen Plättchen herstellen. Nur ein Jahr später entwickelte Kilby den integrierten Schaltkreis – eine Anordnung, bei der alle Bestandteile gleichzeitig aus einem Stück Halbleitermaterial hergestellt werden. Dieser „Chip" bestand noch aus Germanium, doch Germaniumdioxid lässt sich nicht als Trennmaterial verwenden, sodass sich schließlich Silicium durchsetzte. Heute werden äußerst komplizierte Muster mit Computern entworfen und mit dem Siliciumoxid-Maskierungsverfahren auf Silicium-Plättchen übertragen. Der Intel-Gründer Gordon Moore sagte 1965 voraus, dass sich die Zahl der Komponenten auf einem Computerchip jedes Jahr verdoppeln wird, revidierte dann aber auf Verdoppelung alle zwei Jahre. Dank der Fotolithographie haben wir dieses Tempo eingehalten, die Grenze von einer Milliarde wurde 2005 überschritten.

> **❞ Silicium selbst ist natürlich die entscheidende Zutat, gefolgt von seinem einzigartigen Oxid, ohne das kaum etwas von der heutigen blühenden Halbleiterindustrie je entstanden wäre. ❝**
>
> **Nick Holonyak Jr., Erfinder der LED**

Silicium-Chemie für jedes Smartphone

25 Selbstorganisation

Moleküle sind zu klein, um durch normale Mikroskope gesehen zu werden. Deshalb gibt es auch nur begrenzte Möglichkeiten für die Forscher, sie mit normalen Werkzeugen zu handhaben. Stattdessen können sie die Moleküle umgestalten, sodass sie sich selbst organisieren. Sich selbst organisierende Strukturen könnten eingesetzt werden, um Miniaturgeräte und -maschinen direkt aus den Seiten der Science-Fiction-Bücher zu schaffen.

Wenn Sie einen Löffel herstellen müssten, wie würden Sie vorgehen? Was ist Ihr erster Impuls? Würden Sie zu einem Metallbrocken greifen und auf ihn einschlagen oder zu einem Stück Holz und es aushöhlen? Dies wären die offensichtlichen Wege, doch es gibt noch weitere. Eine Alternative, die zunächst mühsam scheint, könnte darin liegen, Hunderte winziger Holzsplitter oder Metallspäne zu sammeln und in Form eines Löffels zusammenzufügen.

Die ersten beiden Methoden nennen Wissenschaftler einen „Top-down-Ansatz": Wir gehen von einem Batzen Material aus und schnitzen etwas in der gesuchten Form und Größe heraus. Die letztere Methode nimmt den umgekehrten Weg, den „Bottom-up-Ansatz": Anstatt größere Mengen zu reduzieren, bauen wir aus kleinen Stücken auf. Zugegeben, das klingt nach mühseliger Arbeit. Doch wie wäre es, wenn nicht Sie die Stückchen zusammenfügen müssten, sondern die Stückchen das von alleine erledigen könnten?

Magische Worte   Genau dies geschieht bei der molekularen Selbstorganisation, allerdings in viel kleinerem Maßstab. In der Natur erfolgt nichts nach dem „Top-down-Ansatz". Holz, Knochen, Spinnenseide – all diese Materialien werden Molekül für Molekül zusammengebaut, und sie bilden sich spontan. Wenn sich beispielsweise die äußere Membran einer Zelle formt, organisieren sich die Lipidteilchen von alleine zur Doppelschicht, die die Zelle einhüllt.

Zeitleiste

1955	1983	1991
Tabakmosaikvirus baut sich im Reagenzglas selbst zusammen	erste selbstorganisierende Monoschicht aus Alkanthiol-Molekülen auf Goldoberfläche	Nadrian Seemans Arbeitsgruppe entwickelt selbstorganisierenden DNA-Würfel

Wenn wir uns Wege ausdenken könnten, um selbstorganisierende Dinge herzustellen, wie die Natur nach dem „Bottom-up-Ansatz", so stünde das keineswegs hinter Magie zurück. Es wäre wie in einem Harry-Potter-Film, wo ein Zauberspruch und eine kleine Bewegung mit dem Zauberstab genügen, und alles fliegt an seinen Platz. Wir könnten Molekül um Molekül Computerfestplatten aufbauen – so klein, dass sich die Rechenkapazität der NASA in unserem Smartphone unterbringen ließe (nun ja, beinahe). Wir könnten medizinische Geräte entwerfen, die klein genug sind, durch unsere Adern zu schwimmen und unsere Arterien zu reinigen, Krebszellen aufzuspüren oder einen Arzneistoff genau an seinen Wirkungsort zu bringen.

Selbstorganisierte Monoschichten

Selbstorganisierte Monoschichten sind Schichten, die nur eine Moleküllage hoch sind und sich auf einer Oberfläche auf geregelte Art selbst ausbilden. Dieser Effekt wurde erstmals in den 1980er-Jahren ausgenutzt, um Alkylsilan- und später Alkanthiol-Moleküle auf eine Oberfläche aufzubringen. Die Schwefel-Atome in Alkanthiolen haben eine starke Affinität zu Gold, deshalb haften sie an Goldoberflächen. Durch passende Gestaltung des restlichen Moleküls lassen sich dünne Filme mit maßgeschneiderten chemischen Eigenschaften herstellen. Zum Beispiel lassen sich Antikörper oder DNA an die Filme anheften, die in der medizinischen Diagnostik nützlich sind.

Dies alles klingt weit hergeholt, doch manches davon findet bereits statt. In Laboren auf der ganzen Welt beschäftigen sich Forscher mit Modellen von selbstorganisierenden Systemen, in denen sich die Teilchen aus eigenem Antrieb anordnen. Entweder werden sie dabei von Mustern und Formen geleitet, die durch herkömmliche „Top-down-Methoden" hergestellt wurden, oder die Strukturen, die sie ausbilden sollen, sind bereits in den Teilchen „vorprogrammiert". Diese Systeme werden häufig von Forschern aus der Nanotechnologie (▶ Kap. 45) entworfen. Mit selbstorganisierenden Molekülen können äußerst dünne Schichten von speziellen Materialien und äußerst kleine Instrumente geschaffen werden. Die Materialien und Strukturen, die Nanotechnologen anfertigen, bewegen sich in winzigem Maßstab – in der Größenordnung von einem Millionstel Millimeter –, sodass es viel sinnvoller ist, sie Molekül für Molekül aufzubauen, als sie aus Material und mit Werkzeug herzustellen, die im Vergleich gigantisch groß sind.

2006
Paul Rothemund berichtet von DNA, die sich wie Origami faltet

2013
britische Forscher entwickeln MRSA-Test mit selbstorganisierender Monoschicht zum Nachweis von Bakterien-DNA

Selbstorganisation in Flüssigkristallen

Die Moleküle in den meisten aktuellen Fernsehbildschirmen sind Flüssigkristalle (▶ Kap. 6). Dieser Zustand ist eine Mischung aus regelmäßiger Anordnung der Moleküle und Übereinandergleiten wie in einer Flüssigkeit. Die Teilchen ordnen sich von sich aus in einer bestimmten Weise, doch die Anordnung verändert sich, sobald ein elektrisches Feld angelegt wird. Wissenschaftler haben viele natürliche Stoffe gefunden, die sich wie Flüssigkristalle verhalten und selbst organisieren. Von der harten äußeren Hautschicht bestimmter Insekten und Schalentiere wird zum Beispiel angenommen, dass sie aus selbstorganisierenden Flüssigkristallen aufgebaut ist. Neue Methoden, mit denen diese Selbstorganisation gesteuert werden kann, könnten auch zu völlig neuen Materialien führen. Kanadische Wissenschaftler zeigten 2012, dass sich mit Cellulose-Kristallen aus Holz von Nadelbäumen ein schillernder Film herstellen lässt, der unter unterschiedlichen Lichtbedingungen zur sicheren Verschlüsselung von Information genutzt werden kann. In einer anderen Studie wurden mit flüssigkristalliner Cellulose winzige, durch Luftfeuchtigkeit angetriebene „Dampfmaschinen" gebastelt. Die Feuchtigkeit verändert die Anordnung der Kristalle in einem Cellulose-Band, dadurch entsteht ein Zug, der das Rad zum Drehen bringt.

Feuchtigkeitsbetriebener Cellulose-Motor

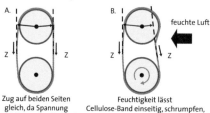

feuchte Luft

Zug auf beiden Seiten gleich, da Spannung des Cellulose-Bands gleich

Feuchtigkeit lässt Cellulose-Band einseitig, schrumpfen, höhere Spannung bewirkt Drehung im Uhrzeigersinn

Falten wie Origami Natürlich möchten wir auf diese Art keinen Löffel herstellen. Doch für einen Löffel im Nanoformat wäre es die Methode der Wahl. Wissenschaftler der Harvard-Universität sind noch einen Schritt weiter gegangen. Sie bauten 2010 aus selbstorganisierenden Molekülen etwas, das der Chemiker William Shih als „kleine Schweizer Armeemesser" bezeichnet. Dabei bedienten sie sich bei der Natur selbst und benutzten DNA-Stränge, die sich in dreidimensionale Strukturen falten. Trotz ihres Namens sind es eher winzige Zeltgestänge, die über Verstrebungen und Klammern unglaublichen Halt und Festigkeit bekommen. Die Wissenschaftler konnten genau die Strukturen erzielen, die sie bauen wollten, sie mussten nur die Faltstellen der DNA korrekt konstruieren.

Die Gruppe war jedoch längst nicht die erste, die „Nano-Ingenieure" der DNA wurden. Sie baute auf der Arbeit all derer auf, die die Kunst des „DNA-Origami" ausüben. Für winzige Zeltgestänge gibt es vielleicht keine klar ersichtliche Anwendung, die Analogie mit Origami liefert jedoch Hinweise auf die Breite der Möglichkeiten. So wie sich ein und dasselbe Blatt Papier in einen zarten Vogel oder einen stechenden Skorpion falten lässt, besitzt auch DNA die Flexibilität, jede Form oder Struktur anzunehmen, der Konstrukteur muss nur die DNA-Sequenz richtig codieren.

Shih und sein Team sind Bioingenieure. Sie arbeiten mit biologischen Materialien und möchten biologische Probleme lösen. Das Ziel ist, die Biokompatibilität ihrer Zeltgestänge und Drahtrahmen auszunutzen und sie im menschlichen Körper einzusetzen. Ihr Halt und ihre Festigkeit können zum Beispiel in der regenerativen Medizin nützlich sein, für Reparatur oder Austausch von verletztem Gewebe und Organen durch im Reagenzglas hergestellte Gewebegerüste. Wissenschaftler aus elektronischen Forschungsgebieten beschäftigen sich inzwischen damit, mit anderen Materialien selbstorganisierende Scheren oder preiswerte elektronische Anwendungen zu bauen.

> **Der Unterschied liegt darin, nanometergroße Strukturen Molekül für Molekül mithilfe von nanometergroßen Essstäbchen aufzubauen, oder die Moleküle selbst tun zu lassen, was sie am besten können, sich selbst organisieren.**
> **John Pelesko**

Die Kunst in der Wissenschaft Als Methode an sich kann Selbstorganisation wie Magie funktionieren, doch es erfordert viel Erfahrung, damit sie funktioniert. Genau betrachtet ist Selbstorganisation gar keine Methode. Es ist das, was geschieht, nachdem die harte Arbeit erledigt ist. Die Kunst liegt darin, die Moleküle, Materialien und Geräte so zu konstruieren, dass sie sich selbst organisieren. Naturwissenschaftler schnitzen nicht einfach Löffel – sie entwickeln Stoffe, aus denen die Löffel von selbst entstehen.

Worum es geht
Moleküle, die sich selbst organisieren

26 Lab-on-a-chip

Die Lab-on-a-Chip-Technologie hat das Potenzial, die Medizin zu verändern. Sie ermöglicht es, vor Ort Tests durchzuführen von Nahrungsmittelvergiftungen bis zum Ebola-Virus, und das ohne Spezialkenntnisse. Es ist jetzt schon möglich, auf einem kleinen Chip, der in die Hosentasche passt, Hunderte von Experimenten gleichzeitig durchzuführen.

Sie gehen mit einem seltsamen Mageninfekt zum Arzt und hoffen vergeblich, dass er die gefürchteten Worte nicht ausspricht: „Ich brauche eine Stuhlprobe". Für die meisten von uns wird einmal der Moment eintreten, in dem wir unsere eigenen Abfallprodukte in einem Plastikröhrchen einsammeln und eine unangenehme Lieferung beim Arzt abgeben. Immerhin, einmal abgegeben, wird die Lieferung direkt an ein Labor weitergeleitet, und wir brauchen sie nie wieder zu sehen. In nicht allzu ferner Zukunft könnte Ihr Arzt jedoch in der Lage sein, Ihr Mitbringsel vor Ihren Augen zu analysieren und Ihnen innerhalb weniger Minuten das Ergebnis mitzuteilen.

Forscher eines Projekts der National Institutes of Health in den USA berichteten 2006, dass sie an einer „Einweg-Darmanalysekarte" arbeiten, mit der zwischen Bakterien wie *Escherichia coli* und *Salmonella* über eine Reihe von Tests an einer Stuhlprobe unterschieden werden kann – auf einem einzigen Mikrochip. Der Chip soll mittels Antikörper Moleküle an der Oberfläche der Bakterien erkennen und anschließend deren DNA isolieren und analysieren.

Das klingt nach einem cleveren, wenn nicht revolutionären Ansatz. Doch die Darmanalysekarte ist nicht allein. Die patientennahe Labordiagnostik (engl. *Point-of-Care-Testing*) könnte die nächste Umwälzung im Gesundheitswesen bedeuten, und viele Diagnoseverfahren beruhen auf der Lab-on-a-Chip-Technik. Es gibt bereits Schnelltests zur Diagnose von Herzinfarkt oder zur Überwachung der T-Zell-Zahl bei HIV-Patienten. Günstige Diagnosechips könnten eines Tages eine wichtige Rolle bei der Ausbreitung von Infektionskrankheiten spielen. Der große Vorteil bei der Anwendung der Chips liegt darin, dass keine

Zeitleiste

1992	1995	1996
Konstruktion eines Mikrogeräts zur Trennung von Molekülen über Glaskapillaren mithilfe der Mikrochip-Technik	erster Einsatz eines Mikrogeräts zur Sequenzierung von DNA	Salmonellen-DNA mit Mikrochip nachgewiesen

großen Vorkenntnisse nötig sind: Es sind selbsttätig ablaufende Analysen, die auf der Handfläche stattfinden können. Nur eine kleine Probenmenge ist noch nötig, die auf den Chip aufgebracht wird, und er kann vom Kartenleser ausgewertet werden.

Mikrochips und DNA Das Konzept des Lab-on-a-Chip entstand, als Wissenschaftler begriffen, dass sie sich die Mikrochip-Herstellung zunutze machen können, um Miniaturversionen von Standard-Laborexperimenten zu schaffen. Schweizer Forscher zeigten 1992, dass sie ein verbreitetes Trennverfahren, die Kapillarelektrophorese (Box in ▶ Kap. 20), auf einem Mikrochip ausführen konnten. Die Gruppe um den Chemiker Adam Woolley an der Universität von Kalifornien in Berkeley trennte 1994 DNA mithilfe winziger Kanäle auf einem Glas-Chip und führte wenig später auch DNA-Sequenzierungen auf Chips durch. Inzwischen wurde die Sequenzierung von DNA auf Glas- und Polymerchips die vielleicht wichtigste Anwendung der Lab-on-a-Chip-Technik; Chips sind in der Lage, Hunderte von Proben parallel zu sequenzieren und innerhalb von Minuten Ergebnisse zu liefern.

Die DNA-Sequenzierung auf einem Chip ist eine beachtliche Leistung. Zur Sequenzierung gehört die Polymerase-Kettenreaktion (PCR), die in der Molekularbiologie seit vielen Jahren eingesetzt wird. Sie erfordert wiederholtes Erhitzen und Abkühlen der DNA. Zur Durchführung auf einem Chip müssen die Proben erhitzt und bei unterschiedlichen Temperaturen durch aufeinanderfolgende Reaktionsräume gezwängt werden, von denen jeder weniger als einen tausendstel Milliliter fasst. Ein wesentlicher Bereich der Lab-on-a-Chip-Entwicklung ist die Mikrofluidik, das Verhalten von kleinsten Gas- und Flüssigkeitsmengen. Da die Chips nur winzige Flüssigkeitsmengen fassen, ist die Mikrofluidik essenziell für diagnostische Chips.

Es gibt noch viele weitere Anwendungen für chipbasierte Methoden. Aus Sicht des Chemikers bieten die Kanäle und Kammern eines Chips ideale

> **Detektivarbeit**
>
> Da die Ergebnisse innerhalb von Minuten oder Viertelstunden vorliegen, könnten On-Chip-Analysen bei der Aufdeckung von Verbrechen, bei Medikamentenfälschung oder Betrug mit Lebensmitteln hilfreich sein. Ein Lab-on-a-Chip kann auf viele illegale Drogen oder im Profi-Sport auf verbotene Wirkstoffe gleichzeitig testen und in kürzester Zeit Ergebnisse liefern.

1997	2012	2014
DNA-Sequenzierung in parallelen Bahnen auf einem Mikrochip	Vorhersage einer Lab-on-a-Chip-Smartphonetechnologie zur medizinischen Kontrolle	Konzept des „Internet des Lebens" verkündet

Das „Internet des Lebens"

Sie haben vielleicht schon vom „Internet der Dinge"
gehört, dem Konzept, dass die immer intelligenteren
Geräte unseres Alltags in einem eigenen Netzwerk
miteinander kommunizieren könnten. Smartphones,
Kühlschränke, TV-Geräte und auch Mikrochips im
Halsband unseres Hundes könnten am Netzwerk
teilnehmen. Wissenschaftler von QuantuMDx in
Newcastle-upon-Tyne in England denken nun über
ein „Internet des Lebens" nach, das die Daten von
Lab-on-a-Chip-Geräten auf der ganzen Welt verwal-
ten soll. Sie schlagen vor, dass DNA-Sequenzdaten,
die mit den Chips erstellt werden, mit den geogra-
phischen Koordinaten markiert werden sollen,
sodass der Ursprungsort rekonstruiert werden kann.
Dadurch hätten Epidemiologen beispiellos genauen
Zugang, um Infektionskrankheiten in Echtzeit nach-
zuverfolgen. Sie könnten Malariafälle überwachen,
die Entwicklung von Grippeviren verfolgen, neue
Stämme von antibiotikaresistenten Tuberkulose-
Bakterien identifizieren und, so die Hoffnung, deren
Ausbreitung verhindern.

Gerät zur patientennahen Labordiagnostik (POCT)

autonomes Diagnosegerät
POCT-Chip
Analyse der Probe
Tropfen der Probe
Ausgabe der Ergebnisse
Probenvorbereitung
Analyse
Probenweiterleitung
Reaktion der Probe

Räume, in denen Reaktionen und Analysen kontrolliert und unter stets gleichen
Bedingungen durchgeführt werden können, und das mit so winzigen Proben-
mengen, dass menschliche Hände gar nicht direkt damit umgehen könnten. Biologen können einzelne Zellen in individuellen Reaktionsräumen festhalten und
die Auswirkungen verschiedener Verbindungen oder biologischer Botenstoffe
austesten. Pharmakologen können mit ihnen winzigste Mengen verschiedener
Arzneistoffe mischen und die Auswirkungen der Vermischung ermitteln. Bei
allen Beispielen vermeidet das Arbeiten mit derart geringen Mengen Abfälle
und minimiert die Kosten.

Chips können auch bei der Zusammenstellung und Einnahme von Medikamenten hilfreich sein, zum Beispiel bei der Herstellung von Mikro- oder Nano-
kapseln oder beim Abmessen und der tröpfchenweisen Verabreichung winziger
Dosen, mit denen Nebeneffekte durch plötzliche Schwankungen der Arznei-
stoffkonzentration vermieden werden. Manche Experten fassen ins Auge, dass
ihre Patienten bald tragbare Chips zur Arzneistoffdosierung erhalten. Diese

Chips könnten sogar über „Mikronadeln" mit dem Zielgewebe, etwa einem Tumor, verbunden sein.

Vernetzte Krankheitsdaten Diagnose und Überwachung der persönlichen Gesundheit gehören zu den spannendsten Bereichen für diejenigen, die an Lab-on-a-Chip-Techniken arbeiten. Die Moleküle, die damit am häufigsten untersucht werden, sind Proteine, Nukleinsäuren wie DNA, und Stoffwechselmoleküle. Chips bieten eine offenkundige Anwendung für Diabetiker, die regelmäßig ihren Blutzuckerspiegel kontrollieren müssen (Box in ▶ Kap. 34). Darüber hinaus gibt es sognannte Biomarker, Moleküle, die Hinweise auf den Körperzustand geben, die Schädigungen des Gehirns anzeigen oder der Hebamme mitteilen, dass die Wehen einer Schwangeren beginnen werden. Sehr häufig finden in Diagnose-Chips Antikörper Anwendung, denn sie können sehr spezifisch Moleküle erkennen – unsere eigenen wie auch die von Krankheitserregern.

> **[Es gibt] heutzutage viele technologische Entwicklungen, die die herkömmliche Beteiligung des Arztes umgehen ... Wir sprechen über Lab-on-a-Chip, im Telefon ...**
> Eric Topol, Direktor des Scripps Transnational Science Institute, im Podcast *Clinical Chemistry*

Die Diagnose mithilfe von Chips kann in Gebieten der Welt, in denen die Mittel knapp und professionelle Labore zur Probenanalyse selten sind, große Bedeutung erlangen. Ein Unternehmen aus Großbritannien möchte die Ergebnisse, die mit seinen Diagnose-Chips gewonnen werden, in eine vernetzte Datenbank aufnehmen, um ein „Internet des Lebens" zu schaffen (▶ Box: „Internet des Lebens"). Mit dieser Datenbank könnten Ausbrüche tödlicher Krankheiten wie Ebola genau verfolgt werden. Auch wenn es noch ein paar Jahre dauern kann, bevor Sie bei Ihrem Arzt eine sofortige Analyse Ihrer Stuhlprobe vorgeführt bekommen, Lab-on-a-Chip-Geräte könnten unseren Umgang mit Krankheiten eines Tages revolutionieren. Und Rechenkapazität hat, wie wir noch sehen werden, viele weitere Anwendungen in der Chemie.

Chemische Experimente in Miniaturform

27 Computergestützte Chemie

Als begeisterter Biologe und Vogelkundler schien Martin Karplus ein unwahrscheinlicher Kandidat für den Titel „Vater der computergestützten Chemie". Er glaubte jedoch daran, dass die theoretische Chemie die Grundlage bieten könnte, das Leben selbst zu verstehen, und hatte recht damit – allerdings musste er zunächst mit einem fünf Tonnen schweren Computer zurechtkommen.

Martin Karplus, der Begründer der computergestützten Chemie, ist ein österreichischer Jude, dessen Familie 1938 Österreich verließ, um in die USA auszuwandern. Karplus wurde in den USA ein glänzender Schüler, sein Interesse für Naturwissenschaften wuchs Seite an Seite mit seiner Liebe zur Natur. Er engagierte sich als „Birder", als Vogelbeobachter, der seine Beobachtungen an die Audubon Society zur Erstellung von Vogelzugkarten weitergab. Als Vierzehnjähriger wurde er einmal fast festgenommen: Er wurde verdächtigt, als deutscher Spion Signale an U-Boote zu senden, als er während eines Sturms mit seinem Fernglas unterwegs war, um Watvögel zu beobachten.

Vor dem Eintritt ins College nahm Karplus an einem Forschungsprojekt zur Orientierung von Vögeln in Alaska teil. Dort entstand der Wunsch, Forscher zu werden. Er schrieb sich jedoch nicht für Biologie ein, sondern belegte in Harvard Chemie und Physik. Seine Begründung war, dass diese Fächer wesentlich für das Verständnis von Biologie und vom Leben an sich seien. Seine Doktorarbeit am Caltech begann er mit einem Projekt über Proteine, doch sein Doktorvater verließ das Institut und er wurde in die Gruppe von Linus Pauling aufgenommen – der bald darauf für seine Arbeiten zur Natur der chemischen Bindung den Nobelpreis für Chemie erhalten sollte (▶ Kap. 5). Karplus arbeitete an den Bindungen von Wasserstoff und musste schließlich innerhalb von drei

Zeitleiste

1959	1971
ursprüngliche Formulierung der Karplus-Beziehung wird veröffentlicht	Karplus' Forschungsgruppe veröffentlicht eine Theorie zu Retinal im Auge

Computer und die Entwicklung von Wirkstoffen

Jeder neu entwickelte medizinische Wirkstoff muss getestet werden, damit nachgewiesen ist, dass er seine Aufgabe erfüllt. Bei Hunderten und Tausenden von möglichen Wirkstoffen, begrenzter Arbeitskraft und begrenzten finanziellen Mitteln ist es jedoch unmöglich, sie alle in Zellen oder gar Tieren und Menschen zu testen. Hier setzt die computergestützte Chemie (engl. *computational chemistry*) ein. Mithilfe von Simulationen lässt sich am Bildschirm ermitteln, wie ein Wirkstoffmolekül mit den Zielmolekülen im Körper wechselwirken wird. Damit können die Wirkstoffe gefunden werden, die die besten Kandidaten zur Behandlung eines bestimmten medizinischen Problems sind. Dieses theoretische Vorgehen heißt auch *In-silico*-Experiment, in Anspielung auf das Silicium der Computerchips. Natürlich lassen sich nicht alle Eigenschaften eines Wirkstoffs am

Computer prüfen, die experimentelle und die computergestützte Chemie arbeiten Hand in Hand.

Vom Computer berechnete Darstellung einer Proteinstruktur

Wochen seine Ergebnisse zusammenschreiben, da Pauling das Institut plötzlich für längere Zeit verließ.

Nach einem Aufenthalt bei einer Arbeitsgruppe der Universität Oxford, die sich mit theoretischer Chemie beschäftigte, nahm Karplus für fünf Jahre eine Stelle an der Universität von Illinois an. Dort forschte er an der Kernspinresonanz (NMR, ▶ Kap. 21). Er studierte mithilfe der NMR die Bindungswinkel der Wasserstoff-Atome im Ethanol-Molekül (CH_3CH_2OH). Als ihm bewusst wurde, dass die Durchführung der Berechnungen mit einem Taschenrechner sehr öde war, schrieb er ein Computerprogramm, das ihm die Arbeit abnehmen sollte.

Der Fünf-Tonnen-Computer   Zu dieser Zeit war die Universität von Illinois stolze Besitzerin eines fünf Tonnen schweren Computers namens ILLIAC, der über ganze 64 KB Speicherplatz verfügte – das reicht nicht für ein einziges Foto aus, das Sie mit Ihrem Smartphone aufnehmen, doch es reichte für Karplus'

1977

erste Moleküldynamik-Simulation eines großen biologischen Moleküls: der Trypsin-Inhibitor aus Rinderpankreas (engl. *bovine pancreatic trypsin inhibitor*, BPTI)

2013

Martin Karplus, Michael Levitt und Arieh Warshel erhalten den Nobelpreis für ihre Arbeiten zur computergestützten Chemie

> **Theoretische Chemiker benutzen den Ausdruck ‚Vorhersage' sehr frei, wenn sie von Berechnungen sprechen, die mit den experimentellen Ergebnissen übereinstimmen – sogar, wenn das Letztere vor dem Ersteren durchgeführt wurde.**
>
> Martin Karplus

Programm – und über Lochkarten programmiert wurde. Bald nach Fertigstellung seiner Berechnungen hörte Karplus den Vortrag eines organischen Chemikers der Universität, der seine Ergebnisse dem Anschein nach experimentell bestätigt hatte.

In der Überzeugung, dass seine Berechnungen bei der Ermittlung chemischer Strukturen helfen können, veröffentlichte Karplus einen Artikel, in dem auch die Gleichung stand, die später als Karplus-Beziehung berühmt wurde. Diese Gleichung wird von Chemikern herangezogen, um Ergebnisse von NMR-Aufnahmen zu interpretieren und molekulare Strukturen von organischen Molekülen zu ermitteln. Die ursprüngliche Formulierung der Gleichung wurde überarbeitet und angepasst, doch sie wird auch heute noch in der NMR-Spektroskopie angewandt. Der Vortrag, den Karplus gehört hatte, behandelte Zucker-Moleküle, doch seine Beziehung wurde auf andere organische Moleküle, auch Proteine, und auch auf anorganische Moleküle ausgedehnt.

Karplus wechselte 1960 an das Watson Scientific Computing Laboratory, ein IBM-Forschungsinstitut an der Columbia-Universität, das einen schnelleren IBM-Computer mit mehr Speicherplatz als der ILLIAC besaß. Er stellte schnell fest, dass die Arbeit in einem Unternehmen nichts für ihn war und kehrte zur universitären Forschung zurück, handelte sich aber Zugang zum IBM-650-Computer aus. Karplus beschäftigte sich weiter mit den Problemen, an denen er schon in Illinois gearbeitet hatte, doch nun hatte er die Mittel, sie wirklich anzupacken: Mit Unterstützung des IBM-Computers erforschte er chemische Reaktionen auf molekularer Ebene.

Zurück zur Natur Karplus kehrte schließlich an die Harvard-Universität und zu seiner ersten Leidenschaft, der Biologie, zurück. In Harvard nutzte er seine mittlerweile beträchtliche Erfahrung in theoretischer Chemie zur Untersuchung des Sehvorgangs bei Tieren. Karplus und seine Mitarbeiter schlugen vor, dass eine der C–C-Bindungen von Retinal – einer Form von Vitamin A, die im Auge Licht wahrnimmt – sich umlagert, wenn Licht auf sie fällt, und dass diese Umlagerung der Schlüssel zum Sehvorgang ist. Ihre theoretischen Berechnungen sagten die Struktur voraus, die durch die Umlagerung entsteht. Im selben Jahr noch wurde sie durch experimentelle Ergebnisse bestätigt.

Die theoretischen Ergebnisse der computergestützten Chemie gehen oft Hand in Hand mit empirischen Nachweisen: Die Theorie untermauert die Beobachtung, und die Beobachtung bestätigt die Theorie. Zusammen sind sie sehr viel überzeugender als jeweils allein. Als Max Ferdinand Perutz die Kristallstruktur von Hämoglobin, dem sauerstoffbindenden Molekül im Blut, aufgeklärt hatte, entwickelte Karplus das theoretische Modell, das erklärt, wie Hämoglobin Sauerstoff bindet.

Ein dynamisches Gebiet Karplus untersuchte auch, wie Proteinketten sich zu funktionierenden Proteinmolekülen falten. Mit seinem Mitarbeiter Bruce Gelin entwickelte er ein Programm, mit dessen Hilfe sich Proteinstrukturen berechnen lassen, wenn die Aminosäurenabfolge und die Kristallstruktur (▶ Kap. 22) bekannt sind. Sie nannten das Programm CHARMM (Chemistry at HARvard Macromolecular Mechanics), es wird noch immer gepflegt und weiterentwickelt.

Modelle und Simulationen sind in der modernen Chemie fast so wichtig geworden wie in der Wirtschaft. Chemiker schreiben Computerprogramme, die Reaktionen und Abläufe wie die Proteinfaltung auf atomarer Ebene simulieren können. Diese Modelle werden auf Prozesse angewandt, die fast unmöglich direkt verfolgt werden können, weil sie innerhalb von Sekundenbruchteilen ablaufen.

> ### Biologie, Chemie ... und Physik vereinen
>
> Martin Karplus musste nicht nur Chemie studieren, um biologische Zusammenhänge zu erklären, sondern musste zusätzlich Chemie und Physik vereinen. Der Nobelpreis (für Chemie), den Karplus und seine Kollegen 2013 erhielten, wurde ihnen verliehen, weil sie die klassische und die Quantenphysik nutzten, um ihre leistungsfähigen Modelle zu entwickeln, mit denen Chemiker recht große Moleküle nachbilden können – zum Beispiel Moleküle biologischer Systeme.

Worum es geht

Moleküle am Computer modellieren

28 Kohlenstoff

Kohlenstoff ist das Element, das in Form von Kohlendioxid für den Klimawandel verantwortlich gemacht wird. Doch es ist auch die Grundlage für das Leben auf der Erde – alles, was lebt und je gelebt hat, besteht aus kohlenstoffhaltigen Molekülen. Wie kann ein kleines Atom sich auf jedem Fleckchen der Erde einschleichen? Und wie können zwei Verbindungen, die ausschließlich aus Kohlenstoff bestehen, völlig unterschiedlich sein?

Wenn es ein Element gibt, das häufiger als andere erwähnt wird, so ist das Kohlenstoff. Meist handelt es sich um schlechte Nachrichten – Kohlenstoffverbindungen häufen sich in der Atmosphäre an und wirbeln das Klima durcheinander. Der beständige Fokus auf Kohlenstoffemissionen lässt uns glauben, Kohlenstoff sei ein Faktor, der gebändigt werden muss. Darüber vergessen wir leicht, dass Kohlenstoff nur ein kleiner, dichter Ball aus Protonen und Neutronen ist, den eine Wolke aus sechs Elektronen umgibt. Ein einfaches chemisches Element, das im Periodensystem oberhalb von Silicium steht. Von Umweltschutzvergehen einmal abgesehen – warum sollten wir Kohlenstoff unsere besondere Beachtung schenken?

Wir vernachlässigen manchmal, dass Kohlenstoff die Grundlage für alles Leben hier auf der Erde ist, für alles, das kriecht, krabbelt, flattert und fliegt. Kohlenstoff bildet das chemische Grundgerüst aller biologischen Moleküle, von DNA zu Proteinen, von Fetten zu den Neurotransmittern, die zwischen den Synapsen in unseren Köpfen hin und her flitzen. Wenn wir alle Atome in unserem Körper durchzählen könnten, so wäre jedes sechste ein Kohlenstoff-Atom. An unserer Körpermasse hat nur Sauerstoff einen höheren Anteil, da wir zum Großteil aus Wasser bestehen.

Organisch und anorganisch Die außerordentliche Vielfalt von kohlenstoffhaltigen Verbindungen beruht auf der Bereitschaft von Kohlenstoff, Bindungen mit sich selbst – und anderen – einzugehen und auch Ringe, Ketten und andere

Zeitleiste

1754	1789	1895	1985
Joseph Black entdeckt Kohlendioxid	Antoine Laurent de Lavoisier schlägt den Namen „Kohlenstoff" vor	Svante Arrhenius veröffentlicht einen Artikel über Kohlenstoff in der Atmosphäre	„Buckyballs" im Labor erzeugt

anspruchsvolle Strukturen auszubilden. Allein in der Natur kommen Millionen verschiedener komplizierter Kohlenstoffverbindungen vor. Viele von ihnen werden wir möglicherweise niemals entdecken, weil die Pflanzen, Tiere oder Käfer, die sie schaffen, vorher aussterben. Mit der Erweiterung durch den menschlichen Erfindungsgeist sind die Möglichkeiten, neue Kohlenstoff-Verbindungen künstlich herzustellen, nahezu unendlich.

All diese Verbindungen fallen unter den Begriff der organischen Verbindungen. Der Zusatz „organisch" könnte Sie verleiten, diese Bezeichnung nur auf natürliche Verbindungen zu begrenzen. Tatsächlich geht der Begriff ursprünglich auf eine Abgrenzung von belebter zu unbelebter Natur zurück. Heute betrachten wir jedoch Kunststoffe genauso als organische Verbindungen wie Proteine, denn beide enthalten Grundgerüste aus Kohlenstoff-Atomen. Fast alle kohlenstoffhaltigen Verbindungen, mit nur ein paar bemerkenswerten Ausnahmen, sind organisch – völlig unabhängig davon, ob sie von einer Butterblume, einem Bakterium oder dem Labortisch kommen.

Generell sind Verbindungen, die nicht organisch sind, anorganisch. Wie die organische Chemie hat auch die anorganische Chemie weitere Unterabteilungen. Es zeigt jedoch die Bedeutung des Kohlenstoffs, dass die Unterscheidung auf diese Weise vorgenommen wird. Eine der offensichtlichen Ausnahmen ist das Molekül, das sich in der Atmosphäre anhäuft, Kohlendioxid. Kohlendioxid passt in beide Bereiche nicht richtig hinein. Es enthält zwar Kohlenstoff, doch es hat, wie Chemiker sagen würden, keine „funktionellen Gruppen". Die organischen Verbindungen werden in weitere Untergruppen unterschieden, je nachdem, welche Atomgruppen – welche funktionellen Gruppen – an ihren Kohlenstoffgerüsten hängen. Da es bei Kohlendioxid aber nur ein Paar Sauerstoff-Atome sind, hängt es ein wenig im Nirgendwo.

Es gibt auch eine ganze Klasse von Ausnahmen, die Organometall-Verbindungen. Das sind kohlenstoffhaltige Verbindungen, bei denen bestimmte Atome mit Metall-Atomen verbunden sind. Organometall-Verbindungen werden als Zwischenform zwischen organisch und anorganisch betrachtet, sie liegen eher auf dem Gebiet der anorganischen Chemiker. Es sind aber keinesfalls geheimnisvolle Verbindungen, und es gibt sie auch nicht nur im Labor. Das Hämoglobin-Molekül, das in Ihrem Blut für den Sauerstofftransport zuständig ist, enthält

Eisen-Atome, und Vitamin B_{12} enthält Cobalt (▶ Kap. 12). Wie Vitamin B_{12} sind auch andere organometallische Verbindungen gute Katalysatoren.

> ❜ **Der kleine prozentuale Anteil [von Kohlenstoff] in der Atmosphäre kann sich mit dem industriellen Fortschritt im Verlauf weniger Jahrhunderte auf ein beträchtliches Maß erweitern.** ❛
>
> Svante Arrhenius, 1904

Reine Kohlenstoff-Verbindungen Eine weitere sonderbare Verbindung des Kohlenstoffs ist der Diamant, der nur aus Kohlenstoff-Atomen besteht und dennoch nicht als organische Verbindung gilt. (Manchmal ist es am besten, die Einteilungen der Chemiker nicht weiter infrage zu stellen.) Es gibt sogar mehrere Verbindungen, die nur aus Kohlenstoff bestehen und deren Kennenlernen sich lohnt. Neben Diamant gibt es Kohlenstoff- (Carbon-)fasern, Kohlenstoff-Nanoröhrchen, Buckyballs, Graphit (das „Blei" im Bleistift) und Graphen. Graphen ist eine bienenwabenförmige, atomdünne Verbindung, von der Chemiker hoffen, dass sie die nächste Revolution in der Elektronik darstellt (▶ Kap. 46).

Verwirrend ist, dass Diamanten und das „Blei" des Bleistifts keine offensichtliche Ähnlichkeit miteinander zeigen (▶ Box: Diamant und Graphit). Beide bestehen allein aus Kohlenstoff-Atomen, doch sie sind verschieden angeordnet.

Diamant und Graphit

In Diamant ist jedes Kohlenstoff-Atom mit vier anderen verbunden, in Graphit ist ein Kohlenstoff-Atom aber nur mit drei anderen verknüpft. Während sich die Bindungen in Diamant in verschiedene Raumrichtungen erstrecken, bilden sie in Graphit eine Ebene. Deshalb ist die Struktur von Diamant ein stabiles dreidimensionales Netzwerk, Graphit besteht dagegen aus einem Stapel locker verbundener Kohlenstoff-Schichten. Die Schichten werden durch schwache Anziehungskräfte, die Van-der-Waals-Kräfte (Box in ▶ Kap. 5), zusammengehalten, die sich jedoch leicht überwinden lassen – es reicht aus, einen Bleistift auf Papier zu drücken, um die obersten Schichten abzulösen. Diese Unterschiede im molekularen Aufbau bewirken, dass Diamant so hart und Graphit eher weich ist.

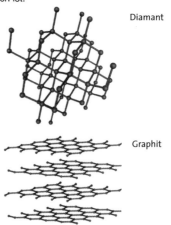

Diamant

Graphit

Die unterschiedliche Art und Weise, in der die Atome verknüpft sind, führt dazu, dass die Verbindungen völlig verschieden aussehen und ganz andere Eigenschaften haben. Die Struktur von Graphen unterscheidet sich dagegen nicht so sehr von Graphit, es ist sogar möglich, mit Klebeband atomdünne Schichten von Kohlenstoff von einem Stück Graphit abzuziehen.

Entfesselter Kohlenstoff   Die ganze interessante und nützliche Chemie hilft dem Kohlenstoff nicht aus der Patsche. Oder vielmehr, sie hilft uns nicht aus der Patsche. Die fossilen Brennstoffe, aus denen wir unsere Energie gewinnen, sind Kohlenwasserstoffe und Kohle. Bei ihrer Verbrennung entsteht Kohlendioxid: Durch die Verbrennung bringen wir Kohlenstoff, der jahrhundertelang unter der Erde eingeschlossen war, als Kohlendioxid in die Atmosphäre, wo es verhindert, dass Infrarotstrahlung von der Erde in den Weltraum abgegeben wird. Dieser Vorgang wird „Treibhauseffekt" genannt und trägt zur globalen Erderwärmung bei. Ungeachtet der Rolle von Kohlenstoff-Atomen in unserem Körper, im Graphit von Bleistiften oder möglicherweise in zukünftigen elektronischen Geräten: Die Tatsache, dass wir Milliarden Tonnen Kohlenstoff jedes Jahr in die Atmosphäre freisetzen, bleibt ein massives Problem.

Ein Element, viele Gesichter

29 Wasser

Sie würden nicht erwarten, dass Wasser allzu viele Geheimnisse hat – wir können direkt hindurchschauen –, doch Wasser hat verborgene Tiefen. Wenn Kohlenstoff-Verbindungen Grundlage des Lebens sind, dann ist Wasser das Umfeld, in dem es blüht und gedeiht. Doch trotz jahrzehntelanger Erforschung seiner Struktur lässt sich noch immer nicht für jede Situation vorhersagen, wie Wasser sich verhält – oder warum.

H_2O ist neben CO_2 vielleicht die einzige chemische Formel, die die meisten Menschen ohne groß nachzudenken aufsagen können. Wenn es eine chemische Verbindung gibt, die leicht zu verstehen sein sollte, dann ist es Wasser. Es hat sich aber alles andere als einfach erwiesen, die Wasser-Moleküle, die vom Hahn tropfen, den Eiswürfelbehälter füllen und unsere Seen und Schwimmbecken nass halten, zu verstehen. Wir denken an Wasser eher als Kulisse für die Urlaubsschnappschüsse und nicht als chemische Verbindung, doch genau das ist es – und eine komplizierte Verbindung noch dazu.

> **Das größte Mysterium in den Naturwissenschaften ist es, zu verstehen, warum wir nach buchstäblich Jahrhunderten unermüdlicher Forschung und endlosen Diskussionen nicht in der Lage sind, die Eigenschaften von Wasser präzise zu beschreiben und vorherzusagen.**
>
> Richard Saykally

Wenn Sie zum Beispiel glauben, es gäbe drei Formen von Wasser – flüssiges Wasser, Dampf und Eis –, so liegen Sie falsch. Manche Modelle schlagen vor, das es zwei verschiedene flüssige Zustände (▶ Kap. 6) und bis zu zwanzig verschiedene Formen von Eis gibt. Es gibt eine ganze Menge von Dingen, die wir über Wasser nicht wissen, doch fangen wir mit dem an, was wir wissen.

Warum Wasser für das Leben notwendig ist Wasser ist überall. Wie der amerikanische Chemiker und Wasserexperte Richard Saykally nicht müde wird zu betonen, ist Wasser das dritthäufigste Molekül im Universum. Es bedeckt fast drei Viertel der Oberfläche unseres Planeten, und wenn Sie

Zeitleiste

6. Jh. vor Chr.	**1781**	**1884**
der griech. Philosoph Thales von Milet nennt Wasser „Quell des Lebens"	Henry Cavendish enthüllt die Zusammensetzung von Wasser	erster Vorschlag von „Wasser-Clustern"

Wasser und Klimawandel

Erst vor Kurzem kamen Physiker der Russischen Akademie der Wissenschaften in Nischni Nowgorod fast an die Lösung eines der Geheimnisse, das seit Langem die Wissenschaftler beschäftigt, die an der Chemie der Atmosphäre forschen. Wasser scheint sehr viel mehr Strahlung zu absorbieren, als es nach den Strukturmodellen sollte. Der Unterschied zwischen den berechneten und den gemessenen Werten ließe sich erklären, wenn Wassermoleküle als Dimere – „doppelte" Wassermoleküle – in der Atmosphäre schweben würden, doch noch niemand konnte nachweisen, dass es diese Dimere wirklich gibt. Um sie zu finden, entwickelten Mikhail Tretyakov und seine Gruppe sogar eine völlig neue Art von Spektrometer für ihre Experimente. Die Ergebnisse lieferten einen „Fingerabdruck" für die Infrarotab-

sorption von Wasser-Molekülen, der eindeutiger als bisher auf die vermeintlichen Dimere hinweist. Sie könnten uns helfen zu verstehen, wie Wasser zur Infrarotabsorption der Atmosphäre beiträgt.

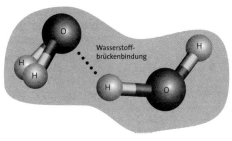

Modell eines Wasser-Dimers

je hören, wie Astronomen von der Suche nach Wasser auf dem Mars (▶ Kap. 31) schwärmen, so ist der Hintergrund, dass sie weitere Lebensformen im Kosmos finden wollen, und Wasser eine Voraussetzung dafür ist. Insbesondere flüssiges Wasser. Das liegt daran, dass Wasser einzigartige chemische Eigenschaften hat, durch die es ideal geeignet ist, Leben und die damit verknüpften chemischen Reaktionen zu beherbergen.

Zunächst ist flüssiges Wasser ein traumhaftes Lösungsmittel: Es löst fast alle Stoffe, und viele der Verbindungen, die es löst, müssen gelöst sein, um an chemischen Reaktionen teilzunehmen. Nur so können die Moleküle in unseren Zellen miteinander reagieren und einen funktionierenden Stoffwechsel bilden. Verglichen mit anderen Verbindungen bleibt Wasser in einem ungewöhnlich weiten Temperaturbereich flüssig, und es kann Verbindungen durch eine Zelle oder durch einen Körper transportieren. Sie finden es völlig natürlich, dass Wasser bei 0 °C friert und bei 100 °C kocht, doch es gibt nicht viele andere Verbindungen, die über solch weite Bereiche flüssig sind. Ammoniak zum Beispiel

1975
Boutron und Alben veröffentlichen ein Modell für ringförmige Wasser-Moleküle

2003
NASA-Landeroboter Curiosity findet große Mengen Wassereis auf dem Mars

2013
neue Belege für Wasser-Dimere in der Erdatmosphäre

gefriert bei –78 °C und kocht bei 33 °C, und wie Ammoniak sind auch viele andere natürliche Verbindungen bei den Oberflächentemperaturen der Erde nicht einmal flüssig.

Der andere große Vorzug von Wasser liegt darin, dass es im flüssigen Zustand dichter ist als im festen. Das ergibt sich daraus, wie die Moleküle in Eis gepackt sind, und ist der Grund dafür, warum Eis auf flüssigem Wasser schwimmt. Überlegen Sie nur, was für ein Durcheinander entstünde, wenn Eisberge sinken würden!

Leben ohne Wasser

Wir stellen uns vor, dass Leben nur in Anwesenheit von Wasser möglich ist. Doch stimmt das? Von Proteinen, den Molekülen, die als Enzyme die Reaktionen in unseren Zellen katalysieren und die Strukturen wie unsere Muskeln bilden, nahm man lange an, dass sie Wasser brauchen, um ihre Formen zu bewahren und ihre Aufgaben zu erfüllen. Wissenschaftler der Universität von Bristol, England, erkannten 2012, dass Myoglobin, das Protein, das in Muskeln Sauerstoff bindet, seine Struktur auch behält, wenn ihm Wasser entzogen wird, und dass es dadurch verblüffenderweise sehr hitzestabil wird.

Was wir über Wasser noch wissen

Das Wasser-Molekül ist gebogen, fast wie ein Bumerang, und es ist sehr, sehr klein – sogar im Vergleich zu anderen häufigen Molekülen wie CO_2 und O_2. Es lassen sich deshalb viele Wasser-Moleküle auf kleinem Raum unterbringen. Eine Ein-Liter-Flasche mit Wasser enthält etwa 33 Quadrillionen Wasser-Moleküle, das ist 33 mit 24 Nullen dahinter. Nach einigen Schätzungen ist das mehr als dreimal so viel, wie es Sterne im Universum gibt. Diese dichte Packung der Moleküle und die Wasserstoffbrückenbindungen, die durch die Anziehung zwischen dem Sauerstoff-Atom im einen Molekül und Wasserstoff-Atomen in anderen Molekülen entstehen (▶ Kap. 5), verhindern gemeinsam, dass Moleküle davonfliegen; nur deshalb ist Wasser eine Flüssigkeit und kein Gas.

Das soll aber nicht heißen, dass die Moleküle in flüssigem Wasser an Ort und Stelle festkleben. Weit gefehlt, Wasser ist sehr dynamisch. Die Wasserstoffbrückenbindungen, die die Moleküle zusammenhalten, brechen und bilden sich ständig neu, Milliarden Male pro Sekunde. Da bleibt kaum Zeit für eine Gruppe von Molekülen, sich zu einem sogenannten Cluster zu finden, bevor sie sich wieder neu orientieren. Die Verdunstung eines Wassermoleküls findet dagegen nur „selten" statt, nur rund hundert Millionen Mal pro Sekunde auf jedem Quadratnanometer Wasseroberfläche.

Was wir über Wasser nicht wissen

Wir wissen viel über Wasser, doch es gibt auch viel, das wir über Wasser nicht wissen. Das „seltene" Verdunsten

> ❜ Nichts wird je geschaffen oder zerstört, denn eine Art
> ursprüngliche Einheit bleibt immer bestehen ... Thales sagt,
> Wasser ist der Ursprung aller Dinge. ❛
>
> **Aristoteles,** Metaphysik

eines Wassermoleküls, bei dem die Wasserstoffbrückenbindungen gelöst werden müssen, damit ein Wasser-Molekül von der Wasseroberfläche freigegeben wird, ist noch nicht gut verstanden. Und trotz einer ganzen Reihe modernster Techniken, mit denen die Struktur von Wasser untersucht wird, sind auch die Cluster, die kurz aufblitzen und wieder verschwinden, nicht gut verstanden. Sogar die Vorstellung, dass Wasser Cluster bildet, wird bezweifelt. Denn wenn diese Gruppierungen so flüchtig sind, wie können wir sie mit einer Struktur vergleichen?

Hunderte verschiedene Modelle wurden vorgeschlagen, die die Struktur von Wasser erklären sollen. Doch keines erfasst sein Verhalten in allen Formen und unter vielen verschiedenen Bedingungen. Forschungsgruppen auf der ganzen Welt, darunter auch die von Richard Saykally am Lawrence Berkeley National Laboratory in Kalifornien, arbeiten seit Jahrzehnten intensiv daran, das bemerkenswert komplexe Problem zu lösen. Saykallys Gruppe nutzt dazu einige der leistungsfähigsten und ausgeklügeltsten spektroskopischen Methoden, die es gibt, und greift auf quantenmechanische Modelle zurück, um die Eigenschaften dieses winzigen Moleküls zu erklären, auf dem alles Leben beruht.

Es ist eine Menge los unter der Oberfläche

30 Der Ursprung des Lebens

Die Ursprünge des Lebens auf der Erde haben Wissenschaftler und Philosophen von jeher beschäftigt, lange vor Charles Darwin oder den heutigen Chemikern. Jeder möchte wissen, wie das Leben begann, doch ehrlich gesagt lässt sich diese Frage kaum eindeutig beantworten. Für all das Grübeln gibt es jedoch einen Anknüpfungspunkt: Wir können die Grundbedingungen suchen, die erfüllt sein müssen, um künstliches Leben im Reagenzglas hervorzubringen.

Vor vier Milliarden Jahren fanden einige chemische Verbindungen zusammen und bildeten den Prototyp einer Zelle. Wo dies geschah, wird noch diskutiert – es kann in der Nähe des Meeresgrundes passiert sein, in einem warmen vulkanischen Teich, in schaumgesprenkeltem Schlick oder, wenn Sie der „Panspermia-Hypothese" Glauben schenken, auf einem ganz anderen Planeten. Der Ort ist ausschlaggebend, doch zurzeit noch Spekulation.

Heutzutage geht alles Lebendige aus anderem Leben hervor: Tiere gebären Nachkommen, Pflanzen bilden Samen, Bakterien teilen sich und Hefen knospen. Die allerersten Formen des Lebens müssen jedoch aus unbelebter Materie hervorgegangen sein, aus einfachen chemischen Verbindungen, die aufeinandertrafen und sich miteinander vereinigten. Die erste Zelle war im Vergleich zu menschlichen Zellen, ja schon zu Bakterienzellen, sicherlich einfach. Wahrscheinlich war es nur eine Art Beutel voller Moleküle, die einen sehr einfachen Stoffwechsel besaßen. Irgendein Molekül, das sich selbst vervielfältigen, also replizieren konnte, muss auch dabei gewesen sein, sodass Information an weitere, zukünftige Urzellen weitergegeben werden konnte. Dies wäre ein einfacher genetischer Code gewesen, der noch nichts mit der kompliziert aufgebauten DNA (▶ Kap. 35) zu tun hatte.

Zeitleiste

1871	1924	1953
Charles Darwin sieht den Ursprung des Lebens „in einem warmen kleinen Teich"	Alexander Iwanowitsch Oparin führt in *The Origin of Life* die Theorie von der Ursuppe ein	Stanley Miller veröffentlicht seine Experimente zum Ursprung des Lebens

Wir können nur raten, mit welchen Molekülen und unter welchen Bedingungen das Leben auf der Erde begann; viele Chemiker begeistern sich für dieses Ratespiel. Denn die ersten Lebensformen zu verstehen, lehrt uns nicht nur etwas über unsere eigenen Ursprünge, es inspiriert auch die Wissenschaftler, die neue Lebensformen im Reagenzglas hervorbringen möchten.

Millers Suppe   Vielleicht haben Sie schon von Stanley Miller und seinen berühmten Experimenten zum Ursprung des Lebens aus den 1950er-Jahren gehört. Wenn Sie nicht vom ihm selbst gehört haben, so wird Ihnen seine Suppe zumindest ein Begriff sein: Miller war der Chemiker, den viele mit der Idee verbinden, dass das Leben in einer Ursuppe begann. In Wirklichkeit war er inspiriert von dem Buch *The Origin of Life*, das Alexander Iwanowitsch Oparin 1924 schrieb. Die „Suppe" war ein Mischmasch aus Methan, Ammoniak, Wasserstoff und Wasser, den Miller in seinem Labor an der Universität von Chicago zusammenbraute. Dieses Gemisch sollte die sauerstoffarme Atmosphäre der frühen Erde darstellen. Um seine Zutaten zur Reaktion zu bringen, setzte er sie elektrischen Entladungen aus, die Gewitterblitze nachahmen sollten.

> **❯ In diesem Apparat wurde ein Versuch unternommen, die primitive Atmosphäre der Erde zu kopieren ... ❮**
>
> **Stanley Miller** in der Zeitschrift *Science*, 1953

Mit Millers Suppe wurde erstmals nachgewiesen, dass aus anorganischen Verbindungen mit ein bisschen „Ermunterung" organische Moleküle entstehen können. Denn als Miller und sein Betreuer Harold Urey ein paar Tage später untersuchten, welche Moleküle entstanden waren, fanden sie Aminosäuren, die Bausteine der Proteine.

Die Theorie von der Ursuppe ist heute etwas überholt. Millers Experimente werden von Anhängern und Nachfolgern zu Recht als Klassiker angesehen, doch manche bezweifeln, dass er von der richtigen Zutatenmischung ausgegangen ist, während andere sich fragen, ob Blitze die konstante Energiequelle gewesen sein können, mit der der Sprung von organischen Molekülen zu Zellen gelang. Es überrascht wenig, dass eine ganze Reihe neuer Theorien zu den genauen Umständen dieser chemischen Anfänge umherschwirrt.

1986	**2000**	**2011**
nach der Hypothese der RNA-Welt setzte selbstreplizierende RNA die Evolution in Gang	Entdeckung der hydrothermalen Schlote von Lost City	eine Gruppe aus Cambridge, England, stellt selbstreplizierende RNA her, die mehr als 90 Buchstaben (Basen) kopieren kann

Das Vervielfältigungsproblem

Zu einem gewissen Zeitpunkt in der Evolution muss die DNA das Molekül geworden sein, mit dem Zellen Information speichern und weitergeben. Davor jedoch könnten die Zellen einfachere Methoden genutzt haben. RNA, eine Art einzelsträngige DNA-Variante, wäre ein möglicher Informationsträger. Doch da es die spezialisierte Kopiermaschinerie moderner Zellen noch nicht gab, muss sie sich selbst vervielfältigt haben. Dazu musste sich die RNA wie ein Enzym verhalten und ihre eigene Replikation katalysieren. Diese Überlegung ist schön und gut, sofern wir ein RNA-Molekül finden, das sich selbst replizieren kann. Doch was ist, wenn wir es nicht finden? Wirft das die Theorie über den Haufen? Nun, ein wenig schon. Über lange Zeit war dies ein Problem. Wissenschaftler haben sich durch Milliarden von verschiedenen RNA-Molekülen gegraben, um die Sequenz zu finden, die die eigene Vervielfältigung codiert. Bisher haben sie keine

Sequenz gefunden, die das ordentlich schafft. Die meisten der „Selbstreplizierer" können nur Teile ihrer eigenen Sequenzen kopieren, und häufig nur mit geringer Genauigkeit. Die Suche läuft weiter ...

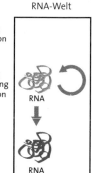

heutige Welt
(zentrales Dogma)

RNA-Welt

DNA — Speicherung von Information

RNA — Speicherung und Übertragung von Information — RNA

Protein — Funktion — RNA

Lost City Eine heutige Theorie besagt, dass das Leben an einem Ort namens „Lost City" in der Tiefsee begann. Das klingt verlockend, nicht wahr? Lost City wurde im Jahr 2000 im Atlantik von einem wissenschaftlichen Team unter Leitung von Donna Blackman von der Scripps Institution of Oceanography in Kalifornien entdeckt. An Bord des Forschungsschiffs Atlantis untersuchten sie mit ferngesteuerten Kameras einen Teil des mittelatlantischen Rückens, als sie ein Gebiet mit hydrothermalen Schloten überquerten. Sie fanden 30 m hohe Kamine, aus denen warmes, basisches Wasser in den kühlen und dunklen Ozean strömt.

Zwar gibt es solche Schlote auch anderswo im Meer, und schon Jahrzehnte zuvor sind andere entdeckt worden. Doch einige Wissenschaftler glauben, dass die Schlote von Lost City die perfekten Bedingungen bieten, um Leben hervorzubringen. An diesen Schloten kann Wasserstoff aus dem warmen Quellwasser auf Kohlendioxid aus dem Meerwasser treffen und mit ihm zu organischen Verbindungen regieren. Darüber hinaus ist das Wasser der Schlote, das von heißem Gestein unter dem Meeresboden erhitzt wird, eine beständige Energiequelle.

Ein weiteres überzeugendes Argument liegt darin, dass der Unterschied zwischen dem pH-Wert des heißen Quellwassers und dem pH-Wert des Meerwassers den pH-Sprung über eine Zellmembran hinweg widerspiegelt. Kann das Zufall sein? Es ist nicht leicht, diese Theorie in der Tiefsee zu überprüfen, doch verkleinerte Versuchsanordnungen nach Vorbild der Lost-City-Schlote wurden konstruiert.

Wieder am Labortisch Nicht alle Chemiker beschäftigen sich mit dem Ursprung des Lebens aus reiner Neugier. Einige möchten herausfinden, welche Grundbestandteile lebende Zellen ausmachen, um sie im Labor nachzubauen. Wir sprechen hier nicht davon, künstliche Kühe herzustellen oder Babys zu klonen – hier geht es mehr darum, einfache Stoffe zu finden, aus denen sich Zellmembranen aufbauen lassen. In echten Zellen bestehen diese Membranen aus fettartigen Molekülen. Der Trick besteht darin, eine Art von selbstreplizierendem System hineinzugeben, mit dem sich diese „minimalen Zellen" selbst vervielfältigen können. Es gibt Wissenschaftler, die glauben, dass selbstreplizierende Protozellen (▶ Box: Protozellen) sich bald verwirklichen lassen.

Die Frage ist: Wozu sind diese Protozellen gut? Stellen Sie sich vor, Sie sollten ein selbstreplizierendes System aufbauen, das so lange Kopien von sich herstellt, wie es gefüttert wird. Was könnten Sie mit dem System erschaffen? Die vernünftigen Antworten lauten natürlich medizinische Wirkstoffe oder Brennstoffe. Doch warum hier Halt machen? Sie können sich alles überlegen, von dem Sie unendlichen Nachschub haben möchten, von Bier bis zu erdbeerfarbenen Schuhbändeln, nur als Beispiele. Wissenschaftler denken bereits über den Tellerrand hinaus, ein Vorschlag sind lebende, sich selbst erneuernde Farben.

Protozellen

Im November 2013 schufen Biologie-Nobelpreisträger Jack Szostak und seine Mitarbeiter eine „minimale Zelle" oder Protozelle, die von einer Membran aus Fetten umgeben war. Die Zelle war einfacher aufgebaut als das einfachste heutige Bakterium, doch sie enthielt RNA, die sich (mehr oder weniger) selbst kopieren konnte. Diese Selbstreplikation wurde durch Magnesium-Ionen katalysiert. Citrat-Ionen verhinderten, dass die Membran durch die Magnesium-Ionen angegriffen wurde. Es ist wohl nur eine Frage der Zeit, bis Wissenschaftler Protozellen herstellen, die sich voll und ganz selbst replizieren.

Der Stoff des Lebens kam von unbelebter Materie

31 Astrochemie

Die Leere des Weltraums könnte darauf hindeuten, dass da draußen nicht viel los ist. Doch da draußen gibt es mehr als genug, um Chemiker, die sich für den Ursprung des Lebens interessieren, in Atem zu halten, von außerirdischem Leben ganz zu schweigen. Von Offensichtlichem wie Wasser auf dem Mars einmal abgesehen – was suchen sie alle?

Die irdische Atmosphäre ist reich an chemischen Vorgängen. Sie ist vollgestopft mit Molekülen, die ständig zusammenstoßen und miteinander reagieren. Auf Meereshöhe enthält jeder Kubikzentimeter rund 10^{19} oder 10 000 000 000 000 000 000 Moleküle. Im Vakuum des Weltraums ist das völlig anders, ein Kubikzentimeter des interstellaren Raums enthält im Durchschnitt ein einziges Teilchen. Nur eines. Das entspricht einer Biene in einer Stadt von der Größe Moskaus.

Schon wenn wir nur die Knappheit der Moleküle betrachten, scheint es sehr unwahrscheinlich, dass sich zwei von ihnen überhaupt treffen und reagieren. Es muss aber auch ein Energieproblem überwunden werden. Die Atmosphäre der Erde ist im Großen und Ganzen recht warm, auch wenn wir das an einem frischen Wintermorgen nicht so empfinden. In Teilen des interstellaren Raumes kann die Temperatur jedoch unter knackige −260 °C sinken. Unter diesen Bedingungen bewegen sich die Teilchen nur träge, das heißt zwei Moleküle, die tatsächlich aufeinandertreffen, streichen vielleicht nur zart aneinander vorbei, ihnen fehlt die Energie, miteinander zu reagieren. Wenn wir diese Umstände berücksichtigen, ist es überraschend, dass es überhaupt chemische Reaktionen im Weltraum gibt. Und es stellt sich die Frage, warum sich Chemiker dafür interessieren, was im Weltraum geschieht.

Hotspots Obwohl es offensichtlich an chemischen Vorgängen mangelt, gibt es viele Chemiker, die erforschen wollen, was auch immer da oben passiert, und sie haben ein paar gute Gründe dafür. Die Chemie des Weltraums hilft uns zu

Zeitleiste

vor 13,8 Mrd. Jahren	**400 000 Jahren nach dem Urknall**	**1937**
der Urknall	die ersten Moleküle entstehen – der Anfang der Chemie	erste interstellare Moleküle identifiziert

verstehen, wie das Universum begann, woher die chemischen Elemente kommen und ob es außerhalb unseres Planeten Leben geben könnte. Bevor wir auch nur beginnen können, über die komplexe Chemie biologischer Reaktionen nachzudenken, müssen wir mehr über die Bedingungen im Weltraum wissen, welche Moleküle es dort gibt und wie sie optimale Voraussetzungen schaffen, damit grundlegende Reaktionen stattfinden.

Nur die durchschnittlichen Bedingungen im Weltraum zu betrachten, sagt uns nicht viel darüber, wie es an einer bestimmten Stelle zugeht. Stellenweise mag es karg und kalt sein, doch der Weltraum ist so gewaltig, dass die Bedingungen stark variieren können. Der interstellare Raum, der Raum zwischen den Sternen, ist kein gleichförmiges Meer von Gasteilchen. Es gibt dort kalte, dichte molekulare Wolken, die Wasserstoff enthalten, und es gibt dort genauso superheiße Stellen, die sich um explodierende Sterne herum erstrecken.

> ❞ Hier auf der kleinen Erde haben wir den leeren Raum beseitigt; den Raum, der zwischen den Sternen gähnt, werden wir niemals beseitigen können. ❞
>
> Arthur C. Clarke
>
> in *Profile der Zukunft: über die Grenzen des Möglichen*

Der größte Teil des interstellaren Raums (99 %) ist mit Gas gefüllt, dem intergalaktischen Gas. Nach Masse berechnet, stellt Wasserstoff mehr als zwei Drittel davon, und Helium macht fast den ganzen Rest aus. Die Anteile von Kohlenstoff, Stickstoff, Sauerstoff und weiteren Elementen sind im Vergleich sehr gering. Das letzte Prozent macht ein Stoff aus, der denjenigen unter Ihnen, die Philip Pullmans Trilogie *His Dark Materials* (Der goldene Kompass) gelesen haben, komisch vorkommen mag: Staub. Dieser Staub ähnelt nicht dem Staub, den Sie von Ihrem Fensterbrett wischen, und auch nicht – für Pullman-Fans – erdichteten Teilchen mit Bewusstsein.

Staub Der interstellare Staub besteht aus kleinen Körnchen, die aus Silicaten, Metallen und Graphit zusammengesetzt sind. Diese Staubteilchen bieten den einsamen Molekülen, die durch die weite Leere des Weltraums schweben, die Möglichkeit, sich anzuheften. Und wenn sie lange genug haften bleiben, treffen sie schließlich ein anderes Molekül, mit dem sie reagieren können. Manche Körner sind von Wassereis umschlossen, deshalb ist die Chemie des Eises der Schlüssel, um zu verstehen, was auf den Staubkörnchen geschieht. Atome ande-

1987	**2009**	**2013**
Nachweis von Aceton im interstellaren Raum	Zahl verschiedenartiger nachgewiesener Moleküle im interstellaren Raum übersteigt 150	Titandioxid im Weltraum ermittelt

Leben auf dem Mars

Unser nächster Nachbar im Sonnensystem, der Mars, hat die Aufmerksamkeit der Wissenschaftler, die nach Leben außerhalb der Erde suchen, auf sich gezogen. Die Gegenwart von Wasser wird von Astrobiologen als Voraussetzung für Leben angesehen und wurde auf dem Mars zunächst als Vorzeichen betrachtet, dass dort Leben existieren könnte. Inzwischen hat sich herausgestellt, dass Wasser auf dem Mars größtenteils unter der Oberfläche als Eis gefangen ist oder an Bodenteilchen haftet. In der Theorie könnte ein durstiger Astronaut ein paar Hände voll Marsboden erwärmen, um einen Schluck Wasser herauszuschmelzen. Die Zeitschrift *Icarus*, die sich der Planetologie widmet, hat 2014 Bilder veröffentlicht, auf denen Strukturen zu sehen sind, die Wasserrinnen verdächtig ähnlich sehen. Es wurde daraufhin vorgeschlagen, dass auf dem roten Planeten einst Wasser floss. Es gibt jedoch keine Beweise, dass das Wasser auf dem Mars – in welcher Form auch immer – einst Leben ermöglicht hat oder es heute ermöglicht.

rer Elemente in den Staubkörnchen können als Katalysatoren Hilfestellung leisten, damit die seltenen Reaktionen weitertuckern. Wo es wenig Energie gibt, können UV-Strahlung aus dem Licht der Sterne, kosmische Strahlung und Röntgenstrahlung weiterhelfen, manche Reaktionen brauchen auch gar keine zusätzliche Energie.

Astronomen in Hawaii entdeckten bei Beobachtungen des fernen Weltraums mit dem Submillimeter-Array-Radioteleskop Anzeichen von Titandioxid in den Staubkörnchen um den sehr hellen Riesenstern VY Canis Majoris. Titandioxid wird in Sonnenschutzmitteln eingesetzt und ist das Pigment in weißer Farbe. Die Astronomen vermuten, dass Titandioxid im Sternenstaub Reaktionen katalysieren kann, bei denen größere und komplexere Moleküle entstehen.

Leben aussäen Größere Moleküle sind, soweit wir wissen, eine Rarität im Weltraum. Es ist weniger als 80 Jahre her, seit die ersten interstellaren Moleküle – die Radikale CH· und CN· und das Ion CH$^+$ – identifiziert wurden. Seither wurden 180 verschiedene weitere Moleküle bestätigt, von denen die meisten sechs Atome oder weniger haben. Aceton – $(CH_3)_2CO$ – ist mit zehn Atomen eines der größeren Moleküle und wurde erstmals 1987 nachgewiesen. An großen kohlenstoffhaltigen Molekülen wie den polyzyklischen aromatischen Kohlenwasserstoffen (PAHs) sind die Astrochemiker am meisten interessiert, denn sie könnten etwas darüber aussagen, wie sich organische Moleküle ursprünglich bildeten. PAHs und weitere organische Moleküle sind häufig mit Theorien zum Ursprung des Lebens auf der Erde verknüpft, sie sollen Leben auf unserem Pla-

Polycyclische aromatische Kohlenwasserstoffe (PAHs)

Polycyclische aromatische Kohlenwasserstoffe (PAHs) sind eine vielseitige Gruppe von Molekülen, deren Strukturen Benzolringe enthalten. Auf der Erde entstehen sie bei unvollständigen Verbrennungen, sie tauchen auf bei verbranntem Toast und gegrilltem Fleisch und in den Abgasen der Autos. Seit Mitte der 1990er-Jahre wurden sie im ganzen Universum entdeckt, auch in frühen Regionen, in denen Sterne entstehen. Allerdings wurde ihr Vorkommen nicht direkt bestätigt.

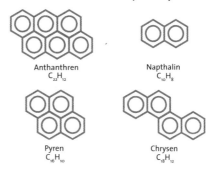

Anthanthren
$C_{22}H_{12}$

Napthalin
$C_{10}H_8$

Pyren
$C_{16}H_{10}$

Chrysen
$C_{18}H_{12}$

neten „gesät" haben. Aminosäuren wurden ebenfalls entdeckt, sind aber noch nicht bestätigt.

Astrochemiker suchen nicht nur nach charakteristischen Anzeichen von interessanten Molekülen. Sie haben noch weitere Werkzeuge in ihrem Koffer. In ihren Laboren können sie nachahmen, was im Weltraum vor sich gehen könnte. Mithilfe von Vakuumkammern können sie zum Beispiel kleine Räume der ausgedehnten interstellaren „Leere" schaffen, von der wir nun wissen, dass sie nicht leer ist, und untersuchen, wie Reaktionen dort ablaufen könnten. Zusammen mit der Modellierung lassen sich mit diesem Ansatz Moleküle und Reaktionen vorhersagen, die sich in der Zukunft als technologischer Fortschritt entpuppen könnten. Neue, leistungsfähige Teleskope wie das Atacama Large Millimeter Array (ALMA) in der chilenischen Atacama-Wüste werden den Chemikern helfen, auch die am weitesten hergeholten Theorien zu bestätigen – oder zu verwerfen.

Worum es geht

Chemie über das Teleskop

32 **Proteine**

Proteine sollen angeblich einen guten Teil der Nährstoffe ausmachen, die wir täglich zu uns nehmen. Doch warum ist das so? Was machen Proteine in unserem Körper? Tatsächlich tun sie viel mehr, als wir vermuten. Proteine sind die Vielzweck-Moleküle der Zelle – es gibt sie in einer unvorstellbaren Zahl unterschiedlicher Formen, und jedes einzelne ist in einzigartiger Weise für seine Aufgabe geeignet.

Die außerordentliche Vielfalt der Proteinstrukturen führt zu einer Fülle unterschiedlicher Funktionen: von der Stärke und Elastizität von Spinnenseide bis zur Fähigkeit von Antikörpern, uns gegen Krankheiten zu verteidigen. Wir alle wissen, dass unsere Muskeln aus Proteinen aufgebaut sind, manchmal vergessen wir jedoch, dass diese Molekülfamilie auch für die Knochenarbeit im Inneren von Zellen verantwortlich ist. Proteine werden auch die „Arbeitspferde" der Zelle genannt. Doch was sind Proteine?

Perlen auf einer Kette Proteine sind Ketten aus Aminosäuren, die von Peptidbindungen zusammengehalten werden. Stellen Sie sich eine Kette aus farbigen Perlen vor, bei der jede Farbe eine andere Aminosäure bedeutet. In der Natur kommen ungefähr 20 verschiedene Farben (oder Aminosäuren) vor. Die Aminosäuren, die unser Körper selbst herstellen kann, heißen „nichtessenzielle Aminosäuren", während diejenigen, die wir mit der Nahrung aufnehmen müssen, „essenziell" genannt werden (▶ Box: Essenzielle und nichtessenzielle Aminosäuren).

Aminosäuren werden nicht nur von lebenden Organismen aufgebaut. Auf einem Meteoriten, der 1969 bei Murchison, Australien, geborgen wurde, konnten mindestens 75 verschiedene Aminosäuren identifiziert werden. Stanley Millers Experimente zum Ursprung des Lebens (▶ Kap. 30) hatten ein Jahrzehnt davor bereits gezeigt, dass unter den Umweltbedingungen der frühen Erde Aminosäuren aus einfachen anorganischen Molekülen entstehen können.

Zeitleiste

1850	1955	1958
erste Synthese einer Aminosäure (Alanin) durch Adolf Strecker	Frederick Sanger bestimmt die Aminosäuresequenz von Insulin	John Cowdery Kendrew und Max Ferdinand Perutz berechnen die erste hochaufgelöste Proteinstruktur (Myoglobin) durch Röntgenstrukturanalyse

Allen Aminosäuren gemeinsam ist die Grundstruktur, die in allgemeiner Form mit $RCH(NH_2)COOH$ beschrieben wird. Diese Grundform enthält eine Amino-Gruppe ($-NH_2$), eine Carbonsäure-Gruppe ($-COOH$, auch Carboxyl-Gruppe genannt) und ein Wasserstoff-Atom ($-H$). Die variable Gruppe „R", die an das zentrale Kohlenstoff-Atom gebunden ist, verleiht jeder Aminosäure ihre einzigartigen Eigenschaften. Spinnenseide enthält zum Beispiel sehr viel Glycin, das ist die kleinste und einfachste Aminosäure, bei der die R-Gruppe einfach aus einem Wasserstoff-Atom besteht. Es wird vermutet, dass Glycin zur Elastizität der Fasern beiträgt.

Die Reihenfolge, in der die Aminosäuren auf der Kette aufgereiht sind, wird „Primärstruktur des Proteins" genannt – seine Aminosäuresequenz. Proteine können deshalb, wie DNA, „sequenziert" werden. Je nach Art der Seide und wozu sie benutzt wird, haben die Proteine der Spinnenseide leicht veränderte Aminosäuresequenzen. Doch man geht davon aus, dass 90 % jeder Sequenz aus sich wiederholenden Abschnitten bestehen, die zehn bis 50 Aminosäuren lang sind.

> **Als ich die alpha-Helix sah und wahrnahm, wie elegant und wunderschön ihre Struktur ist, war ich wie vom Donner gerührt.**
>
> **Max Ferdinand Perutz,**
> **über die Entdeckung der α-Helix-Struktur von Hämoglobin**

Superstrukturen   Neben der Aminosäuresequenz haben Proteine noch höhere Strukturebenen. Sie ergeben sich, wenn sich die Aminosäureketten falten und verknäueln (Sekundärstruktur) und schließlich übergeordnete räumliche Anordnungen annehmen (Tertiärstruktur). Einige „Motive" der Sekundärstruktur treten immer wieder auf. Um noch einmal auf die Spinnenseide zurückzukommen: Die starke Seide, die gewöhnliche Webspinnen benutzen, um den Rahmen ihres Netzes zu bauen, besteht aus Ketten, die sich in Schichten, das sogenannten beta-Faltblatt, umlagern. Die β-Faltblattstruktur wird durch viele Wasserstoffbrückenbindungen (▶ Kap. 5) zusammengehalten; sie findet sich auch in Keratin, einem Strukturprotein, das in der Haut, in Haaren und Nägeln vorkommt.

Ein noch weiter verbreitetes Strukturmotiv ist die sprungfederartige α-Helix-Struktur, die zum Beispiel in Hämoglobin, dem sauerstoffbindenden Protein im Blut, und im Muskelprotein Myoglobin vorkommt.

1988	**2009**
in Hefe hergestelltes Chymosin-Protein zur Verwendung in Nahrungsmitteln zugelassen	der Nobelpreis für Chemie wird für Arbeiten über die Zusammenlagerung von Proteinen verliehen

Aminosäuren verknüpfen

Die Zellmaschinerie, die für das Auffädeln der Aminosäureperlen auf die Proteinkette verantwortlich ist, heißt „Ribosom". Dessen Aufgabe ist es, die Peptidbindungen zu knüpfen, die die einzelnen Perlen miteinander verbinden. Das geschieht, indem es die Carboxyl-Gruppe der einen Aminosäure mit der Amino-Gruppe der nächsten verbindet, dabei wird ein Wassermolekül frei. Das Ribosom kann in jeder Sekunde rund 20 Aminosäuren verknüpfen, es nutzt dabei die Anleitung, die ihm der DNA-Code liefert. Durch diese schnelle Arbeitsweise war es schwierig, die chemische Reaktion, bei der die Peptidbindungen entstehen, zu untersuchen. Doch der amerikanische Chemiker Thomas Steitz, der bereits die Struktur des Ribosoms mithilfe von Röntgenstrukturanalyse (▶ Kap. 22) aufgeklärt hatte, schaffte es. Er kristallisierte Ribosomen zu verschiedenen Zeitpunkten während der Reaktion und erhielt so dreidimensionale Strukturen, die die Reaktionsschritte im Detail zeigten und die beteiligten Atome enthüllten. Steitz erhielt für seine Arbeiten 2009 den Nobelpreis für Chemie.

Die Aminosäuren Glycin und Alanin zum Dipeptid Glycylalanin verknüpft

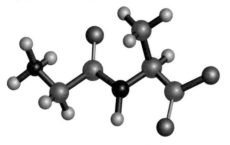

In Spinnenseide werden die β-Faltblattstrukturen für die Festigkeit der Proteinfasern verantwortlich gemacht, die mit der Festigkeit von Stahl vergleichbar ist. (Und es ist zu erwähnen, dass diese unglaubliche Festigkeit mit einer Elastizität gepaart ist, die größer ist als die von Nylon, und einer größeren Zähigkeit als bei Kevlar, das für schusssichere Westen eingesetzt wird.) Diese Proteinfasern haben verschiedene Unternehmen dazu angeregt, künstliche Spinnenseiden herzustellen. Eine davon, produziert von Kraig Biocraft Laboratories, heißt „Monster Silk". Sie ähnelt Spinnenseide und wird von genetisch veränderten Seidenraupen gesponnen. Das Unternehmen möchte nicht einfach Spinnenseide kopieren, sondern sie verbessern, indem zum Beispiel antibakterielle Funktionen integriert werden.

Vielfältige Rollen Proteine sind nicht nur für die Strukturgebung verantwortlich, sie kontrollieren und ermöglichen auch viele zelluläre Vorgänge. Nach verschiedenen Schätzungen besteht eine typische tierische Zelle zu 20 % aus Protein und enthält Tausende verschiedener Proteinarten. Diese Formenvielfalt können wir uns besser vorstellen, wenn wir uns klarmachen, dass sich zwanzig Aminosäuren auf drei Millionen Arten zu Ketten kombinieren lassen, die fünf Aminosäuren lang sind. Die meisten Proteine sind viel, viel länger. Doch auch bei Proteinen, die keine Strukturproteine sind, ist die Form ausschlaggebend.

Essenzielle und nichtessenzielle Aminosäuren

Für erwachsene Menschen sind die Aminosäuren Phenylalanin, Valin, Threonin, Tryptophan, Isoleucin, Leucin, Methionin, Lysin und Histidin essenziell und müssen mit der Nahrung aufgenommen werden. Nichtessenzielle Aminosäuren sind Alanin, Arginin, Asparaginsäure, Cystein, Glutaminsäure, Glutamin, Glycin, Prolin, Serin, Tyrosin, Asparagin und Selenocystein. Bei manchen Menschen können die Körperzellen jedoch nicht alle nichtessenziellen Aminosäuren herstellen, sie müssen diese Aminosäuren mit Nahrungsergänzungsmitteln aufnehmen.

Eine der wichtigsten Rollen von Proteinen in der Zelle ist die als Katalysator. Diese Proteine heißen „Enzyme", sie kontrollieren die Geschwindigkeit chemischer Reaktionen (▶ Kap. 33). Hier sind die Proteinstruktur und dreidimensionale Form des Proteins ausschlaggebend, denn sie bestimmen, wie das Enzym mit den reagierenden Molekülen wechselwirken kann. Biologische Katalysatoren sind häufig sehr spezifisch für die Reaktion, die sie steuern, weit spezifischer als die chemischen Katalysatoren, die in der Industrie Reaktionen beschleunigen.

Auch bei den Antikörpern, mit denen unser Immunsystem Krankheitserreger bekämpft, ist die Proteinstruktur wesentlich. Wenn wir von einem bestimmten Grippeerreger infiziert sind, produziert unser Körper Antikörper gegen ihn, damit wir gegen diesen speziellen Erreger in Zukunft gerüstet sind. Antikörper sind Immunglobulin-Moleküle, die eine bestimmte Stelle auf dem Grippevirus erkennen und genau daran binden. Diese Erkennung beruht auf der Proteinstruktur. Durch Genumgruppierungen in den antikörperproduzierenden Zellen kann unser Körper genug verschiedene Proteinstrukturen schaffen, um mit Millionen unterschiedlicher Angreifer fertig zu werden.

Unglücklicherweise ist die Bedeutung der Proteinstruktur dann am offensichtlichsten, wenn etwas schiefgeht. Die Parkinson'sche Krankheit ist das Ergebnis falsch gefalteter Proteine in den Nervenzellen. Bei der Alzheimer-Krankheit untersuchen die Wissenschaftler noch, ob fehlgefaltete Proteine ihr Ursprung sind.

Funktion folgt Form

33 Enzymaktivität

Als biologische Katalysatoren steuern Enzyme Reaktionen, dazu gehören Stoffwechselprozesse in unserem Körper genauso wie die Reaktionen, mit denen sich Viren in unseren Zellen vervielfältigen. Zwei Modelle der Enzymaktivität haben unsere Vorstellungen darüber, wie Enzyme arbeiten, im letzten Jahrhundert geprägt. Beide versuchen zu erklären, warum jedes Enzym spezifisch für die Reaktion ist, die es katalysiert.

Der deutsche Biochemiker Emil Fischer hatte offenbar eine seltsame Vorliebe für heiße Getränke, er stellte die Purin-Verbindungen in Tee, Kaffee und Kakao in den Mittelpunkt seiner Forschungen. Irgendwann kam auch Zucker dazu – und Milch in Form von Lactose. Auf indirektem Weg führte ihn dies schließlich zur Untersuchung von Enzymen. Er zeigte 1894, dass die Hydrolyse-Reaktion, mit der Lactose in ihre zwei Zuckerbausteine gespalten wird, von einem Enzym katalysiert werden kann. Im selben Jahr veröffentlichte er eine Theorie, die aufzeigt, wie Enzyme arbeiten.

Schlüssel und Schloss   Enzyme sind die biologischen Katalysatoren (▶ Kap. 12), die in allen Lebewesen Reaktionen steuern. Fischers Schlüssel-Schloss-Prinzip beruhte auf der Beobachtung, dass einer seiner kostbaren Zucker in zwei leicht unterschiedlichen Formen (Isomeren, Box in ▶ Kap. 34) vorkommt. Die Spaltung der beiden Formen wurde von zwei Enzymen aus natürlichen Quellen katalysiert: Die Hydrolyse der „alpha-Version" gelang nur mit einem Enzym aus Hefe, und die Hydrolyse der „beta-Version" gelang nur mit einem Enzym aus Mandeln. Die beiden Zucker enthalten genau die gleichen Atome, die zum größten Teil gleich angeordnet sind, doch sie passten nicht beide zum gleichen Enzym. Fischer betrachtete die beiden Formen der Zucker als „Schlüssel", die nur in das richtige Schloss passen.

Diese Theorie dehnte er aus auf Enzyme und ihre Substrate (die „Schlüssel") im Allgemeinen. Damit entwickelte Fischer das erste Modell der Enzymaktivi-

Zeitleiste

1894	1926
Hermann Emil Fischer beschreibt das Schlüssel-Schloss-Prinzip der Enzymaktivität	James Sumner gelingt die erste Kristallisation eines Enzyms (Urease)

tät, das eine entscheidende Eigenschaft von Enzymen erklärt: ihre Spezifizität. Erst Jahrzehnte nach Fischers Tod wurde dieses Modell gekippt. Doch bis dahin gab es noch mehr über Enzyme herauszufinden.

Widerlege sie! Ein Zusammenhang, der die Enzyme betrifft, war Fischer nicht bewusst. Enzyme haben alle denselben molekularen Hintergrund, es sind Proteine (▶ Kap. 32), die aus Aminosäuren zusammengesetzt sind. Für James Sumner, einen anderen charismatischen Chemiker, war das offensichtlich, doch er musste schwierige Zeiten durchstehen, bis er es beweisen konnte. Sumner war ein Dickkopf: Obwohl ihm nach einem Unfall in der Kindheit der linke Arm oberhalb des Ellbogens amputiert werden musste, setzte er sich in den Kopf, sich in Sport hervorzutun. Er gewann schließlich den Pokal des Cornell Faculty Tennis Club. Die Dickköpfigkeit bezog sich auch auf seine Forschung. Nachdem ihm mehrere Leute gesagt hatten, es sei töricht, ein Enzym isolieren zu wollen, setzte er sich daran und versuchte es erst recht. Er arbeitete neun Jahre daran.

Im Jahr 1926 schaffte er als Erster, ein Enzym zu kristallisieren, die Urease der Jackbohne, die er isoliert hatte. (Mithilfe einer Urease kann das Bakterium *Helicobacter pylori* im menschlichen Magen gedeihen, wo es Magengeschwüre verur-

---

Das aktive Zentrum

Das aktive Zentrum eines Enzyms ist der Bereich, in dem das Substrat festgehalten wird und in dem die Reaktion zwischen Enzym und Substrat erfolgt. Es kann aus nur wenigen Aminosäuren bestehen. Jede Strukturänderung des aktiven Zentrums ändert auch die Passform des Substrats und damit die Wahrscheinlichkeit, dass die Reaktion stattfindet. Den pH-Wert zu erhöhen oder zu senken führt zum Beispiel dazu, dass sich die Zahl an Protonen (H^+) in der Umgebung verändert (▶ Kap. 11). Diese Protonen beeinflussen manche Atomgruppen der Aminosäuren im aktiven Zentrum und ändern deren Strukturen. Jedes Molekül, das an einem Enzym das aktive Zentrum direkt blockiert, wird „kompetitiver Inhibitor" genannt, denn es konkurriert mit dem Substrat. Es gibt auch Moleküle, die an anderen Stellen binden und die Gesamtstruktur des Enzyms verändern, sodass es unbrauchbar wird. Sie heißen „nichtkompetitive Inhibitoren". Auch genetische Veränderungen können die Enzymaktivität beeinträchtigen, insbesondere wenn sie zu Änderungen der Aminosäuren im aktiven Zentrum führen. Beim Gaucher-Syndrom treten zum Beispiel Veränderungen an einem Enzym namens Cerebrosidase auf, sein Substrat häuft sich deshalb in den Organen an. Es ist jedoch möglich, das defekte Enzym zu ersetzen – rund 10 000 Menschen mit Gaucher-Syndrom auf der ganzen Welt erhalten eine Enzymersatztherapie.

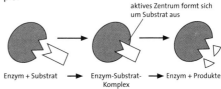

aktives Zentrum formt sich um Substrat aus

Enzym + Substrat → Enzym-Substrat-Komplex → Enzym + Produkte

1930
John Howard Northrup berichtet über die Kristallisation von Pepsin

1946
James Sumner erhält den Nobelpreis für Chemie

1958
Daniel Koshland Jr. schlägt das „Induced-fit-Modell" der Enzymaktivität vor

1995
Kristallstruktur der Urease wird bestimmt

sacht. Das Enzym zersetzt Harnstoff – engl. *urea* –, dadurch steigt lokal der pH-Wert an, und das Bakterium lebt behaglicher.) Als niemand Sumners Behauptung glauben wollte, dass die Urease ein Protein ist, setzte er alles daran, die wissenschaftliche Welt zu überzeugen, und veröffentlichte zehn Artikel zu diesem Thema – nur um sicherzustellen, dass es um eine unbestrittene Tatsache geht. Schließlich erhielt er den Nobelpreis für Chemie.

Eine bessere Passform Zu dieser Zeit war das Schlüssel-Schloss-Prinzip noch die gängige Erklärung für die Enzymaktivität. Wenn die Urease das Schloss war, so war Harnstoff der Schlüssel. In den 1950er-Jahren erweiterte der amerikanische Biochemiker Daniel Koshland Fischers Modell. Sein Induced-fit-Modell hat bis heute Bestand. Koshland passte das starre Schloss von Fischers Theorie an die Tatsache an, dass Enzyme aus Proteinketten mit flexiblen Strukturen bestehen.

Proteine und Enzyme können durch äußere Bedingungen wie die Temperatur – oberhalb der Körpertemperatur fällt die Aktivität menschlicher Enzyme drastisch ab – und die Anwesenheit anderer Moleküle beeinflusst werden. Koshland stellte fest, dass Enzyme ihre Form verändern, wenn sie auf ein Substratmolekül treffen: Sie nähern ihre Form dem Substrat an, sodass eine engere Anlagerung möglich wird, die „induzierte Anpassung" oder *induced fit*. Die Anpassung geschieht im Bereich des aktiven Zentrums, also dem kleinen Bereich, in dem sich Fischers Schloss befindet. Harnstoff schlüpft also nicht einfach so in das Urease-Protein. Er versucht eher, es sich auf einem Sack Bohnen bequem zu machen, indem er hin und her rutscht.

> **Eine Reihe von Menschen wies mich darauf hin, dass mein Bestreben, ein Enzym zu isolieren, närrisch sei, doch durch diese Hinweise war ich umso sicherer, dass, falls sie erfolgreich war, die Suche sich lohnen würde.**
> **James Sumner**

Das Induced-fit-Modell hat erweiterte Bedeutung bekommen, es ist wichtig, um Bindungs- und Erkennungsprozesse in der Biologie zu verstehen. Es hilft uns zum Beispiel, zu verstehen, wie Hormone an ihre Rezeptoren binden und wie manche Arzneistoffe funktionieren. HIV-Wirkstoffe wie Nevirapin und Efavirenz wirken, indem sie an ein Enzym namens Reverse Transkriptase binden, mit dem das Virus innerhalb der menschlichen Zelle DNA herstellen kann, um sich zu vermehren. Die Wirkstoffe binden an eine Stelle in der Nähe des aktiven Zentrums, wo sie eine Veränderung der Struktur verursachen. Damit verhindern sie, dass das Enzym seine Aufgabe erfüllen kann; das Virus kann keine neue DNA herstellen und sich nicht vermehren.

Enzyme in der Industrie

In den verschiedensten industriellen Bereichen werden Enzyme eingesetzt, um Reaktionen zu katalysieren. Waschmittel enthalten Enzyme, die die Bestandteile von Flecken zersetzen. Sie arbeiten auch bei niedrigen Temperaturen und helfen uns, beim Waschen Energie zu sparen. Die Nahrungsmittel- und Getränkeindustrie nutzt Enzyme, um eine Art von Zucker in eine andere Art umzuwandeln. Das Problem dabei ist, dass Enzyme ja Proteine sind und nur in engen Temperatur-, Druck- und pH-Bereichen arbeiten, die ständig kontrolliert werden müssen.

Beide Modelle der Enzymaktivität werden in den Schulen unterrichtet. Sie sind hervorragende Beispiele dafür, wie sich das wissenschaftliche Denken weiterentwickelt, sobald neue Erkenntnisse zum Vorschein kommen. Daniel Koshlands Erweiterung von Fischers Modell beruhte zum Teil auf Erkenntnissen über die Flexibilität der Proteinstruktur und verschiedenen Modellanomalien, die ihn auf den Gedanken brachten, dass mit der bisherigen Theorie etwas nicht stimmte. Koshland hatte jedoch größten Respekt vor Fischer, der auch „Vater der Biochemie" genannt wird, und betonte stets, dass er selbst nur auf Fischers Arbeiten aufgebaut habe. Bewegend schrieb er: „Es heißt, jeder Wissenschaftler steht auf den Schultern der Giganten, die vor ihm waren. Es kann keinen ehrenvolleren Platz geben, als auf den Schultern von Emil Fischer zu stehen."

Worum es geht
Natürliche Katalysatoren

34 Zucker

Zucker sind die Brennstoffe der Natur. Zusammen mit Proteinen und Enzymen gehören sie zu den wichtigsten Biomolekülen. Zucker geben unseren Muskeln die Energie, um sich zu bewegen, und unseren Hirnen die Energie, um zu denken. Doch sie lassen uns auch dick werden und ermöglichen es Viren, in unsere Zellen einzudringen.

Bestellen Sie manchmal spät in der Nacht noch beim Pizzaservice und nehmen sich mit schlechtem Gewissen vor, dafür morgens Joggen zu gehen, um die zusätzlichen Kalorien zu verbrennen? Mit dem Ausdruck „Verbrennen" beziehen wir uns in der Regel auf die chemischen Reaktionen, über die unser Körper Zucker abbaut, um uns mit Energie zu versorgen. Wie Kohle sind auch Zucker Brennstoffe, und es ist Sauerstoff nötig, um sie effizient zu verbrennen und Energie, Kohlendioxid und Wasser zu erhalten. Wir Menschen müssen Zucker über die Nahrung zu uns nehmen, doch Pflanzen können ihre Zucker über die Photosynthese selbst herstellen (▶ Kap. 37); die meisten Zucker in unseren Nahrungsmitteln stammen von Pflanzen.

Doch Zucker sind nicht nur die Brennstoffe der Natur. Im Wissen, dass die Vorräte an Kohle, Öl und Gas endlich sind, entwerfen wir Menschen zunehmend Maßnahmen, mit denen wir in großem Maßstab Energie aus Pflanzen gewinnen können. Die Biokraftstoffindustrie verspricht, erneuerbare Energien zur Verfügung zu stellen, die aus Zuckern und komplexen Zucker-Verbindungen wie Stärke und Cellulose stammen. Diese Verbindungen entnimmt sie Pflanzen und Pflanzenabfällen – und konkurriert mit dem Anbau von Nahrungsmitteln um die Landflächen.

Neben der Energiegewinnung werden Zucker in der Natur für weitere Zwecke eingesetzt. In Form von Ribose sind sie zentraler Bestandteil der DNA- und RNA-Moleküle, die den genetischen Code tragen. Zucker und Proteine bilden gemeinsam Rezeptoren an der Zelloberfläche – die zum Beispiel Viren erlauben, in die Zelle einzudringen – und können wie Hormone Nachrichten an ent-

Zeitleiste

1747	1802	1888
Alexander Markgraf isoliert kristalline Stoffe aus der Zuckerrübe und aus Zuckerrohr und stellt Vergleiche an	erste Raffinerie für Zuckerrüben geht in Betrieb	Hermann Emil Fischer entdeckt die Zusammenhänge zwischen Glucose, Fructose und Mannose

fernte Zellen weitergeben. Überraschenderweise nutzen Pflanzen Zucker zur Zeitbestimmung.

Achten Sie auf die Endung „-ose"

Der Zucker, den wir in unseren Tee oder Kaffee löffeln, heißt „Saccharose". Das ist der gleiche Zucker, den Pflanzen als Energiespeicher benutzen und den wir aus Zuckerrüben oder Zuckerrohr isolieren. Doch für den Chemiker gibt es viele verschiedene Zucker. Wir können sie zum Beispiel in der Liste der Inhaltsstoffe unserer Nahrungsmittel durch ihre Endung „-ose" erkennen: Glucose, Fructose, Saccharose (Sucrose), Lactose. Chemisch betrachtet sind sie alle Kohlenhydrate – hydratisierte („mit Wasser verbundene") Kohle. Manche sind kurze Ketten und andere sind ringförmig, allen gemeinsam ist jedoch ein Kohlenstoff-Atom, das über eine Doppelbindung mit einem Sauerstoff-Atom verbunden ist (▶ Box: Zucker und Stereoisomere). Emil Fischer, der Chemie-Nobelpreisträger, der für die Zuckerchemie Pionierarbeit leistete, erkannte 1888 als Erster die Zusammenhänge zwischen Glucose, Fructose und Mannose.

Die nicht so leicht erkennbaren Formen sind diejenigen, bei denen Zuckermoleküle zu langen Polymer- oder Polysaccharidketten aneinandergereiht sind. Ein Beispiel ist Maltodextrin, ein Polymer aus Glucose-

---

Zucker und Stereoisomere

Das Bild unten zeigt zwei Arten von Glyceraldehyd, einem Einfachzucker (Monosaccharid). Wie Glucose enthält auch Glyceraldehyd eine Aldehyd-Gruppe (–CHO). Alle Zucker enthalten entweder eine Aldehyd- oder eine Keto-Gruppe. Bei einer Keto-Gruppe ist das Kohlenstoff-Atom, das das Sauerstoff-Atom trägt, mit zwei anderen Kohlenstoff-Atomen verknüpft; in einer Aldehyd-Gruppe dagegen ist dieses Kohlenstoff-Atom mit einem Wasserstoff- und einem Kohlenstoff-Atom verbunden. Die beiden Glyceraldehyde unten sehen sich sehr ähnlich, nur –OH und –H scheinen bei der D- und der L-Form vertauscht. Es ist nicht möglich, die L-Form so zu verdrehen, dass sie zur D-Form wird. Das liegt daran, dass die beiden Moleküle Stereoisomere sind. Die Atome und die Verknüpfungen sind identisch, doch die dreidimensionale Anordnung unterscheidet sich. Eine Spezialform der Stereoisomere sind die Enantiomere, bei denen die Stereoisomere Spiegelbilder voneinander sind (▶ Kap. 18). Die Regeln, wie Stereoisomere auf Papier dargestellt werden, wurden 1891 von Emil Fischer entwickelt, als er Zucker untersuchte.

1892

Emil Hermann Fischer entwickelt dreidimensionale Strukturen für 16 Hexose-Zucker

1902

Emil Hermann Fischer erhält den Nobelpreis für Chemie für seine Arbeiten über Zucker und DNA-Basen

2014

Chemiker künden ein tragbares Gerät zur Blutzuckerbestimmung an

Auf Zucker testen

Für diejenigen von uns, die an Diabetes leiden oder Gewicht verlieren wollen, ist es wichtig, die Zuckermenge im Blut messen zu können. Chemiker und Ingenieure des Unternehmens Glucovation verkündeten 2014, sie entwickelten in gemeinsamer Anstrengung das erste tragbare Gerät, das über den ganzen Tag hinweg den Blutzuckerspiegel ermitteln kann. Anstatt für jede Bestimmung erneut Blut abzunehmen, sollen Diabetiker (und Gesundheitsfanatiker) mit einer Blutprobe pro Woche auskommen und dennoch ihre Blutzuckerspiegel rund um die Uhr am Smartphone ablesen können.

Einheiten aus Mais oder Weizen. Es wird Sportlernahrung und Energiegels beigemischt. Wissenschaftler arbeiten auch an biologisch abbaubaren Batterien, die Maltodextrin als Energiequelle nutzen. Wie in der Natur steuern auch bei diesen Batterien Enzyme die energieliefernden Reaktionen anstelle der teuren katalytischen Metalle konventioneller Batterien.

Auf die eine oder andere Art Für den Menschen ist wohl die wichtigste Form von Zucker die Glucose, ein einfaches Monosaccharid, das also nur aus einer Zuckerart besteht. Saccharose ist dagegen ein Disaccharid, denn es enthält Glucose und Fructose, die über eine glykosidische Bindung verknüpft sind. Der enzymgesteuerte Prozess, über den wir aus dem Zucker in unserer Nahrung Energie erhalten, ist eine komplizierte, mehrstufige Reaktion, die in unseren Zellen stattfindet.

Die Reaktionsgleichung lautet:

$$C_6H_{12}O_6 + 6\,O_2 \rightarrow 6\,CO_2 + 6\,H_2O$$

Glucose + Sauerstoff → Kohlendioxid + Wasser (+ Energie)

In Wirklichkeit ist es ein bisschen komplizierter, doch diese Gesamtgleichung nennt uns zumindest die Ausgangsstoffe und Endprodukte. Sauerstoff ist wichtig bei dieser Reaktion, denn ohne Sauerstoff wird die Glucose nicht so effizient verbrannt – dann entsteht Milchsäure (Lactat). Auch Hefen produzieren bei der Gärung Lactat (▶ Kap. 14), und es hängt mit unserer Muskelermüdung beim Sport zusammen. Unser Körper kann aus Lactat zwar Energie gewinnen, doch die Ausbeute ist viel geringer.

In den Sportwissenschaften ist das Interesse groß, das Zusammenspiel des anaeroben und aeroben Abbaus von Glucose (ohne und mit Sauerstoff) beispielsweise während eines Wettlaufs zu verstehen. Sowohl bei 400-m- als auch bei 800-m-Läufen nutzen die Wettkämpfer aerobe Energie, die ihre Zellen auf dem normalen Weg zur Verfügung stellen. Doch die Muskeln erhalten nicht genug Sauerstoff und müssen auch anaerob Energie gewinnen. Der Anteil des aeroben Energiestoffwechsels übersteigt nach etwa 30 Sekunden des Laufs den anaeroben Anteil. Ein Leistungssportler, der 400 m in 45 Sekunden läuft, wird deshalb die meiste Energie aus Lactat gewinnen. Die Energie des 800-m-Läufers kommt dagegen hauptsächlich aus dem „normalen", glucoseabbauenden System.

Die Zuckeruhr Obwohl Zucker wichtige Energiequellen sind, ist uns allen bewusst, dass unsere Zuckerspiegel stets ausgeglichen sein müssen. Ein Überschuss an Glucose wird in der Leber und den Muskeln in Form von Glykogen, einem Polysaccharid, gespeichert. Das ist gut, wenn Sie wie oben erwähnt ein 400-m-Läufer sind, der alles davon verbrauchen wird. Wenn jedoch zu viel Zucker nicht gebraucht wird, baut der Körper ihn zu Fett um und deponiert es als energiereichen Brennstoffspeicher in den Fettzellen – für den Fall, Sie beginnen plötzlich mit einem Marathontraining. Das Gehirn jedoch kann nur Glucose verarbeiten – eine gute Entschuldigung, wenn Sie an einem Nachmittag mit Schreibtischarbeit Heißhunger auf Kuchen verspüren.

Sie fragen sich immer noch, wie Pflanzen mithilfe von Zucker die Zeit bestimmen? Nun, 2013 entdeckten Wissenschaftler der Universitäten York und Cambridge, England, dass Pflanzen den Aufbau von Zuckern im Laufe des Tages einsetzen, um ihren Tagesrhythmus einzustellen. Bei Sonnenaufgang beginnt die Photosynthese. Zucker wird synthetisiert und gespeichert, bis schließlich ein Schwellenwert erreicht ist, der der Pflanze sagt, dass der Sonnenuntergang naht. Die Wissenschaftler zeigten, dass bei Pflanzen, die keine Photosynthese betreiben können, die Tagesrhythmen verworren sind. Die Uhren werden aber neu gestellt, sobald diese Pflanzen Saccharose erhalten.

> **❜ ... Zucker, das erste organisch-chemische Produkt der Natur, aus dem alle anderen Bestandteile der Pflanze und des tierischen Körpers gebildet werden. ❛**
> **Emil Hermann Fischer**

Worum es geht
Freund und Feind

35 DNA

James Watson und Francis Crick werden oft als die Hauptdarsteller in der Geschichte der DNA bezeichnet. Wir sollten jedoch nicht vergessen, dass die frühe Forschung zu den chemischen Bestandteilen der Zellen zum Teil entscheidend war für die Entdeckung des genetischen Materials – und vielleicht sogar interessanter.

Einem durchschnittlichen Menschen würde sich der Magen umdrehen bei dem Gedanken, das eitergetränkte Verbandmaterial anderer durchzusehen. Doch Friedrich Miescher war kein durchschnittlicher Mensch. Er war ein Mensch, der sich so sehr für eine Sache – Eiter – interessierte, dass er ihr einen Großteil seines Arbeitslebens widmete. Er war auch ein Mensch, der bereit war, Schweinemägen auszuspülen und auf nächtlichen Fischfang zu gehen, um kaltes Lachssperma zu erhalten.

Mieschers Ziel war es, möglichst reine Proben einer Substanz zu bekommen, die er „Nuclein" nannte. Obwohl Miescher als Arzt ausgebildet war, arbeitete der Schweizer ab 1868 in der biochemischen Arbeitsgruppe von Felix Hoppe-Seyler an der Universität Tübingen. Dort begann er, sich für die chemischen Bestandteile in Zellen zu begeistern. Diese Begeisterung hielt sein Leben lang an, und wenn Miescher auch nicht der bekannteste unter den Wissenschaftlern ist, deren Namen wir mit der Erforschung der DNA verbinden (James Watson und Francis Crick, die die DNA-Struktur vorschlugen, sind weit bekannter), gehören seine Entdeckungen sicherlich zu den wichtigsten.

Eiter und Schweinemägen Mieschers Betreuer, Hoppe-Seyler, interessierte sich für Blut. Mieschers frühe Untersuchungen konzentrierten sich deshalb auf weiße Blutzellen, die er, so fand er heraus, in großer Zahl aus dem Eiter, der in Wundverbände sickert, gewinnen konnte. Er bekam die Verbände frisch von einem nahegelegenen Krankenhaus. Zufällig wurde als Verbandmaterial seit Kurzem Baumwolle verwendet, die den Eiter hervorragend aufnahm. Zu dieser

Zeitleiste

1869	1952	1953
Friedrich Miescher isoliert „Nuclein" (DNA) aus weißen Blutzellen	DNA wird als Trägerin des genetischen Materials bestätigt	Doppelhelix-Struktur der DNA wird veröffentlicht

Zeit hatte Miescher nicht die Absicht, das Erbmaterial zu identifizieren, er hoffte nur, mehr über die chemischen Stoffe in Zellen zu erfahren.

Irgendwann während seiner Untersuchungen erhielt Miescher einen Niederschlag, der einem Protein zwar ähnlich war, den er aber keinem der bekannten Proteine zuordnen konnte. Die Substanz schien aus dem Zellkern (Nucleus) zu stammen, der Masse im Zentrum der Zellen. Sein Interesse an dieser Substanz wuchs, er versuchte mit verschiedenen Verfahren, sie zu isolieren. An diesem Punkt kamen die Schweinemägen ins Spiel. Schweinemägen sind eine gute Quelle für Pepsin, ein Enzym, das Proteine abbaut. Miescher setzte es ein, um viele Zellbestandteile zu zersetzen. Um an das Pepsin zu kommen, spülte Miescher die Mägen mit Salzsäure. Mithilfe des Pepsins erhielt Miescher schließlich eine ziemlich reine Probe einer grauen Substanz, das „Nuclein". Sie enthielt, was uns heute als „DNA" bekannt ist.

> **DNA und RNA gibt es mindestens seit ein paar Milliarden Jahren. All diese Zeit war die Doppelhelix da und am Werk, und doch sind wir die ersten Kreaturen auf der Erde, denen ihre Existenz bewusst wird.**
> **Francis Crick**

Micscher war sich sicher genug, dass dieses Nuclein eine wesentliche Rolle für das Verständnis der Chemie des Lebens spielt, sodass er eine Elementaranalyse durchführte. Er ließ es mit verschiedenen Stoffen reagieren und wog die Produkte aus, er versuchte so herauszufinden, woraus Nuclein besteht. Ein chemisches Element, Phosphor, schien in ungewöhnlich hoher Menge enthalten zu sein. Diese Entdeckung überzeugte Miescher davon, dass er ein völlig neues organisches Molekül gefunden hatte. Er ermittelte sogar die Mengen von Nuclein, die während der verschiedenen Phasen des Zellzyklus in einer Zelle vorhanden sind, und entdeckte, dass kurz vor der Zellteilung der Gehalt am höchsten ist. Dies war ein starker Hinweis auf seine Rolle bei der Informationsübermittlung, und Miescher dachte tatsächlich darüber nach, dass Nuclein mit der Vererbung zu tun haben könnte. Doch er verwarf die Idee wieder, da er nicht glauben konnte, dass eine einzelne chemische Verbindung all die Information enthalten könnte, die für so viele verschiedene Lebensformen nötig ist. Dennoch setzte Miescher seine Untersuchung des Nucleins fort und fand es im Sperma von Lachs, den er aus dem Rhein zog, und später ebenso in Karpfen-, Frosch- und Hühnersperma.

1972	**1985**	**2001**	**2010**
Paul Berg fügt DNA-Moleküle aus Genen von verschiedenen Organismen zusammen	Polymerase-Kettenreaktion (PCR), eine Methode, mit der Millionen Kopien von DNA erstellt werden können	Abschluss des Humangenom-Projekts	Craig Venter erschafft ein künstliches Genom und setzt es in eine Zelle ein

Das Puzzle zusammensetzen Eines der Probleme an Mieschers Arbeiten war, dass sie gegen die Annahme verstießen, Protein sei das Erbmaterial. Zu Beginn des 20. Jahrhunderts wandte sich die Aufmerksamkeit wieder dem Protein zu. Zu dieser Zeit waren die Bestandteile von Nuclein – der DNA – bereits geklärt: Phosphorsäure (die zum „Rückgrat" der DNA gehört und verantwortlich ist für die hohen Phosphoranteile, die Miescher berechnete), Zucker und die fünf Basen (von denen wir heute wissen, dass sie für den genetischen Code verantwortlich sind). Doch die Theorien zu Protein als Erbmaterial schienen überzeugender. Die zwanzig verschiedenen Aminosäuren der Proteine boten größere chemische Vielfalt und konnten daher eher die enorme Vielfalt des Lebens erklären.

Die Geheimnisse der DNA wurden ab den 1950er-Jahren allmählich enthüllt, als innerhalb weniger Jahre bestätigt wurde, dass DNA das genetische Material ist, das Viren bei der Infektion von Bakterien übertragen, und die Doppelhelix-Struktur von James Watson und Francis Crick vorgeschlagen wurde. Der Beitrag, den eine aufgeweckte junge Chemikerin und Kristallographin (▶ Kap. 22) namens Rosalind Franklin zu der Struktur geleistet hat, die schließlich in der Zeitschrift *Nature* veröffentlicht wurde, ist lange übersehen worden. Es war

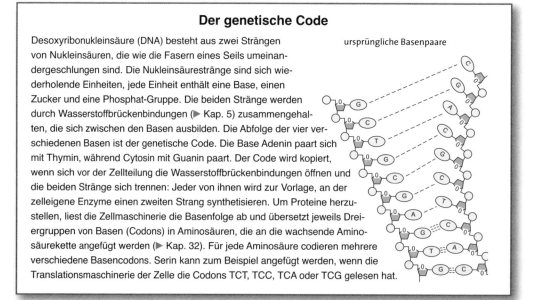

Der genetische Code

Desoxyribonukleinsäure (DNA) besteht aus zwei Strängen von Nukleinsäuren, die wie die Fasern eines Seils umeinandergeschlungen sind. Die Nukleinsäurestränge sind sich wiederholende Einheiten, jede Einheit enthält eine Base, einen Zucker und eine Phosphat-Gruppe. Die beiden Stränge werden durch Wasserstoffbrückenbindungen (▶ Kap. 5) zusammengehalten, die sich zwischen den Basen ausbilden. Die Abfolge der vier verschiedenen Basen ist der genetische Code. Die Base Adenin paart sich mit Thymin, während Cytosin mit Guanin paart. Der Code wird kopiert, wenn sich vor der Zellteilung die Wasserstoffbrückenbindungen öffnen und die beiden Stränge sich trennen: Jeder von ihnen wird zur Vorlage, an der zelleigene Enzyme einen zweiten Strang synthetisieren. Um Proteine herzustellen, liest die Zellmaschinerie die Basenfolge ab und übersetzt jeweils Dreiergruppen von Basen (Codons) in Aminosäuren, die an die wachsende Aminosäurekette angefügt werden (▶ Kap. 32). Für jede Aminosäure codieren mehrere verschiedene Basencodons. Serin kann zum Beispiel angefügt werden, wenn die Translationsmaschinerie der Zelle die Codons TCT, TCC, TCA oder TCG gelesen hat.

ursprüngliche Basenpaare

Franklin, die am King's College in London die Aufnahmen von DNA machte, die zur Entdeckung der Struktur führten. Ihr Kollege Maurice Wilkins hatte die Bilder Watson gezeigt, ohne Franklin zu fragen. Franklin dagegen war es nicht einmal erlaubt, ihr Mittagessen im selben Raum einzunehmen wie die männlichen Wissenschaftler. Hätte sie nicht die Unterstützung ihrer Mutter und ihrer Tante gehabt, hätte sich ihr Vater geweigert, für ihre Ausbildung zu zahlen, denn er hielt nichts von einer akademischen Ausbildung für Frauen.

Nukleotide

Die Kombination aus einer DNA-Base mit ihrem Zucker und einer Phosphat-Gruppe wird Nukleotid genannt. Genau genommen sind die Nukleotide der DNA Desoxyribonukleotide, denn das Zuckermolekül ist Desoxyribose. In RNA – der einzelsträngigen Version, mit deren Hilfe Zellen den DNA-Code in Proteine „übersetzen" – ist der Zucker Ribose, das zugehörige Nukleotid ist ein Ribonukleotid. Oligonukleotide sind kurze Ketten von miteinander verbundenen Nukleotiden.

Das DNA-Wörterbuch   Die Aufklärung der DNA-Struktur löste noch nicht das Geheimnis um das Erbmaterial. Mehr als ein halbes Jahrhundert, nachdem Miescher im Alter von 51 Jahren an Tuberkulose gestorben war, war noch immer nicht klar, wie sich die Vielfalt des Lebens aus Nukleinsäuren ergeben sollte. Nachdem Watson, Crick und Wilkins 1962 den Nobelpreis für ihre Strukturaufklärung erhalten hatten, wurde der Preis 1969 an Robert Holey, Har Gobind Khorana und Marshall Nirenberg verliehen, die schließlich den genetischen Code geknackt hatten. Sie konnten zeigen, wie die chemische Struktur der DNA in die chemische Struktur und Komplexität der Proteine übersetzt wird. Doch trotz der vollständigen Sequenzierung des menschlichen Genoms wissen wir von vielen DNA-Bereichen auch noch heute nicht, was sie bedeuten.

Worum es geht
Chemische Kopien vom Code des Lebens

36 Biosynthese

Viele der chemischen Verbindungen, die wir täglich nutzen, von lebensrettenden Antibiotika bis zu den Farbstoffen unserer Kleidung, haben wir anderen Lebewesen abgeschaut. Die Verbindungen können wir direkt von diesen Lebewesen gewinnen. Wenn wir jedoch ihre Biosynthesewege herausfinden, können wir sie im Labor selbst herstellen, durch chemische Reaktionen oder mithilfe von anderen Organismen wie Hefen.

Im Januar 2002 kämpfte sich eine Gruppe von südkoreanischen Wissenschaftlern durch den Wald von Yuseong in Daejeon, Südkorea, um Proben des Waldbodens zu sammeln. Sie entnahmen Stichproben vom Oberboden zwischen den Kiefern und von der lockeren Erde um die Wurzeln der Pflanzen. Doch sie interessierten sich nicht für den Boden selbst, sondern für die Millionen von Lebewesen, die darin leben. Ihr Interesse galt Bakterien, die interessante Verbindungen produzieren, die die Wissenschaft noch nicht kennt.

Zurück im Labor, isolierten sie die DNA dieser Mikroorganismen, zusammen mit der DNA von Bakterien aus dem Wald des Jindong Valley, und übertrugen schließlich zufällige Stückchen davon in *Escherichia coli*. Als die *E.-coli*-Zellen heranwuchsen, stellten die Wissenschaftler etwas Seltsames fest: Manche der *Coli*-Kolonien waren purpurfarben. Das war es nicht, was sie gesucht hatten. Eigentlich hatten sie gehofft, Bakterien zu finden, die Wirkstoffe gegen Mikroorganismen produzieren. Stoffe, die als Arzneistoff eingesetzt werden könnten – ein bisschen wie Alexander Fleming, als er Penicillin, das erste Antibiotikum, im Schimmelpilz *Penicillium* entdeckte.

Nachdem sie die Purpurfarbstoffe gereinigt und verschiedenen spektralen Analysen unterzogen hatten – dazu gehörten Massenspektrometrie und NMR-Spektroskopie (▶ Kap. 21) – wurde den Wissenschaftler klar, dass sie nicht einmal neue Farbstoffe gefunden hatten. So sonderbar es klang, die Farbstoffe waren Indigoblau und das rote Indirubin, zwei Verbindungen, die normaler-

Zeitleiste

1897	1909	1928
Ernest Duchesne entdeckt, dass der Schimmelpilz *Penicillium* Bakterien töten kann	chemische Analyse des Purpurfarbstoffs	Alexander Fleming (wieder-) entdeckt Penicillin

weise von Pflanzen produziert werden. Offensichtlich wurden sie hier von Bakterien hergestellt.

Naturstoffe Diese Geschichte ist ein interessantes Beispiel für Biosynthese – die Synthese von Naturstoffen –, denn sie zeigt, wie biologische Arten von völlig unterschiedlichen Zweigen des stammesgeschichtlichen Baumes dennoch dieselben Stoffe produzieren können. Die australische Purpurschnecke und viele andere marine Weichtiere stellen ebenfalls einen Farbstoff her, der mit Indigo verwandt ist: Purpur, das wie Indigo seit der Antike zum Färben von Kleidung benutzt wird.

Der Begriff „Biosynthese" bezeichnet die biochemischen Stoffwechselwege – die oft eine Reihe verschiedener Reaktionen und Enzyme umfassen –, über die Lebewesen Stoffe herstellen. Chemiker beziehen sich meist auf von der Natur verwendete Schritte, die zu nützlichen und/oder wirtschaftlich wichtigen Produkten führen, wenn sie über Biosynthese sprechen. Das gilt gleichermaßen für Flemings Penicillin wie für Indigo und Purpur. Obwohl es inzwischen synthetische Indigo- und Purpurfarbstoffe gibt, wird Purpur noch immer unter großem Aufwand aus Schnecken extrahiert. Es werden 10 000 Schnecken der Art *Purpura lapillus* gebraucht, um ein Gramm Purpur zu isolieren. Dieses Gramm kostete 2013 die stolze Summe von 2440 €. Es gibt noch viele weitere Beispiele: Käsehersteller sind seit Jahrhunderten auf Naturstoffe angewiesen, die *Penicillium roqueforti*, ein Verwandter des penicillinproduzierenden Schimmelpilzes, bildet. Sie stellen mit ihrer Hilfe Blauschimmelkäse wie Roquefort und Stilton her.

Die meisten Naturstoffe, egal ob Antibiotikum oder Farbstoff, sind Verbindungen, die auch als sekundäre „Stoffwechselprodukte" bezeichnet werden. Primäre Stoffwechselprodukte sind für ein Lebewesen überlebensnotwendig, zu ihnen gehören Proteine und Nukleinsäuren. Sekundäre Stoffwechselprodukte haben auf den ersten Blick keinen offensichtlichen Nutzen für das Lebewesen (häufig ist es aber so, dass wir einfach noch nicht herausgefunden haben, worin

> **Die Natur als ein erfahrener, vielseitiger und tatkräftiger kombinatorischer Chemiker ... erntet über eine unbegrenzte Anzahl verschiedener und unvorhersehbarer Wege eine Reihe exotischer und effektiver Strukturen ...**
> János Bérdy, IVAX Drug Research Institute, Budapest, Ungarn

---

1942
Anne Miller wird als erste Patientin mit Penicillin behandelt

2005
Zahl der bekannten Naturstoffe erreicht rund eine Million

2013
Sanofi beginnt die Produktion des Anti-Malaria-Wirkstoffs Artemisinin

Wie kamen wir von Brotschimmel zu Penicillin?

Die Schimmelpilz-Art, aus der Alexander Fleming ursprünglich Penicillin isolierte, heißt *Penicillium notatum*. Es ist eine Art, die auch auf dem Brot in unserer Küche wachsen kann. Fleming und seine Kollegen versuchten jahrelang, Bedingungen zu finden, unter denen genug Penicillin produziert wird, um damit Patienten behandeln zu können. Zum Teil lag das Problem in der Aufreinigung des Penicillins, doch sie mussten schließlich erkennen, dass diese spezielle Pilz-Art einfach nicht genug Penicillin herstellt. Deshalb suchten sie nach anderen Arten. Schließlich fanden sie eine geeignete Art auf einer Cantaloupe-Melone: *Penicillium chrysogenum*. Nach verschiedenen Behandlungen mit Rönt-

Struktur von Penicillin
(R ist variabel)

genstrahlen und anderen mutationserzeugenden Verfahren verfügten sie schließlich über einen Schimmelpilz, der das Tausendfache des ursprünglichen Stammes an Penicillin produzieren konnte – und der auch heute noch im Einsatz ist.

der Nutzen liegt). Viele der sekundären Stoffwechselprodukte sind kleine Moleküle und spezifisch für einen bestimmten Organismus. Deshalb ist es interessant, herauszufinden, warum Pflanzen, Weichtiere und Bakterien chemisch ähnliche Farbstoffe herstellen. Niemand weiß, warum koreanische Waldboden-Bakterien blaue und rote Farbstoffe produzieren, und ebenso weiß niemand, warum es australische Meeresschnecken tun.

Bakterien mit Bakterien bekämpfen

Grobe Schätzungen besagen, dass seit Flemings Entdeckung des Penicillins 1928 mehr als eine Million verschiedene Naturstoffe von den verschiedensten Spezies isoliert wurden. Viele davon können gegen Mikroorganismen eingesetzt werden. Bodenbakterien wie jene von der koreanischen Untersuchung sind eine gute Antibiotikaquelle. Möglicherweise sind diese Stoffe eine chemische Waffe, um sich gegen andere Bakterien zu behaupten, die mit ihnen um Lebensraum und Nahrung konkurrieren. Vielleicht helfen die Stoffe aber auch bei der Kommunikation der Bakterien untereinander. Die Suche nach neuen Antibiotika wird mit dem Aufkommen neuer Stämme arzneistoffresistenter Mikroorganismen, wie multiresistentem *Mycobacterium tuberculosis*, immer dringender. Die Mikroorganismen selbst könnten deshalb die besten antimikrobiellen Wirkstoffe liefern.

Chemiker arbeiten nach dem Prinzip, dass sie den Syntheseweg eines Moleküls kopieren oder gar verbessern können, sobald bekannt ist, wie das Molekül im natürlichen Organismus synthetisiert wird. Sie verwenden deshalb viel Laborarbeit darauf, die Biosynthesewege von Pflanzen, Bakterien und anderen Organismen nachzuzeichnen. Auch der synthetische Anti-Malaria-Wirkstoff Artemisinin wurde so entwickelt. Die natürliche Quelle ist Einjähriger Beifuß, doch die Pflanze stellt nicht genug Wirkstoff her, um damit die Millionen von Menschen zu behandeln, die jedes Jahr von Malaria betroffen sind. Chemiker setzten also darauf, den vollständigen Biosyntheseweg nachzuvollziehen, mitsamt den beteiligten Genen und Enzymen. Sie konnten dadurch Hefezellen so umprogrammieren, dass sie Artemisinin herstellen. Das pharmazeutische Unternehmen Sanofi hat angekündigt, dass „halbsynthetisches" Artemisinin als Nonprofit-Produkt vertrieben werden soll.

> ### Purpur
>
> Bevor seine chemische Struktur aufgeklärt wurde, wurde der Farbstoff Purpur jahrhundertelang eingesetzt, um Kleidung von Königen und anderen, die es sich leisten konnten, einzufärben. Der deutsche Chemiker Paul Friedländer erhielt 1909 12 000 Purpurschnecken der Art *Bolinus brandaris*, aus denen er 14 Gramm des purpurnen Farbstoffs isolieren konnte. Er filtrierte, reinigte und kristallisierte den Farbstoff, und schließlich führte er eine Elementaranalyse durch, die die chemische Zusammensetzung enthüllte: $C_{16}H_8Br_2N_2O_2$.

Obwohl wir Purpur- und Indigofarbstoffe seit Tausenden von Jahren schätzen, haben wir die Biosynthesewege, über die die Natur sie herstellt, noch immer nicht völlig verstanden. Es gibt Stimmen, die sagen, der evolutionäre Zufall, durch den verschiedene Organismen ganz ähnliche Stoffe produzieren, sei gar kein Zufall. Tatsächlich befindet sich innerhalb der kleinen Drüse, aus der die Farbstoffhersteller Purpur gewinnen, eine weitere Drüse. Diese zweite Drüse ist randvoll mit Bakterien gefüllt. Noch ist es nur eine Theorie, doch möglicherweise haben sich Verwandte der koreanischen Purpurbakterien in den Drüsen der Meeresschnecken angesiedelt.

Worum es geht
Die Fertigungsanlage der Natur

37 Photosynthese

Als die Pflanzen begannen, Energie aus Licht zu gewinnen, verfielen sie auf einen raffinierten Trick. Die Photosynthese ist nicht nur der Ursprung der Energie, die wir über unsere Nahrungsmittel zu uns nehmen, sie ist auch der Ursprung des lebensnotwendigen Moleküls in der Atemluft: Sauerstoff.

Vor Milliarden von Jahren war die Atmosphäre der Erde eine erstickende Mischung von Gasen. Hätten wir damals gelebt, wir hätten nicht atmen können. Der Kohlendioxidanteil war viel höher als heute, doch es gab kaum Sauerstoff. Warum hat sich das geändert?

Die Antwort liegt bei den Pflanzen und Bakterien. Es wird vermutet, dass die ersten Organismen, die die Atmosphäre mit Sauerstoff angereichert haben, Vorläufer der Cyanobakterien waren: frei schwebendes Plankton, auch blaugrüne Algen genannt. Der Theorie zufolge wurde dieses Plankton, das durch Photosynthese Sauerstoff produzierte, während der Evolution von Pflanzenzellen vereinnahmt. Die Cyanobakterien wurden schließlich zu den Chloroplasten, Organellen innerhalb der pflanzlichen Zellen, die für die Photosynthese verantwortlich sind. Als die Pflanzen – mithilfe der versklavten Cyanobakterien – die Erde eroberten, führten sie enorme Mengen Sauerstoff in die Atmosphäre ab. Sehr schnell stieg der Sauerstoffgehalt so weit an, dass unsere Vorfahren sich entwickeln und atmen konnten. Damit haben erst die Pflanzen das Umfeld geschaffen, in dem wir Menschen leben können.

Chemische Energie Die Pflanzen vereinnahmten die Cyanobakterien jedoch nicht wegen ihrer Fähigkeit, Sauerstoff zu produzieren. Das wichtigere Produkt der Photosynthese war, zumindest für die Pflanzen, Zucker. Dieses Molekül kann als Brennstoff genutzt werden, es ist ein chemischer Energiespeicher. Bei der Synthese eines Moleküls Glucose in den Chloroplasten entstehen sechs Moleküle Sauerstoff:

Zeitleiste

1754	1845	1898
Charles Bonnet stellt fest, dass Blätter Bläschen bilden, wenn sie unter Wasser gehalten werden	Julius Robert Mayer behauptet, „Pflanzen wandeln Lichtenergie in chemische Energie um"	der Begriff „Photosynthese" wird allgemein anerkannt

$$6\,CO_2 + 6\,H_2O \rightarrow C_6H_{12}O_6 + 6\,O_2$$

Kohlendioxid + Wasser (+ Licht) → Glucose + Sauerstoff

Diese Gleichung ist nur eine Zusammenfassung der bei der Photosynthese ablaufenden Reaktionen, eine „Netto-Reaktion". Was in den Chloroplasten tatsächlich stattfindet, ist wesentlich ausgeklügelter. Der grüne Farbstoff Chlorophyll, der den Blättern der Pflanzen und den Cyanobakterien ihre Farbe verleiht, spielt dabei eine zentrale Rolle. Chlorophyll nimmt das Licht auf und setzt dadurch den Transfer der Lichtenergie von einem Molekül zum anderen in Gang. Chlorophyll absorbiert Licht aus verschiedenen Bereichen des Spektrums, reflektiert jedoch grünes Licht. Deshalb sind Blätter grün.

Kettenreaktion Wenn Licht auf die Chlorophyll-Moleküle trifft, gibt es Energie an sie ab. Diese Lichtenergie wird von Lichtsammelkomplexen, die zu Antennen angeordnet sind, an stärker spezialisierte Chlorophylle im Herzen der Reaktionszentren weitergeleitet. Elektronen der spezialisierten Chlorophylle setzen ganze Kaskaden von Elektronentransfers in Gang, die Elektronen werden wie eine heiße Kartoffel von einem Molekül zum anderen geschubst. Die Kette der Redox-Reaktionen (▶ Kap. 13) führt schließlich dazu, dass chemische Energie in Form von NADPH- und ATP-Molekülen produziert wird. Diese Moleküle werden dazu verwendet, Zucker aufzubauen, und dabei werden Wasser-Moleküle „gespalten" und Sauerstoff freigesetzt.

Es ist nicht einfach – oder sehr sinnvoll –, sich jedes einzelne Molekül zu merken, das die Elektronen in der Kaskade passieren, doch der Ort ist wesentlich. Die Reaktionen finden in Ansammlungen von Molekülen statt, die Photosysteme genannt werden (▶ Box: Photosystem I und II). Sie befinden sich in den Membranen der Chloroplasten, der versklavten Cyanobakterien. Während der Reaktionen werden Protonen (H^+) gebildet, die sich auf der einen Seite der Membran ansammeln. Von dort werden sie durch ein Protein auf die andere Seite der Membran gepumpt – und dieser Vorgang wird damit gekoppelt, ATP-Moleküle herzustellen.

> **Die Natur hat sich selbst die Aufgabe gestellt, das Licht, das zur Erde strömt, im Fluge aufzufangen und die flüchtigste aller Kräfte in starrer Form zu speichern.**
> **Julius Robert Mayer**

1955
Melvin Calvin und Kollegen entdecken den Stoffwechselweg von Kohlenstoff während der Photosynthese

1971
erste Untergliederung der Photosysteme – der Proteinkomplexe, die die Photosynthese steuern

2000
erstes Genom einer Pflanze veröffentlicht

Photosysteme I und II

Es gib zwei Arten von Proteinkomplexen, die bei der Photosynthese in Pflanzen mitwirken: Im einem Komplex wird Sauerstoff produziert, im anderen werden die energiereichen Moleküle NADPH und ATP gebildet. Diese Komplexe aus Enzymen heißen „Photosystem I und II". Auch wenn es nicht logisch scheint, beginnen wir die Erklärung besser mit Photosystem II. In diesem Photosystem wird ein spezialisiertes Paar von Chlorophyll-Molekülen, die P680-Pigmente, angeregt und stößt ein Elektron aus. P680 wird dadurch positiv geladen. In dieser Form kann es Elektronen von anderer Stelle aufnehmen. P680 entzieht deshalb Elektronen aus Wasser-Molekülen, die dann weiter zersetzt werden und Sauerstoff freisetzen. Gleichzeitig nimmt Photosystem I Elektronen auf, die Photosystem II abgestoßen hat, sowie aus den Chlorophyll-Molekülen, die

Licht eingesammelt haben. Das spezialisierte Paar von Chlorophyll-Molekülen in Photosystem I heißt P700, es stößt ebenfalls Elektronen aus und startet damit eine weitere Kette von Elektronentransfers. Schließlich fließen diese Elektronen zu einem Protein namens Ferredoxin, das $NADP^+$ reduziert, sodass NADPH, ein chemischer Energiespeicher, entsteht.

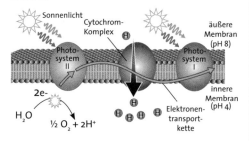

Kohlenstofffixierung   Die chemische Energie, die als ATP und NADPH in den Chloroplasten erzeugt wird, treibt einen Reaktionszyklus an, mit dem Kohlendioxid aus der Luft in Zucker umgewandelt wird. Diese Kohlenstofffixierung ist der Prozess, der verhindert, dass unsere Atmosphäre voller Kohlendioxid ist. Pflanzen erzeugen damit Zucker als Brennstoff, den sie zur Energiegewinnung in den Zellen nutzen oder zur Speicherung in Stärke umwandeln können.

Vielleicht denken Sie jetzt, dass Pflanzen über ein wenig mehr Kohlendioxid in der Atmosphäre ganz glücklich wären. Das könnte stimmen, wenn es sich allein um Kohlendioxid dreht. Unser aktuelles Problem ist jedoch, dass sich auch weitere Parameter ändern, zum Beispiel die Durchschnittstemperatur auf der Erde. Wenn alle Faktoren berücksichtigt werden, erwarten Wissenschaftler eher, dass das Pflanzenwachstum zurückgehen wird, anstatt sich zu steigern.

Besser als die Evolution   Pflanzen können die Energie des Lichts ziemlich gut nutzen, Glucose entsteht mit Reaktionsgeschwindigkeiten von Millionen Molekülen pro Sekunde. Dafür, dass sie viele Millionen Jahre Zeit hatten, das Verfahren zu optimieren, ist es aber nicht sehr effizient. Wenn wir die Energie, die über die Photonen des Lichts in die Photosynthese eingeht, mit der Energie vergleichen, die letztendlich als Glucose gespeichert wird, gibt es da einen großen Unterschied. Wenn all die Energie, die verloren geht oder die Reaktionen anschiebt, mit einberechnet wird, liegt die Effizienz nur bei fünf Prozent. Und das ist nur die maximal möglich Effizienz, die meiste Zeit über ist der Wirkungsgrad geringer.

Können wir Menschen, nach weniger als einer Million Jahren auf dem Planeten, es denn besser? Können wir die Energie des Sonnenlichts nutzen und effizienter in Brennstoffe überführen als Pflanzen? Mit diesen Fragen beschäftigen sich Wissenschaftler, um unsere Energieversorgung zu sichern. Neben Solarzellen (▶ Kap. 43) gibt es auch die Idee einer „künstlichen Photosynthese" (▶ Kap. 50) – ein Verfahren, mit dem Wasser-Moleküle gespalten werden, wie es Pflanzen tun. Anstelle von Zucker soll jedoch Wasserstoff als Brennstoff oder zur Herstellung anderer Brennstoffe erzeugt werden.

Energie ohne Sonnenlicht

Generell betrachtet stammt die Energie, die auf die Erde auftrifft, von der Sonne und wird von Pflanzen „geerntet", die wiederum die Grundlage unserer Nahrungsketten bilden. Pflanzen und Bakterien sind autotroph, das heißt, sie können ihre Baustoffe und Speicherstoffe selbst herstellen. Am Boden der Ozeane, wohin kein Licht für Photosynthese dringt, gibt es auch andere autotrophe Organismen. Diese chemosynthetischen Bakterien gewinnen ihre Energie über chemische Verbindungen wie Schwefelwasserstoff.

Worum es geht
Pflanzen erzeugen mithilfe von Licht chemische Energie

38 Chemische Boten

Wir Menschen haben die Sprache entwickelt, um miteinander zu kommunizieren. Doch lange bevor wir sprechen konnten, haben unsere Zellen schon miteinander kommuniziert. Sie schicken Botschaften von einem Teil unseres Körpers in einen anderen und sie übermitteln die Nervenimpulse, die es uns erst ermöglichen, uns zu bewegen und nachzudenken. Wie machen sie das?

Die Zellen in Ihrem Körper arbeiten nicht isoliert voneinander. Sie kommunizieren, kooperieren und koordinieren sich ständig, damit Sie erledigen können, was immer Sie planen. Ihre Zellen benutzen dafür chemische Verbindungen.

Hormone steuern, wie Ihr Körper sich entwickelt, Ihren Appetit, Ihre Stimmung, Ihre Reaktion auf Gefahr. Das können Steroidhormone (▶ Box: Sexualhormone) sein wie Testosteron oder Estrogen (früher Östrogen), es können aber auch Proteine sein wie Insulin. Signalmoleküle Ihres Immunsystems fordern Zellen an, die ihnen helfen, eine Erkältung oder Grippe abzuwehren. Die vielleicht eindrucksvollsten Beispiele für die Rolle von chemischen Botenstoffen im menschlichen Körper sind jeder einzelne unserer Gedanken und jede einzelne unserer Bewegungen, vom leichtesten Zucken des Lids bis hin zum körperlichen Erfolg eines Marathonlaufs. All das erfolgt aus den chemischen Botschaften der Nervenimpulse.

Nervöse Anfänge Es ist noch nicht sehr lange her, dass Wissenschaftler sich über die Natur der Nervenimpulse in die Haare gerieten. Erst in den 1920er-Jahren lautete die gängigste Theorie, dass sie elektrisch und nicht chemisch sind. Die Nerven der üblichen Labortiere sind schwierig zu untersuchen, denn sie sind zu filigran. Deshalb entschlossen sich die beiden Briten Alan Hodgkin und Andrew Huxley, ihre Aufmerksamkeit etwas Größerem zuzuwenden: den Nerven des Tintenfischs. Zwar messen die Nerven in den Schwimmmuskeln des

Zeitleiste

1877	1913	1934
Emil du Bois-Reymond überlegt, ob Nervenimpulse elektrisch oder chemisch erfolgen	Henry Dale entdeckt Acetylcholin, den ersten Neurotransmitter	Ethen wird mit der Reifung von Äpfeln und Birnen in Verbindung gebracht – der Anstoß zu Forschung über Pflanzenhormone

Tintenfischs nur einen Millimeter im Durchmesser, doch damit sind sie rund hundertmal dicker als die Nerven der Frösche, mit denen sie zuvor gearbeitet hatten. Hodgkin und Huxley begannen 1939 mit ihrer Arbeit an Aktionspotenzialen und maßen die Ladungsunterschiede zwischen dem Inneren und dem Äußeren von Nervenzellen, indem sie vorsichtig eine Elektrode in die Nervenfaser eines Tintenfisches schoben. Sie ermittelten damit, dass das Potenzial größer war, wenn der Nerv Signale abgab (Aktionspotenzial), und kleiner, wenn er in Ruhe war (Ruhepotenzial).

Erst nach dem Zweiten Weltkrieg, der ihre Forschungen für mehrere Jahre unterbrochen hatte, konnten Hodgkin und Huxley ihre Arbeiten zum Aktionspotenzial abschließen. Durch ihre Erkenntnisse wissen wir, dass die „elektrischen Impulse" sich entlang eines Nervs ausbreiten, weil geladene Ionen vom Zellinneren nach außen strömen. Ionenkanäle (▶ Box: Ionenkanäle) in den Membranen der Nervenzellen ermöglichen es, dass Natrium-Ionen (Na^+) nach innen strömen, sobald ein Impuls ankommt, und dass Kalium-Ionen (K^+) nach außen strömen, wenn der Impuls abebbt.

Wie werden diese Impulse von einer Zelle zur anderen übertragen, sodass eine Kontaktkette entsteht, die „Botschaften"

Sexualhormone

Sowohl Testosteron als auch Estrogen sind Steroidhormone. Diese Moleküle haben ein breites Spektrum von Auswirkungen auf den Körper, sie beeinflussen beispielsweise den Stoffwechsel oder die Geschlechtsentwicklung. Wenn wir überlegen, welche Rolle Testosteron und Estrogen bei der Ausprägung des männlichen und weiblichen Körperbaus und Erscheinungsbildes spielen, werden uns die Strukturen der beiden Moleküle erstaunlich ähnlich vorkommen. Beide Moleküle bestehen aus einem Grundgerüst mit vier Ringen, nur in einem Ring unterscheiden sie sich leicht. Testosteron wird zwar als „männliches" Hormon betrachtet, doch Männer haben einfach nur mehr davon als Frauen. Frauen brauchen Testosteron, um es in Estrogen umzuwandeln – so erklärt sich auch die Ähnlichkeit der beiden Strukturen. Interessanterweise ist der Testosteron-Spiegel bei Frauen morgens am höchsten und variiert sowohl im Laufe des Tages als auch im Verlauf des Monats – genau wie bei den „weiblichen" Hormonen.

Testosteron

Estrogen

1951

John Eccles zeigt, die Übermittlung von Impulsen im Zentralnervensystem erfolgt auf chemischem Weg

1963

John Eccles, Alan Hodgkin und Andrew Huxley erhalten den Nobelpreis für Arbeiten zum Ionencharakter der Nervenimpulse

1981

Isolierung des ersten Moleküls, das Informationen zur Zelldichte übermittelt (*quorum sensing*), aus einem marinen Bakterium

1998

Roderick MacKinnon ermittelt eine dreidimensionale Struktur von Ionenkanälen in Nerven

weiterreicht? In diesem Fall ist die „Botschaft" eine Reihe chemischer Vorgänge, von denen einer den anderen einleitet – ein Staffellauf mit Lichtgeschwindigkeit. Die Überleitung eines Nervenimpulses auf die nächste Zelle erfolgt über ein Molekül, den Neurotransmitter, das den Spalt zwischen zwei Zellen überquert und sich an die Membran der nächsten Zelle anheftet, wo es einen neuen Impuls auslöst. Diese chemischen Übertragungsketten reichen Signale von unseren Köpfen bis zu den Zehenspitzen weiter, und auch an jede Stelle dazwischen.

Seit der Entdeckung der Neurotransmitter, die 1913 mit Acetylcholin begann, ist uns die Schlüsselrolle bewusst geworden, die diese Botenmoleküle im Gehirn spielen. Sie sind an der Signalübermittlung von Milliarden Nervenzellen beteiligt. Behandlungsmethoden für psychische Erkrankungen beruhen auf der Annahme, dass die Probleme eine chemische Ursache haben. Depressive Störungen hängen gemäß dieser Annahme mit dem Neurotransmitter Serotonin zusammen. Das Antidepressivum Prozac, das 1987 zugelassen wurde, soll den Serotonin-Spiegel erhöhen, seine Wirkungsweise wird jedoch noch diskutiert.

> **⁊ Hitler marschierte in Polen ein, der Krieg wurde erklärt, und ich musste die Technik für acht Jahre liegen lassen, bis es 1947 möglich war, nach Plymouth zurückzukehren. ⸺**
>
> **Alan Hodgkin**
> zu seinen Untersuchungen an den Nerven von Tintenfischen

Sprecht miteinander! Es sind jedoch nicht nur Menschen und andere Tiere, die chemische Botenstoffe einsetzen. In jedem mehrzelligen Organismus müssen die Zellen miteinander „sprechen". Pflanzen beispielsweise haben zwar keine Nerven, doch sie verfügen über Hormone. Zur gleichen Zeit, als Physiologen ihre bahnbrechenden Arbeiten zu Nervenimpulsen durchführten, entdeckten Pflanzenforscher, dass das Molekül Ethen bei der Reifung von Früchten unerlässlich ist. Es stellte sich heraus, dass Ethen – aus dem wir den Kunststoff Polyethylen (▶ Kap. 40) herstellen – nicht nur Obst reifen lässt, sondern beim Pflanzenwachstum eine wichtige Rolle spielt. Das Hormon wird von den meisten Pflanzenzellen produziert. Wie auch viele tierische Hormone leitet Ethen ein Signal weiter, indem es Rezeptormoleküle in Zellmembranen aktiviert. Wissenschaftler arbeiten noch immer daran, seinen komplexen Einfluss auf die Entwicklung von Pflanzen zu enthüllen. Dieses Hormon alleine kann die Transkription von Tausenden verschiedener Gene anschalten.

Sogar bei Organismen wie den Bakterien, die lange Zeit als Einzelgänger betrachtet wurden, müssen Zellen zusammenarbeiten. Und weil Bakterien nicht auf Sprache oder Verhaltensregeln als Kommunikationsmittel zurückgreifen können, stimmen sie sich mithilfe von chemischen Verbindungen ab. Erst während der letzten zehn bis zwanzig Jahre hat die Wissenschaft festgestellt, dass dies wohl eine generelle Fähigkeit von Bakterien ist. Überlegen Sie zum Beispiel, was geschieht, wenn Sie krank werden. Ein kleines Bakterium wird Ihnen nicht viel tun. Doch Tausende oder Millionen Bakterien, die einen koordinierten Angriff auf Sie starten, sind etwas anderes. Wie entwerfen sie ihren Schlachtplan und versammeln ihre Streitkräfte? Sie verwenden dazu chemische Verbindungen, Verbindungen, die die Zelldichte übermitteln können (*quorum sensing molecules*). Über diese Verbindungen und ihre Rezeptoren können sich Bakterien, die derselben Art angehören, miteinander austauschen. Andere, weiter verbreitete Moleküle fungieren als eine Art „chemisches Esperanto" – sie ermöglichen sogar die Kommunikation über Artgrenzen hinweg.

Die Myriaden von Möglichkeiten, über die Zellen miteinander kommunizieren, sind wesentlich für das Leben. Ohne die Signalmoleküle könnten weder ein- noch mehrzellige Organismen als zusammenhängende Einheiten wirken. Jede einzelne Zelle wäre eine Insel, dazu verdammt, alleine zu leben und zu sterben.

Ionenkanäle

Der Chemiker Roderick MacKinnon erhielt 2003 den Nobelpreis für die kristallographische Bestimmung der dreidimensionalen Struktur von Kalium-Ionenkanälen. Mithilfe dieser Strukturen konnten Wissenschaftler herausfinden, warum die eine Kanalart selektiv eine Ionart (Kalium) in die Zelle einströmen lässt, eine andere (Natrium) aber nicht.

Worum es geht
Zellen kommunizieren über chemische Verbindungen

39 Kraftstoffe

Das Automobil hat uns die Freiheit gegeben, zu leben und zu arbeiten, wie es uns gefällt. Wo wären wir heute ohne Öl und die chemischen Fortschritte bei der Erdölaufarbeitung, die zu den Kraftstoffen geführt haben? Doch Kraftstoffe sind auch die Brennstoffe, die vielleicht am allermeisten zum Klimawandel und der Verschmutzung der Atmosphäre beigetragen haben.

An einem durchschnittlichen Tag des Jahres 2013 verbrauchten die Einwohner der USA neun Millionen Barrel (1 Barrel ≈ 159 l) Kraftstoffe. Nehmen wir an, es war der 1. Januar. Am nächsten Tag, dem 2. Januar, verbrauchten sie weitere neun Millionen Barrel, und noch einmal am 3. Januar. Dies setzte sich 365 Tage lang fort. Am Ende des Jahres hatten allein die USA mehr als drei Milliarden Barrel Kraftstoffe verbraucht.

Das meiste dieses unvorstellbaren Volumens an Kraftstoffen wurde in den Verbrennungsmotoren der Fahrzeuge verbrannt, die damit fast 4,8 Billionen Kilometer zurücklegten. Denken wir dagegen 150 Jahre zurück: Es gab keine Autos (außer einigen wenigen dampfbetriebenen), kraftstoffbetriebene Verbrennungsmotoren waren noch nicht erfunden, die erste Ölquelle sprudelte erst seit wenigen Jahren. Die Verbreitung des mit Kraftstoff angetriebenen Automobils war kometenhaft.

Durst nach Brennstoff   Noch zu Beginn des 20. Jahrhunderts waren in den USA gerade einmal 8000 Fahrzeuge gemeldet, die mit weniger als 32 km h^{-1} durch die Gegend zockelten. Doch der Ansturm auf Öl hatte begonnen, und Ölmagnaten wie Edward Doheny – der Vorbild für Daniel Day Lewis' Rolle im Film *There will be blood* gewesen sein soll – nahmen ihre ersten Millionen ein. Dohenys Unternehmen Pan American Petroleum Transport Company erbohrte 1892 die erste frei fließende Ölquelle in Los Angeles. Schon 1897 gab es 500 weitere.

Zeitleiste

1854	1859	1880	1900
Gründung der Pennsylvania Rock Oil Company, die Öl durch Grabungen und Gräben fördert	erste Bohrung nach Öl	erstes Fahrzeug mit Verbrennungsmotor	Zahl der registrierten Automobile in den USA übersteigt 8000

Die Nachfrage nach Kraftstoff wuchs schneller als das Wissen der Chemiker über Erdöl. Carl Johns von der Standard Oil Company in New Jersey beklagte 1923 in einem Artikel in der Zeitschrift *Industrial and Engineering Chemistry* den Mangel an chemischer Forschung auf diesem Gebiet. Hollywood-Berühmtheiten und Ölmillionäre, auch die Dohenys, fuhren um diese Zeit bereits teure Fahrzeuge. Edwards Sohn Ned hatte seiner Frau ein Auto gekauft, das von Earl Automobile Works entwickelt worden war. Es war in Grau gehalten, mit roten Ledersitzen und Tiffany-Scheinwerfern. Der Chefdesigner von Earl Automobiles wechselte später zu General Motors, wo er für die Abteilung „Art & Colour" Cadillacs, Buicks, Pontiacs und Chevrolets entwarf.

> **Ich hatte schon Gold gefunden, und ich hatte Silber gefunden. Diese hässlich aussehende Substanz jedoch, das fühlte ich, war der Schlüssel zu etwas Wertvollerem als ... diesen Metallen.**
> **Edward Doheny**

Brennendes Verlangen Dank der steigenden Nachfrage nach Autos und Henry Fords Entschlossenheit, ihr durch die Entwicklung des Fließbands zur Massenproduktion von Fahrzeugen nachzukommen, schossen entlang des Straßennetzes die Tankstellen wie Pilze aus dem Boden. Fortschritte bei der Erdölraffinerie und das Cracking (▶ Kap. 15) führten bald dazu, dass Erdölproduzenten Benzingemische von hoher Qualität erzielen konnten, die gleichmäßiger verbrannten.

Die Mischungen, die wir heute in unsere Tanks füllen, bestehen aus Hunderten verschiedener chemischer Verbindungen. Dazu gehören ein Gemisch von Kohlenwasserstoffen, aber auch Zusatzstoffe wie Antiklopfmittel, Korrosions- und Frostschutzmittel. „Kohlenwasserstoffe" beinhalten ein weites Feld aus geradkettigen, verzweigten, zyklischen (ringförmigen) und aromatischen (▶ Box: Benzol) Verbindungen. Die chemische Zusammensetzung hängt zum Teil davon ab, woher das Öl ursprünglich stammte. Rohöl aus verschiedenen Teilen der Welt, mit unterschiedlichen Eigenschaften, wird oft miteinander vermischt.

Im Verbrennungsmotor eines Autos wird Benzin mit Sauerstoff aus der Luft verbrannt, es entstehen Kohlendioxid und Wasser. Für den Kohlenwasserstoff Heptan beispielsweise lautet die Reaktionsgleichung:

1913	**1993**	**2000**	**2014**
Ford Motor Company entwickelt das erste Fließband zum Automobilbau	Euro-1-Abgasnorm für Personenfahrzeuge tritt in Kraft	Zahl der registrierten Kraftfahrzeuge in den USA übersteigt 226 000 000	Euro-6-Abgasnorm für Personenfahrzeuge tritt in Kraft

$$C_7H_{12} + 11\ O_2 \rightarrow 7\ CO_2 + 8\ H_2O$$

Heptan + Sauerstoff $\rightarrow$ Kohlendioxid + Wasser

Wir haben es hier mit einer Redox-Gleichung zu tun ($\blacktriangleright$ Kap. 13), die Kohlenstoff-Atome von Heptan werden oxidiert und Sauerstoff wird reduziert.

Probleme der Umweltbelastung

Bis vor wenigen Jahrzehnten verhinderte das Antiklopfmittel Tetraethylblei in verbleitem Benzin, dass das Benzin-Luft-Gemisch zu früh verbrennt, es ermöglichte eine effizientere Nutzung des Kraftstoffs. Doch der Zusatz von Tetraethylblei hieß auch, dass die Fahrzeuge giftiges Bleibromid ausstießen – eine Folge aus der Reaktion von Tetraethylblei mit dem Zusatzstoff 1,2-Dibromethan, der verhindern sollte, dass Blei auf Dauer den Motor blockierte. Verbleites Benzin wurde ab den 1970er-Jahren allmählich aus dem Verkehr genommen, und die Hersteller machten neue Wege ausfindig, gleichmäßig verbrennende, hochoktanige ($\blacktriangleright$ Box: Oktanzahl) Treibstoffe zu erzeugen, die höhere Reichweiten pro Liter ermöglichten.

Damit hatten die Benzinhersteller ein Problem in den Griff bekommen, doch mit dem Aufschwung der Automobilindustrie im 20. Jahrhundert stiegen auch die Kohlendioxidkonzentrationen in der Atmosphäre an. Auch die Konzentrationen anderer Umweltschadstoffe erhöhten sich, denn in den Zylindern der Verbrennungsmotoren reagieren auch andere Bestandteile der Luft. Stickstoff reagiert mit Sauerstoff zu Stickoxiden (NO_x), die Smog verursachen und zu Lungenkrankheiten führen können. Rund die Hälfte

---

Benzol (Benzen)

Benzol ist ein ringförmiges Kohlenwasserstoff-Molekül, das bei der Aufarbeitung von Erdöl entsteht, aber auch natürlicherweise in Rohöl vorkommt. Es ist eine wichtige Industriechemikalie, die zur Herstellung von Kunststoff und Arzneistoffen gebraucht wird. Der Ring aus sechs Kohlenstoff-Atomen ist eine stabile Struktur, die auch in vielen natürlichen und synthetischen Verbindungen zu finden ist, die Molekülfamilie wird „aromatische Kohlenwasserstoffe" genannt. Die Arzneistoffe Paracetamol und Acetylsalicylsäure sind Beispiele für aromatische Benzol-Abkömmlinge, ebenso die süß duftenden Verbindungen der Zimtrinde und Vanille. Benzol selbst hat karzinogene Wirkung, der Benzolgehalt in Benzin wird streng kontrolliert, um gefährliche Luftverunreinigungen zu verhindern. Verbesserungen an den Abgaskatalysatoren haben sehr dazu beigetragen, Verunreinigungen der Abgase durch Benzol zu verringern.

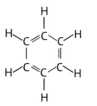

Kekulé-Struktur
von Benzol

Benzolring
(vereinfachte Darstellung)

aller Stickoxidemissionen wird auf den Straßenverkehr zurückgeführt.

Chemische Lösungen Die Reduzierung der Fahrzeugabgase ist ein wichtiges Ziel der Autohersteller geworden, denn es werden immer strengere Grenzwerte festgelegt. Die Herstellung von Elektro- und Hybridfahrzeugen wird immer mehr in Betracht gezogen, doch auch für benzin- und dieselgetriebene Fahrzeuge sind Lösungen notwendig. Die drei Milliarden Barrel Kraftstoff, die jedes Jahr allein in den USA verbrannt werden, reichen aus, um mehr als zweihunderttausend Olympia-Schwimmbecken zu füllen. Umgerechnet verbraucht jeder US-Bürger mehr als 3,8 Liter jeden Tag. Die Weiterentwicklung von Abgaskatalysatoren, Stickoxid-Fallen und andere Verfahren, um Fahrzeugabgase zu reduzieren, sind heute wesentliche Arbeitsgebiete für Chemiker.

Chemische Fortschritte haben es erlaubt, effizientere Brennstoffe zu entwickeln, die es wiederum den autofahrenden Massen ermöglicht haben, weiter und günstiger zu reisen. Jetzt muss sich die Chemie mit den Konsequenzen beschäftigen: einer Atmosphäre, die an den Abgasen erstickt, und schwindenden Rohstoffen für unsere alltäglichen Wege.

Oktanzahl

Die Oktanzahl eines Benzingemischs oder eines speziellen Bestandteils von Benzin ist ein Maß dafür, wie gleichmäßig und effizient dieses verbrennt. Oktanzahlen werden relativ zu 2,2,4-Trimethylpentan (*iso*-Oktan), das den Wert 100 hat, und Heptan, das den Wert 0 hat, angegeben. Benzinbestandteile mit niedrigen Oktanzahlen führen eher zu einem Klopfen des Motors.

Worum es geht
Brennstoffe, die die Welt veränderten

40 Kunststoffe

Wie haben wir es vor der Erfindung der Kunststoffe nur geschafft, zurecht-zukommen? Worin haben wir unsere Einkäufe nach Hause getragen? Woraus haben wir Kartoffelchips gefischt? Woraus war alles gemacht? Es ist kaum vorstellbar, dass diese Zeit noch gar nicht lange her ist.

Die ersten Kartoffelchips wurden in Konservendosen oder gewachstem Papier verkauft oder in großen Behältern geliefert, aus denen sie herausgeschöpft wurden. Heute ist es einfacher und hygienischer, Kartoffelchips zu kaufen – sie werden in stabilen Plastiktüten verkauft, wie die meisten unserer Nahrungsmittel.

Das erste amerikanische Unternehmen, das Kartoffelchips herstellte, wurde 1908 gegründet, ein Jahr, nachdem der erste vollsynthetische Kunststoff, Bakelit, erfunden wurde. Bakelit ist ein bernsteinfarbenes Kunstharz, das bei der Reaktion der beiden organischen Verbindungen Phenol und Formaldehyd entsteht. Zumindest anfangs wurde es als Werkstoff für alle möglichen Produkte verwendet, von Radios bis zu Billardkugeln. Das Bakelit-Museum in Somerset, England, gibt sogar mit einem Bakelit-Sarg an. Bakelit ist nach der Aushärtung nicht mehr durch Erwärmung verformbar.

> **Das Material für tausend Anwendungen.**
> Slogan des Bakelit-Herstellers

Innerhalb weniger Jahrzehnte wurde eine ganze Reihe anderer Kunststoffe, darunter auch verschiedene umformbare (thermoplastische) Kunststoffe, verfügbar. Eine Zeitlang gab es die Vorstellung, diese neuen, haltbaren Werkstoffe seien enge Zusammenballungen von kurzkettigen Molekülen. Während der 1920er-Jahre entwickelte der Chemiker Hermann Staudinger das Konzept der „Makromoleküle" und schlug vor, dass Kunststoffe aus langen Polymerketten (▶ Kap. 4) bestehen.

Das Zeitalter der Kunststoffe In den 1950er-Jahren erschienen Taschen aus Polyethylen – als „Plastiktüte" das allgegenwärtige Produkt der Kunststoffära –

Zeitleiste

3500 v. Chr.	1900	1907	1922
Ägypter benutzen Schildpatt, „natürlichen Kunststoff", für Kämme und Armbänder	Aufbau von Polymeren wird erkannt	mit Bakelit, dem ersten völlig synthetischen Werkstoff, beginnt das Zeitalter der Kunststoffe	Hermann Staudinger vermutet, Kunststoffe bestehen aus langkettigen Molekülen

auf der Bildfläche. Das Zeitalter der Kunststoffe war in vollem Gange. Bald wurden Kartoffelchips und andere Nahrungsmittel in Kunststoffverpackungen verkauft, der ganze Wocheneinkauf konnte in Folien eingeschweißt nach Hause getragen werden.

Das Herstellungsverfahren für Polyethylen entdeckten britische Wissenschaftler des Unternehmens ICI 1931 durch Zufall. Dazu gehört, gasförmiges Ethen (früher Ethylen genannt) bei hohem Druck zu erhitzen, je nach Bedingungen bilden sich mehr oder weniger verzweigte Polymerketten. Ethen ist ein Produkt aus dem Cracken von Rohöl (▶ Kap. 15), das meiste Polyethylen hat seinen Ursprung also in der Erdölindustrie. Ethen, und damit Polyethylen, kann jedoch auch aus erneuerbaren Ressourcen erhalten werden, zum Beispiel durch chemische Umsetzung von Alkohol, der aus Pflanzen wie Zuckerrohr gewonnen wird.

Die Mehrzahl der Plastiktaschen besteht – wie beim ICI-Verfahren – aus Weich-Polyethylen (*low density polyethylen*, LDPE), das bei hohem Druck gebildet wird. Die Polymerketten in Weich-Polyethylen sind stark verzweigt und können sich nicht so dicht zusammenlagern. Hart-Polyethylen (*high density polyethylen*, HDPE) entsteht dagegen bei niedrigem Druck. Es besteht aus wenig verzweigten Polymerketten, die ein steiferes Material ergeben.

Natürliche Polymere

Natürliche Materialien, die sich ähnlich wie Kunststoffe verhalten, werden auch „natürliche Kunststoffe", „natürliche Polymere" oder „natürliche Makromoleküle" genannt. Tierisches Horn oder Schildkrötenpanzer können zum Beispiel wie manche Kunststoffe erhitzt und in die gewünschte Form gebracht werden. Horn besteht hauptsächlich aus einem Protein namens Keratin, demselben Protein, das unseren Haaren und Nägeln Halt gibt. Wie ein Kunststoff ist auch Keratin ein Polymer, das aus vielen sich wiederholenden Einheiten aufgebaut ist. Heute ist für viele dieser Materialien der Handel verboten. Das Schildpatt, aus dem Kämme und anderer Haarschmuck entstanden, wurde deshalb fast vollständig durch synthetische Polymere ersetzt. Die erste Nachahmung von Schildpatt war Celluloid, ein halbsynthetisches Material, das 1870 erfunden wurde. Celluloid war auch ein nützlicher Ersatz für das Elfenbein, aus dem Billardkugeln hergestellt wurden. Doch Celluloid ist leicht entflammbar, sodass es bald durch etwas weniger entflammbares „Sicherheitscelluloid" ersetzt wurde. Heutzutage werden Kunststoffe wie Polyester als Schildpatt-Ersatz eingesetzt.

1931	**1937**	**1940**	**1950er**	**2009**
zufällige Entdeckung von Polyethylen (Polyethen)	industrielle Produktion von Polystyrol	Polyvinylchlorid (PVC) wird in Großbritannien produziert	Tragetaschen aus Polyethylen	Boeing-787-Flugzeug besteht zu 50 % aus Kunststoffen

Die Kehrseite der Haltbarkeit In der Anfangszeit wurde über die Auswirkungen der steigenden Kunststoffproduktion auf die Umwelt wenig nachgedacht. Kunststoffe waren immerhin chemisch inert, sie waren lange Zeit haltbar und schienen auch in der Umwelt sehr beständig. Doch genau diese Eigenschaft führte zu rapide steigenden Mengen von Kunststoffmüll auf Mülldeponien und in den Ozeanen. Im Nordpazifik gibt es einen „Müllstrudel" unermesslicher Größe (geschätzt wird die Größe Mitteleuropas), der im Wesentlichen aus Kunststoff besteht. Vermutlich enthält jeder Quadratkilometer Wasseroberfläche in diesem Gebiet rund dreiviertel Millionen Kunststoffteilchen. Die Mikroplastik-Teilchen sind so klein, dass Fische sie mit Plankton verwechseln und fressen.

Viele Kunststoffe sind nicht biologisch abbaubar, zerbrechen jedoch mit der Zeit in kleinere Teile oder Mikroplastik. Bei den Landlebewesen können sie die Därme von Vögeln und Säugetieren verstopfen. Polyethylen ist einer der beständigsten Kunststoffe überhaupt. Das gilt auch für „grünes" Polyethylen, das aus Zuckerrohr hergestellt wird (▶ Box: Biokunststoffe). Doch allmählich steht die biologische Abbaubarkeit von Kunststoffen bei Chemikern und Mikrobiologen vermehrt im Vordergrund.

Mikroben gegen Kunststoffmüll Polyethylen wird nicht von Mikroorganismen abgebaut, deshalb findet es sich so lange in der Umwelt. Die Struktur von Polyethylen, das ausschließlich aus Ketten von Kohlenstoff-Atomen und aus Wasserstoff besteht, ähnelt keiner der chemischen Verbindungen, die Mikroorganismen normalerweise zersetzen; sie ziehen Verbindungen vor, die Sauerstoff-Atome enthalten wie beispielsweise in der Carbonyl-Gruppe ($C=O$). Durch Oxidation mithilfe von Wärme und Katalysatoren – auch Photooxidation mithilfe von Sonnenlicht – lässt sich Polyethylen in eine Form umwandeln, die leichter von Mikroorganismen zersetzt wird. Eine andere Möglichkeit ist es, Mikroorganismen zu suchen, die mit den Kohlenwasserstoff-Ketten des Polyethylens nicht so sehr kämpfen müssen.

Mikrobiologen haben Bakterien und Pilze entdeckt, deren Enzyme Kunststoffe abbauen oder „verdauen" können. Einige von ihnen wachsen sogar als Film auf den Polyethylen-Oberflächen und nutzen sie als Kohlenstoffquellen für ihre Stoffwechselreaktionen. Indische Wissenschaftler berichteten 2013, sie hätten im Arabischen Meer drei verschiedene Arten Meeresbakterien entdeckt, die Polyethylen abbauen können, ohne dass es zunächst oxidiert werden muss. Am besten arbeitete eine Unterart von *Bacillus subtilis*, einem verbreiteten Bakterium, das im Boden, aber auch im menschlichen Darm vorkommt. Allein

Biokunststoffe

Der Ausdruck „Biokunststoff" wird nicht einheitlich verwendet. Häufig bezieht er sich darauf, dass ein Kunststoff aus nachwachsenden Rohstoffen erzeugt wird (biobasierter Kunststoff), zum Beispiel aus pflanzlicher Cellulose. Andere verstehen darunter Kunststoffe, die biologisch abbaubar sind. Polylactid (Polymilchsäure, engl. *polylactic acid*, PLA) wird aus pflanzlichen Rohstoffen hergestellt und ist auch biologisch abbaubar. Das gilt jedoch nicht für alle biobasierten Kunststoffe. Polyethylen, das aus pflanzlichen Rohstoffen hergestellt wurde, ist dennoch extrem widerstandsfähig gegenüber einem biologischen Abbau.

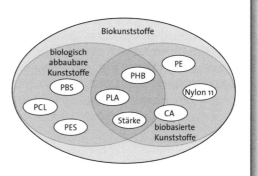

Indien verbraucht 12 Millionen Tonnen Kunststoffprodukte jedes Jahr und produziert Zehntausende Tonnen Plastikmüll jeden Tag.

Die Verpackung der Kartoffelchips kann oftmals nicht recycelt werden, weil sie eine Metallbeschichtung hat. Diese sorgt für „zusätzliche Frische", indem sie Sauerstoff von den Chips fernhält. Wenn wir die Verpackung nicht zerschnipseln und Designer-Kleidung daraus basteln wollen, müssen wir sie zur Mülldeponie schicken. Die meisten Chipsverpackungen bestehen jedoch aus Polypropylen. Italienische Chemiker haben 2013 Bakterien gefunden, die Polypropylen abbauen, wenn ihnen dazu Natriumlactat und Glucose zur Verfügung gestellt wird. Theoretisch lassen sich vielleicht auch Bakterien finden, die unsere Chipsverpackung und den restlichen Plastikmüll verdauen. Doch den größten Effekt erreichen wir, indem wir die Menge der Kunststoffverpackungen reduzieren, die wir benutzen.

Worum es geht
Mehrzweckpolymere,
die ein Umweltproblem verursachen

41 CFKWs

Jahrelang galten CFKWs (Chlorfluorkohlenwasserstoffe, früher FCKWs) als sichere Alternative zu den giftigen Gasen, die früher als Kältemittel in Kühlschränken benutzt wurden. Es gab nur ein Problem: Sie zerstören die Ozonschicht der Atmosphäre. Bis dieses Problem vollständig erkannt und anerkannt war, hatte das Loch in der Ozonschicht die Größe eines Kontinents erreicht. Der Einsatz von CFKWs wurde schließlich 1987 verboten.

Kühlschränke gibt es in unseren Haushalten seit nicht einmal einem Jahrhundert, doch sie gehören so sehr zu unserem Alltag, dass wir sie für selbstverständlich halten. Wir können ein Glas kalte Milch trinken, wann immer uns danach ist, das sanfte Brummen des Kastens in der Küchenecke war Inspiration für kulinarische Meisterwerke wie Schokoladencremetorte. Die britische Royal Society erklärte den Kühlschrank 2012 zur wichtigsten Erfindung in der Geschichte der Nahrungsmittel.

Es ist eine große Erleichterung, die Speisekammer nicht jeden zweiten Tag auffüllen zu müssen. Doch es kann auch vorkommen, dass wir ganz hinten im Kühlschrank etwas weniger Appetitliches entdecken. Was würde geschehen, wenn es sich nicht um ein paar Blatt welkenden Salats, sondern ein kontinentgroßes Loch in der Ozonschicht handelte?

Wir wissen heute, dass die Gase, die für das Ozonloch verantwortlich waren, CFKWs sind. Chlorfluorkohlenwasserstoffe sind Kältemittel, die in der ersten Hälfte des 20. Jahrhunderts entwickelt wurden. Sie sollten die giftigen Gase ersetzen, mit denen damals die Kühlschränke betrieben wurden. CFKWs sind Verbindungen, die Chlor-Atome enthalten. Durch Sonnenlicht zerfallen sie und setzen Chlor-Radikale frei (▶ Box: Wie zerstören CFKWs die Ozonschicht?). Bevor CFKWs als Kältemittel entdeckt waren, benutzten Kühlschrankhersteller Methylchlorid, Ammoniak und Schwefeldioxid, die allesamt sehr giftig sind, wenn wir sie in geschlossenen Räumen einatmen. Ein Leck im Kühlsystem konnte damals tödlich sein.

Zeitleiste

1748	1844	1928	1939
erstmals künstliche Kühlung demonstriert	John Gorrie entwickelt ein „Eisgerät"	CFKWs für Kühlschränke entwickelt	in den USA erste Kühl-Gefrier-Schrank-Kombination

Wie zerstören CFKWs die Ozonschicht?

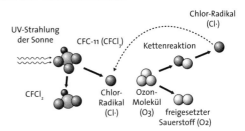

CFKWs zerfallen, wenn sie dem Sonnenlicht ausgesetzt sind. Dabei entstehen Chlor-Radikale – freie Chlor-Atome, die sehr reaktionsfreudig sind, denn sie besitzen ungepaarte Elektronen. Die Chlor-Radikale setzen eine Kettenreaktion in Gang, bei der Ozon (O_3) Sauerstoff-Atome entrissen werden. Kurzfristig verbünden sich Chlor-Radikale und Sauerstoff-Atome und bilden gemeinsame Verbindungen. Doch sie zerfallen wieder, die Chlor-Radikale werden erneut freigesetzt und können weitere Ozon-Moleküle angreifen. Ähnliche Reaktionen finden in Anwesenheit von Brom statt. Während des antarktischen Winters gibt es nur wenig oder gar kein Sonnenlicht, deshalb setzen die Reaktionen erst mit dem Frühling ein, wenn das Tageslicht zurückkehrt. Während der dunklen Jahreszeit bleibt das Chlor aus den CFKs in stabilen Verbindungen in eisigen Wolken gefangen. Ozon wird natürlicherweise auch direkt durch Sonnenlicht gespalten, doch unter normalen Umständen bildet es sich in gleichem Maße wieder zurück. Die Chlor-Radikale verschieben jedoch das Gleichgewicht zugunsten der Ozonzerstörung.

Kühle Lösung Viele Quellen nennen eine Explosion, die 1929 in einem Krankenhaus in Cleveland, Ohio, stattfand und an der Methylchlorid beteiligt war, als Grund für die Entwicklung ungiftiger Kältemittel. Doch die 120 Todesopfer des Unglücks sind wahrscheinlich an Vergiftung durch Kohlenmonoxid und an Stickoxiden gestorben, die entstanden, als Röntgenfilme Feuer fingen. Jedenfalls war sich die chemische Industrie bereits der Gefahren bewusst, die von giftigen Gasen als Kältemittel ausgingen, und arbeitete an einer Lösung.

Im Jahr vor dem Unglück in Cleveland hatte Thomas Midgley Jr., ein Forscher bei General Motors, eine ungiftige, Halogene enthaltende Verbindung synthetisiert. Ihr chemischer Name Dichlordifluormethan (CCl_2F_2) schien unaussprechlich und wurde zu Freon gekürzt. Dies war der erste FCKW, seine Entdeckung wurde 1930 veröffentlicht. Midgleys Chef, Charles Kettering, war auf der Suche nach einem neuen Kältemittel, das „nicht entflammt und frei ist von gesundheitsschädlichen Auswirkungen auf Menschen". Im Rückblick mag es als schlechtes Omen erscheinen, dass Midgley, der zuvor das Antiklopf-

1974
Aufklärung des Mechanismus, über den die Ozonschicht durch CFKWs zerstört wird

1985
Ozonloch über der Antarktis entdeckt

1987
Montrealer Protokoll mit Vereinbarung, Stoffe, die zum Abbau der Ozonschicht führen, zu reduzieren

mittel Tetraethylblei (▶ Kap. 39) entwickelt hatte, mit dieser Aufgabe betraut wurde.

1947, drei Jahre nach Midgleys – vermutlichem – Freitod, schrieb Kettering, dass Freon genau die erforderlichen Eigenschaften habe. Es sei nicht entflammbar und sei „völlig frei von gesundheitsschädlichen Auswirkungen auf Menschen und Tiere". Dies trifft zu: Es verursachte keine Gesundheitsschäden, wenn Menschen oder Tiere dem Gas ausgesetzt waren. Kettering notierte, dass keines der Versuchstiere Zeichen von Übelkeit zeigte, wenn es das Gas einatmete. Midgley hatte das sogar schon an sich selbst bewiesen, als er während einer Präsentation einen tiefen Atemzug davon nahm. So kam es, dass CFKWs als neue Kältemittel eingesetzt wurden. Aufgrund seines frühen Todes erlebte Midgley die Folgen seiner Forschung nicht mehr.

> **Von 6 \$ pro Tag zu leben, bedeutet, einen Kühlschrank, ein Fernsehgerät, ein Mobiltelefon zu haben. Und dass Ihre Kinder zur Schule gehen können.**
>
> **Bill Gates**

Das Loch stopfen   Im Jahr 1974, als Kühl-Gefrierkombinationen aufkamen und mit Schwarzwälder Kirschtorte und Eiskrem gefüllt wurden, wurden die ersten Anzeichen der Auswirkungen von CFKWs bekannt. Sherry Rowland und Mario Molina, zwei Chemiker der Universität von Kalifornien, veröffentlichten einen Artikel, in dem sie behaupteten, die Ozonschicht – die in der Atmosphäre die schädlichsten Anteile der UV-Strahlung der Sonne herausfiltert – könne bis zur Mitte des 21. Jahrhunderts um die Hälfte verringert sein, wenn CFKWs nicht verboten würden.

Es überrascht nicht, dass diese Behauptungen mit Unglauben aufgenommen wurden, insbesondere bei den chemischen Unternehmen, die mit den Kältemitteln gutes Geld verdienten. Zu diesem Zeitpunkt gab es noch keinen Nachweis, dass die Ozonschicht tatsächlich beschädigt war; Rowland und Molina hatten nur den Mechanismus beschrieben. Viele Menschen waren skeptisch und argumentierten, dass ein Verbot der CFKWs schwere wirtschaftliche Konsequenzen hätte.

Es dauerte noch ein Jahrzehnt, bis überzeugende Beweise für das Loch in der Ozonschicht vorlagen. Im Rahmen des *British Antarctic Survey* wurde das Ozon in der Atmosphäre über der Antarktis seit den späten 1950er-Jahren beobachtet. 1985 lagen genug Daten vor, die einen Rückgang der Ozonschicht bewiesen. Satellitenbeobachtungen zeigten, dass sich das Loch über den ganzen antarktischen Kontinent erstreckte. Nur ein paar Jahre später begannen Länder weltweit, das Montrealer Abkommen umzusetzen, mit dem sie sich verpflichte-

Wie sieht es heute aus?

Ab Ende der 1970er-Jahre bis zu den frühen 1990er-Jahren vergrößerte sich das Loch in der Ozonschicht dramatisch. Ab dann, mit der Unterzeichnung des Protokolls von Montreal, blieb seine Größe zunächst etwa gleich, nimmt inzwischen aber ab. Das Ozonloch hatte im September 2006 seine größte Ausdehnung, etwa 27 Millionen Quadratkilometer. Da die chemischen Verbindungen, die Ozon angreifen, sehr langlebig sind, rechnen NASA-Wissenschaftler damit, dass es bis 2065 dauern kann, bis das Loch auf die Größe schrumpft, die es in den 1980er-Jahren hatte.

ten, die Emission von Chemikalien, die Ozon zerstören, zu reduzieren und sie schließlich vollständig abzuschaffen.

Was lauert heute in den Tiefen unserer Kühlschränke? Manche Hersteller haben CFKWs durch FKWs (Fluorkohlenwasserstoffe) ersetzt. Da es die Chlor-Atome sind, die Ozon schädigen, sind FKWs ein verbreitetes Ersatzmittel. Mario Molina und Kollegen wiesen jedoch in einem Artikel von 2012 auf ein anderes Problem hin: FKWs schaden vielleicht nicht der Ozonschicht, doch manche von ihnen sind tausendfach stärkere Treibhausgase als Kohlendioxid. Die Unterzeichnerstaaten des Montrealer Protokolls diskutierten im Juli 2014 das fünfte Jahr in Folge darüber, das Abkommen auf FKWs zu erweitern.

Worum es geht
Eine warnende Geschichte über Chemikalien

42 Verbundwerkstoffe

Warum nur ein Material benutzen, wenn zwei besser sind? Die Kombination verschiedener Stoffe kann Hybridmaterialien mit außerordentlichen Eigenschaften schaffen, zum Beispiel mit der Fähigkeit, Temperaturen bis zu mehreren Tausend Grad Celsius auszuhalten oder den Aufprall eines Geschosses abzufedern. Weiterentwickelte Verbundwerkstoffe schützen Astronauten, Soldaten, Polizeikräfte und sogar Ihr empfindliches Smartphone.

Am 7. Oktober 1968 startete das erste bemannte Apollo-Raumschiff von Cape Kennedy in Florida. Es ging auf einen 11-tägigen Flug, der die Zusammenarbeit zwischen der Mannschaft und der Kontrollstation erproben sollte. Im Jahr zuvor hatten drei Astronauten das Leben verloren, als bei Tests auf der Startrampe von Apollo 1 Feuer ausbrach. Die weiteren Apollo-Missionen waren erfolgreich, nicht nur, weil sie die ersten Menschen zum Mond brachten, sondern weil sie ihre Mannschaften sicher zurück zur Erde brachten.

Ein wesentliches Sicherheitsmerkmal der Apollo-Kommandokapsel war ihr Hitzeschild. Als eine Explosion Apollo 13 zwang, mit begrenzten Treibstoffreserven zur Erde zurückzukehren, hing das Schicksal der Mannschaft vom Hitzeschild ab. Vor dem Wiedereintritt in die Erdatmosphäre wusste niemand, ob der Hitzeschild intakt war. Ohne seinen Schutz hätten Jim Lovell, Jack Swigert und Fred Haise nicht überlebt.

In der Matrix Die Hitzeschilde der Apollo-Kommandokapseln wurden aus Verbundwerkstoffen hergestellt, die wärmeabsorbierende (ablative) Eigenschaften haben: Sie brennen langsam ab und schützen dadurch das Raumschiff vor Schäden. Der spezielle Werkstoff, der eingesetzt wurde, heißt Avcoat. Nach den Apollo-Missionen kam er nicht mehr zum Einsatz, doch die NASA hat angekündigt, ihn im Hitzeschild von Orion, dem nächsten bemannten Raumflugzeug zum Mond, zu verwenden.

Zeitleiste

1879	1958	1964	1968
Thomas A. Edison bäckt Baumwolle, um Fasern zu erhalten	Roger Bacon stellt erste Hochleistungs-Kohlenstoff-Faser vor	Stephanie Kwolek entwickelt Aramid-Fasern	Apollo-Kommandokapsel nutzt Verbundwerkstoffe für die bemannte Raumfahrt

Kevlar®

Es gibt verschiedene Arten von Kevlar®-Fasern, die unterschiedlich stark sind. Meist hören wir den Namen in Zusammenhang mit leichten, schusssicheren Materialien, doch die Fasern finden auch an Schiffsrümpfen, Windrädern und sogar in den Hüllen von Smartphones Anwendung. Chemisch betrachtet sind die Polymerketten von Kevlar® nur wenig verschieden von Nylon – beide enthalten sich wiederholende Amid-Gruppen (▶ Strukturzeichnung). Stephanie Kwolek arbeitete an Nylon, als sie bei DuPont auf Kevlar® stieß. Bei Nylon verdrehen sich die Fasern und können deshalb nicht so stabile Bahnen bilden. Im Kevlar®-Polymer kann jede Amid-Gruppe zwei starke Wasserstoffbrückenbindungen ausbilden, die sie mit zwei anderen Polymerketten verbindet. Dies wiederholt sich entlang der ganzen Kette, es entsteht eine sehr stabile, regelmäßige

Wasserstoff-
brücken-
bindung

diese Amid-Gruppe wiederholt sich entlang der Polymerkette, wie bei Nylon auch

Struktur von Kevlar®

Anordnung. Ein Nachteil ist allerdings, dass diese Struktur das Material steif macht. Eine schusssichere Weste rettet Ihnen womöglich das Leben, doch sie ist nicht sehr angenehm zu tragen.

Die speziellen Eigenschaften von Avcoat – zum Beispiel, Temperaturen von mehreren Tausend Grad Celsius zu widerstehen – ergeben sich, wie bei anderen Verbundwerkstoffen auch, aus der Kombination der Komponenten. Zusammen bilden die unterschiedlichen Ausgangsstoffe ein neues Supermaterial, das die Summe seiner Bestandteile übertrifft. Viele Verbundwerkstoffe bestehen aus zwei Hauptkomponenten. Die eine, oft ein Harz, bildet die Matrix, in die die zweite Komponente eingebunden wird. Der zweite Bestandteil ist häufig eine Faser oder kleine Teilchen, die die Matrix verstärken und ihr Halt und Struktur verleihen. Avcoat besteht aus Quarzglasfasern, die in ein Harz eingebettet und zu einer Wabenstruktur aus Glasfasergewebe geformt werden. Die Kommandokapseln der Apollo-Missionen hatten mehr als 300 000 Lücken in den Waben, die von Hand aufgefüllt werden mussten.

1969	1971	2015
Düsenflugzeug F-4 erhält Bor-Epoxy-Steuerruder	Kevlar®-Aramid-Fasern von DuPont vertrieben	Weltraumfahrzeug Orion soll mit Avcoat-Hitzeschild starten

Bekannte Verbundmaterialien Sie glauben, Sie kennen keine Materialien wie Avcoat? Doch Verbundwerkstoffe werden nicht nur in der Raumfahrt eingesetzt, sie sind weiter verbreitet, als Sie vielleicht denken. Beton ist ein gutes Beispiel. Es entsteht durch Kombination von Sand, Kies und Zement. Es gibt auch natürliche Verbundwerkstoffe wie Knochen, die aus einer Kombination des Minerals Hydroxyapatit und des Proteins Kollagen bestehen. Materialwissenschaftler versuchen, die Struktur von Knochen mit neuen Verbundwerkstoffen nachzuahmen, die in der Medizin eingesetzt werden könnten.

> **Ich dachte, daran ist etwas anders. Das könnte sehr nützlich sein.**
>
> Stephanie Kwolek
> über die Erfindung von Kevlar®

Die vielleicht am stärksten beachteten Verbundwerkstoffe sind Kohlenstoff-Fasern (Carbonfasern) und Kevlar®. Der Name bezieht sich auf die steifen Fäden, die Golfschlägern, Formel-1-Rennwagen und künstlichen Gliedmaßen Halt verleihen. In den 1950er-Jahren von Roger Bacon entdeckt, waren sie die ersten Hochleistungs-Verbundwerkstoffe. (Beton wird schon ein Jahrhundert länger weit verbreitet eingesetzt.) Bacon nannte seine Fäden „Kohlenstoff-Schnurrhaare" und zeigte, dass sie 10- bis 20-mal stärker sind als Stahl. Wenn wir von Kohlenstoff-Fasern sprechen, meinen wir in der Regel mit Kohlenstoff-Fasern verstärkte Polymere. Diese Verbundwerkstoffe entstehen, wenn die „Schnurrhaare" in ein (Epoxy-)Harz oder ein anderes Bindemittel eingebettet werden.

Wenige Jahre später entdeckte die Chemikerin Stephanie Kwolek beim Unternehmen DuPont Aramid-Fasern. Die Erfindung wurde patentiert und unter der Bezeichnung „Kevlar®" (▶ Box: Kevlar®) ab den 1970er-Jahren vermarktet. Kwolek entdeckte die schusssicheren Fasern, als sie nach neuen Materialien für Reifen forschte. Sie fand eine Faser, die zäher ist als Nylon und nicht bricht, wenn sie versponnen wird. Der Grund für die Stärke von Kevlar® liegt in seiner regelmäßigen, fehlerlosen chemischen Struktur, die wiederum die Ausbildung von regelmäßigen Wasserstoffbrückenbindungen (▶ Kap. 5) zwischen den Polymerketten fördert.

Im Fluge Hochleistungs-Verbundstoffe wie Kohlenstoff-Fasern werden nicht nur in der Raumfahrt eingesetzt. Ein modernes Flugzeug kann ein Flickenteppich aus verschiedenen Verbundwerkstoffen sein. Der Hauptteil der Boeing 787 Dreamliner besteht zu 50 % aus weiterentwickelten Verbundstoffen, hauptsächlich aus kohlenstofffaserverstärkten Kunststoffen. Diese Leichtgewichtsmaterialien ermöglichen es, im Vergleich zu einer herkömmlichen Aluminiumkonstruktion insgesamt 20 % Gewicht zu sparen.

Selbstheilende Materialien

Stellen Sie sich vor, der Flügel eines Flugzeugs könnte Risse selbst heilen. Eine Anwendung von Verbundwerkstoffen, über die viel gesprochen wird, liegt in selbstheilenden Materialien. Wissenschaftler der Universität von Illinois in Urbana-Champaign arbeiten an faserverstärkten Verbundstoffen, durch die Kanäle mit „heilenden" Verbindungen verlaufen. Bei Schäden treten aus den Kanälen Harz und ein Härtungsmittel aus, die die Schadstelle gemeinsam wieder versiegeln. Die Wissenschaftler veröffentlichten 2014 Berichte über ein System, das sich so mehrfach selbst reparieren konnte.

Vermindertes Gewicht kann auch auf dem Boden ein Vorteil sein. Konstrukteure des Unternehmens Edison2 in Lynchburg in Virginia, USA, enthüllten 2013 die vierte Baureihe ihres VLC (*very light car*). Der VLC 4.0 wiegt nur 635 kg – weniger als ein Formel-1-Rennwagen und ungefähr die Hälfte eines durchschnittlichen Familienautos. Er sieht ein wenig wie ein kleines weißes Flugzeug aus. Wie der Dreamliner besteht er aus Stahl, Aluminium und Kohlenstoff-Faser.

Nach einem Jahrzehnt der Entwicklung ist das NASA-Raumschiff Orion fast bereit, die ersten unbemannten Testflüge zu unternehmen. Die sichere Rückkehr späterer bemannter Flüge wird, wie bei den früheren Apollo-Missionen, auch vom Avcoat-Hitzeschild der Kommandokapsel abhängen. Mit angeblich fünf Metern Durchmesser wird der Schild der Orion der größte sein, der je gefertigt wurde. Das Verfahren zu seiner Herstellung musste „wiederentdeckt" werden, ein paar der ursprünglichen Bestandteile sind heute nicht einmal mehr erhältlich. Dennoch hält man Avcoat auch nach fünfzig Jahren noch immer für das beste Material für diese Aufgabe.

Werkstoffe, besser als die Summe ihrer Komponenten

43 Solarzellen

Die meisten der heutigen Sonnenkollektoren wurden aus Silicium hergestellt, in vielen von ihnen sind Verbundwerkstoffe verarbeitet. Doch Wissenschaftler arbeiten daran, das zu ändern. Sie suchen nach preiswerteren und sozusagen „durchsichtigeren" Grundstoffen. Noch besser wären durchsichtige Solarzellen, die wir selbst als Spray auf unsere Fenster aufbringen können. Stellen Sie sich vor, Sie könnten Ihre Heizung über die Fenster betreiben!

Wir befinden uns in der Zukunft. Sie bauen ein Haus und müssen dazu die verschiedensten Entscheidungen treffen. Welche Fliesen für das Bad? Welche Farben für die Wände? Normale oder eher ausgefallene Wasserhähne? Es gibt auch Wahlmöglichkeiten für die Fenster: Sie entscheiden sich für doppelte Verglasung, fragen sich aber, ob Sie Solarfunktion dazunehmen sollen. Der Bauleiter informiert Sie, dass für die Solarfunktion ein Mitarbeiter des Fensterherstellers einen völlig durchsichtigen, lichtabsorbierenden Film auf die Fensterflächen sprühen wird. Die behandelten Fenster produzieren bei Sonnenschein elektrischen Strom, der in das Stromnetz eingespeist werden und die Hälfte der Heizenergie liefern kann, die Fenster unterscheiden sich äußerlich jedoch nicht von normalen Fenstern.

So weit der Traum. In der Gegenwart kämpfen wir noch immer mit schwierigen Themen wie dem Wirkungsgrad – wie kann ein Maximum an Sonnenenergie in elektrischen Strom umgewandelt werden – und den Kosten der Materialien. Doch es ist nicht so weit hergeholt, wenn wir uns vorstellen, Solarfunktionen auf Fenster oder auf andere Flächen im Haushalt aufzusprühen, die für uns dadurch Sonnenlicht ernten. Ein großer Teil der Vorarbeiten wurde im Labor bereits geleistet.

Am Anfang steht Silicium   Die meisten Solarmodule, die wir heute auf Gebäuden oder in Solarparks sehen, bestehen aus Silicium. Das überrascht uns nicht, denn durch das allgegenwärtige Silicium in Computerschaltkreisen wis-

Zeitleiste

1839	1839	1954	1958
Alexandre Edmond Becquerel beobachtet den photovoltaischen Effekt	Alexandre Edmond Becquerel beobachtet den p-n-Übergang	Wissenschaftler der Bell Laboratories entwickeln die Silicium-Solarzelle	erster Satellit (Explorer VI) mit Solarmodul wird in den Weltraum gebracht

Farbstoff-Solarzellen: die Grätzel-Zelle

Bei der Photosynthese wird Lichtenergie von Chlorophyll aufgenommen. Chlorophyll ist ein natürlicher Farbstoff, der von Sonnenlicht angeregt wird und diese Anregung in Form von Elektronen weitergibt. Nach einer Reihe chemischer Reaktionen wird die Anregungsenergie schließlich in Form von chemischer Energie gespeichert (▶ Kap. 37). Elektrochemische Farbstoff-Solarzellen, die der Schweizer Chemiker Michael Grätzel 1991 entwickelte, verhalten sich ähnlich. Sonnenenergie wird von organischen Farbstoffen absorbiert. Der Farbstoff überzieht eine Schicht aus Halbleitermaterial, meist Titandioxid. Wenn Licht auf den Farbstoff fällt, werden einige seiner Elektronen angeregt und „springen" in die Halbleiterschicht, von dort werden sie in einen Stromkreislauf weitergeleitet. Verschiedene Farbstoffe mit Porphyrin-Struktur, die dem natürlichen Chlorophyll ähnlich sind, wurden getestet. Die besten elektrochemischen Farbstoffe enthalten Übergangsmetalle wie Ruthenium. Doch Ruthenium

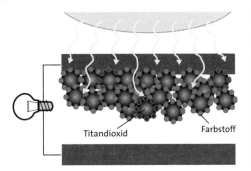

Titandioxid   Farbstoff

ist ein seltenes Metall, seine Verwendung bietet sich nicht wirklich für die nachhaltige Herstellung von Solarzellen an. Der Wirkungsgrad der Grätzel-Zelle ist bisher meist niedrig. Die Gruppe von Michael Grätzel an der École Polytechnique Fédérale in Lausanne konnte jedoch 2013 den Wirkungsgrad auf 15 Prozent steigern, indem sie Perowskit-Kristalle verwendete.

sen wir bereits viel über die Chemie und die elektronischen Eigenschaften dieses Elements. Die erste Solarzelle mit Silicium, ihre Schöpfer nannten sie „Sonnenbatterie", entstand in den Bell Laboratories. Das ist die Halbleiter-Firma, die Transistoren und Techniken zur Behandlung von Silicium-Oberflächen entwickelte, die für die Herstellung der Halbleiterchips wesentlich sind (▶ Kap. 24). Diese Sonnenbatterie wurde 1954 vorgestellt, sie konnte Sonnenlicht mit einem Wirkungsgrad von 6 % in elektrischen Strom umwandeln. Bald darauf wurden Weltraumsatelliten mit ihr ausgestattet.

Der photovoltaische Effekt, der erstmals 1839 vom französischen Physiker Alexandre Edmond Becquerel beschrieben wurde, wird von den Bell Laboratories bereits sehr lange erforscht. Ihr Chemiker Russell Ohl suchte 1939 nach

1960

das Unternehmen Silicon Sensors beginnt die Produktion von Silicium-Solarzellen

1982

erstes Solarkraftwerk mit Leistung im Megawatt-Bereich

1991

Michael Grätzel und Brian O'Regan berichten von ersten elektrochemischen Farbstoff-Solarzellen

2009

erste Berichte über Perowskite in Solarzellen

Materialien, mit denen er Kurzwellen-Radiosignale auffangen konnte. Bei Versuchen zur elektrischen Leitfähigkeit von Silicium stellte er zur Kühlung einmal den Ventilator im Labor an. Das Gerät stand zwischen dem Fenster und den Silicium-Zylindern. Die Spannungsspitzen, die er ermittelte, schienen seltsamerweise mit der Rotation der Ventilatorblätter zusammenzuhängen. Nach einigem Grübeln erkannten Ohl und seine Kollegen, dass Silicium elektrischen Strom leitet, wenn Licht darauf fällt.

Die besten photovoltaischen Anwendungen von Silicium nähern sich heute dem Wirkungsgrad von 20 Prozent. Noch immer ist die Technologie recht teuer, und es ist unmöglich, Solarzellen auf die Fenster zu klatschen. Dem Traum von effizienten photovoltaischen Anwendungen, die sich in Gebäude integrieren lassen, sind wir mit der Entwicklung von Farbstoff-Solarzellen jedoch näher gekommen. Wie Pflanzen nutzen diese Zellen organische Moleküle, um Sonnenenergie einzufangen (▶ Kap. 37). Diese Farbstoff-Solarzellen können als große, dünne, flexible Filme hergestellt werden, die sich aufrollen oder um eine gewellte Oberfläche biegen und wickeln lassen. Das Problem liegt im Moment nur darin, dass ihr Wirkungsgrad geringer ist als der von anorganischen Silicium-Solarzellen.

Organische Solarzellen Der grundlegende Aufbau einer Farbstoff-Solarzelle ist ein Sandwich, bei dem die beiden „Brotscheiben" zwei Elektrodenschichten sind und die „Füllung" aus Schichten von Farbstoff-Molekülen besteht, die durch Sonnenlicht aktiviert werden. UV-Licht regt Elektronen der Farbstoff-Moleküle an, sie wandern zu den Elektroden und erzeugen einen elektrischen Strom. Eine Verbesserung der Materialien für die inneren und äußeren Schichten des Sandwichs könnte den Wirkungsgrad der Solarzelle erhöhen. Graphen (▶ Kap. 46) beispielsweise wurde als Ersatz für die üblichen Elektroden aus Indiumzinnoxid getestet; nach einer US-Studie von 2010 funktioniert es genauso gut. Sowohl Indiumzinnoxid als auch Graphen sind durchsichtig, doch

---

Perowskite

Perowskite sind Minerale eines bestimmten Strukturtyps. Für die Entwicklung verbesserter Solarzellen wurden Varianten von Perowskiten eingesetzt, die Hybride aus anorganischen und organischen Verbindungen sind und zusätzlich Halogene wie Brom und Jod enthalten. Eine der meistversprechenden Verbindungen hat die Formel $CH_3NH_3PbI_3$, sie enthält also Blei. Das ist problematisch, denn Blei ist giftig, und die Umweltschutz-Gesetzgebung bezweckt seit Jahrzehnten die Reduzierung des Bleigehalts beispielsweise in Farben. Andererseits wurde vor Kurzem gezeigt, dass Blei aus alten Batterien recycelt und in Perowskit-Solarzellen eingesetzt werden kann.

Graphen besteht aus leicht verfügbarem Kohlenstoff, während Indiumzinnoxid nur begrenzt verfügbar ist.

Die Unternehmen BASF und Daimler arbeiten zusammen an der Entwicklung transparenter organischer Solarzellen für das Elektrofahrzeug Smart Forvision. Die Energie der Solarzellen auf dem Dach des Fahrzeugs reicht zwar nicht aus, den Motor anzutreiben, doch immerhin reicht es für das Kühlsystem. Noch immer begrenzt der Wirkungsgrad die Entwicklung und Anwendung organischer Solarzellen, er überschreitet kaum 12 Prozent. Eine Silicium-Solarzelle hat eine Lebensdauer von bis zu 25 Jahren, doch organische Solarzellen werden wahrscheinlich kaum die Hälfte davon erreichen. Andererseits lassen sie sich in fast jeder Farbe herstellen und sind biegsam. Wenn Sie sich also für purpurfarbene, biegsame, solarbetriebene Geräte interessieren, die Sie nach ein paar Jahren wegschmeißen können, liegen Sie bei organischen Solarzellen richtig.

Solarfunktion zum Aufsprühen Die Forschung zu organischen Verbindungen konzentrierte sich auf die Verbesserung des Wirkungsgrades und der Lebensdauer, als ein neues Material ins Blickfeld geriet. Perowskite (▶ Box: Perowskite) wurden von der renommierten wissenschaftlichen Zeitschrift *Science* 2013 unter die zehn wichtigsten wissenschaftlichen Durchbrüche eingestuft. Diese organisch-anorganischen Hybridverbindungen haben in Solarzellen schnell überraschende Wirkungsgrade von 16 Prozent erreicht und peilen offenbar 50 Prozent an. Sie sind einfach herzustellen, und es werden sogar schon Methoden entwickelt, sie auf Oberflächen aufzusprühen. Vielleicht ist „die Zukunft" gar nicht so weit entfernt – auch wenn die Hälfte der Heizenergie für unsere Wohnungen ein bisschen viel verlangt ist.

> **Ich würde mein Geld in die Sonne und Sonnenenergie stecken. Welch Energiequelle! Hoffentlich müssen wir nicht warten, bis Öl und Kohle zur Neige gehen, bevor wir das bewältigen.**
> Thomas A. Edison

Verbindungen, die aus Sonnenlicht Elektrizität erzeugen

44 Arzneistoffe

Wie gehen Chemiker vor, um einen Arzneistoff herzustellen? Woher kommt die Idee, und wie wird sie zu einer wirksamen Verbindung oder Mischung umgesetzt? Viele Produkte der pharmazeutischen Industrie haben natürliche Verbindungen zum Vorbild, andere sind „Treffer", die erzielt werden, wenn Tausende oder Millionen verschiedener Verbindungen daraufhin getestet werden, ob sie die gewünschte Wirkung erzielen.

Es gibt viele verschiedene Arzneistoffarten. Da sind die Medikamente, die der Arzt verschreibt. Da sind die Mittel, die dubiose Typen in dunklen Seitengässchen anbieten. Da sind Wirkstoffe, die töten können, und Wirkstoffe, die heilen können, Aufputschmittel und Beruhigungsmittel. Arzneistoffe, die von Pilzen, Giftschlangen, Samen und Weidenrinde stammen. Vollkommen synthetische Wirkstoffe, die Chemiker entworfen und hergestellt haben, und einzigartige Verbindungen aus Meeresschwämmen, von denen es eine halbe Million unterschiedlicher Varianten gibt, die in 62 Einzelschritten aufgebaut und bei fortgeschrittenem Brustkrebs eingesetzt werden.

Aus hoher See In den frühen 1980er-Jahren sammelten japanische Wissenschaftler der Universitäten Meijo und Shizuoka Proben von Schwämmen vor der Miura-Halbinsel südlich von Tokio. Schwämme sind Wassertiere; sie bilden Kolonien aus Hunderten oder Tausenden von Individuen, die eher wie Pflanzen oder Pilze aussehen. Ein bestimmtes Tier – ein schwarzer Schwamm, von dem die Wissenschaftler 600 kg für ihre Experimente gesammelt hatten – stellte eine Verbindung her, die ihr Interesse erregte. Sie verkündeten 1986 in einer chemischen Zeitschrift, dass diese Verbindung „außerordentliche ... Anti-Tumoraktivität aufweist".

Außer der Ernte weiterer Schwämme gab es in der Vergangenheit nur ganz wenige Möglichkeiten, aus einer solchen Verbindung Nutzen zu ziehen. Dies war auch der erste Ansatz, den die Wissenschaftler verfolgten. Als sich heraus-

Zeitleiste

1806	1928	1942	1963
Morphin wird aus Schlafmohnsamen isoliert	Entdeckung von Penicillin	eine verwandte Verbindung zum Kampfmittel Senfgas wird bei der ersten Chemotherapie gegen Krebs eingesetzt	Einführung von Benzodiazepin (Valium)

Viagra

Sildenafil, das unter dem Namen „Viagra" besser bekannt ist, gehört als medizinischer Wirkstoff zu den „Phosphodiesterase-Typ-5-Inhibitoren" – es verhindert, dass ein Enzym namens Phosphodiesterase Typ 5 (PDE5) seine Arbeit erledigt. In den 1980er-Jahren wussten die Chemiker bei Pfizer bereits, dass PDE5 eine Verbindung abbaut, die dafür sorgt, dass die Muskeln von Blutgefäßen sich entspannen. Viagra hindert PDE5 daran, diese Verbindung zu zerstören, und Blut kann in die entspannten Blutgefäße strömen. Die Gruppe bei Pfizer suchte eigentlich nach Mitteln, Herzkrankheiten zu behandeln. 1992 führten sie die ersten Tests mit Sildenafil an Herzpatienten durch. Dabei stellten sich schnell zwei Dinge heraus: Zum einen war der Arzneistoff nicht besonders wirksam, um damit erhöhten Blutdruck oder Angina Pectoris zu behandeln. Zum anderen hatte er unerwartete Nebeneffekte auf männliche Patienten.

Viagra-Molekül

stellte, dass auch ein anderer, weiter verbreiteter Tiefseeschwamm denselben Anti-Krebswirkstoff produziert, stellten das National Cancer Institute der USA und das neuseeländische National Institute of Water and Atmospheric Research eine halbe Million Dollar zur Verfügung, damit eine Tonne des Schwamms vom Meeresgrund vor der Küste Neuseelands geborgen werden konnte. Daraus konnte weniger als ein halbes Gramm der gesuchten Verbindung isoliert werden: Halichondrin B.

Noch schlimmer war, dass eine chemische Synthese von Halichondrin B völlig unmöglich schien. Es ist ein großes, komplexes Molekül, von dem es Milliarden verschiedene Formen gibt – Stereoisomere (Box in ▶ Kap. 34), bei denen zwar die gleichen Atome miteinander verbunden, manche der chemischen Gruppen jedoch räumlich unterschiedlich angeordnet sind.

In der Bibliothek Mit Beginn der 1990er-Jahre waren Chemiker auf eine neue Strategie zur Herstellung von Wirkstoffen gestoßen. Sie verließen sich nicht mehr auf die Biosynthese durch die Natur (▶ Kap. 36) oder umständliche chemische Synthese (▶ Kap. 16) einer bestimmten Verbindung, sondern sie erstellten ganze „Bibliotheken" verschiedener Moleküle und durchsiebten sie

1972 Entdeckung von Fluoxetin (Prozac)

1987 Lovastatin als erstes Statin zur Verordnung verfügbar

1998 Einführung von Viagra

2006 Verkaufszahlen des Cholesterinsenkers Lipitor von Pfizer erreichen einen Höchststand von 13,7 Milliarden US-Dollar

auf interessante Eigenschaften. Diese Methode kann hilfreich sein, wenn Sie zum Beispiel eine Verbindung suchen, die spezifisch an einen Rezeptor an der Zelloberfläche bindet (▶ Box: Ein leichtes Ziel?). Mit einer chemischen Bibliothek können Sie denselben Test mit sehr vielen verschiedenen Molekülen durchführen und Tabellen von denen erstellen, die an Ihren Rezeptor binden. Sie können die Verbindungen in den Tabellen vergleichen und Ihre besten Kandidaten genauer unter die Lupe nehmen.

In der Zwischenzeit wurde schließlich eine Strategie für die Synthese von Halichondrin B veröffentlicht, doch das Verfahren war langwierig und lieferte noch immer nicht genug Wirkstoff. Ein japanisches Unternehmen namens Eisai Pharmaceuticals begann, Verbindungen herzustellen, die Halichondrin B gleichen, aber weniger komplex aufgebaut sind, in der Hoffnung, eine ähnlich wirksame Verbindung zu finden. Sie suchten Analoga, die den gleichen Effekt auslösten, doch auch anders aufgebaut sein konnten. Eisais Wissenschaftler wussten aus den Untersuchungen des National Cancer Institute, dass die ursprüngliche Verbindung an Tubulin bindet, ein Protein, das die Struktur der Zellen aufrechterhält und das Krebszellen brauchen, um wachsen zu können. Jedes wirksame Analogon musste ebenfalls an Tubulin binden.

Das Vorgehen mochte ein wenig altmodisch aussehen, doch es funktionierte. Sie fanden Eribulin, einen Wirkstoff, der inzwischen für die Behandlung von Brustkrebs zugelassen ist – obwohl es mehr als eine halbe Million mögliche Stereoisomere von Eribulin gibt und die Synthese 62 Schritte umfasst. Um im Arzneistoffgeschäft erfolgreich zu sein, ist es immer noch am besten, sich von der Natur inspirieren zu lassen, denn die Natur hat schon den größten Teil der Arbeit erledigt. Rund 64 Prozent aller zwischen 1981 und 2010 neu zugelassener Arzneistoffe wurden auf die eine oder andere Art von der Natur inspiriert. Die meisten werden entweder aus lebenden Organismen isoliert, Verbindungen aus lebenden Organismen nachgeahmt oder nach ihnen verändert, oder sie wer-

---

Ein leichtes Ziel?

Viele der meistgekauften Arzneistoffe sind Verbindungen, die Rezeptoren an der Zelloberfläche beeinflussen, zum Beispiel die G-Protein-gekoppelten Rezeptoren (engl. *G-protein coupled receptor*, GPCR). Dabei handelt es sich um eine große Gruppe von Rezeptoren, die in der Zellmembran sitzen und Signale von chemischen Botenstoffen an das Zellinnere weitervermitteln. Mehr als ein Drittel aller verschriebenen Arzneimittel – darunter das Antihistaminikum Ranitidin oder das Neuroleptikum Olanzapin – enthalten Wirkstoffe, die an G-Protein-gekoppelte Rezeptoren binden. Auch deshalb testen Arzneistoffentwickler noch immer Tausende potenzielle Wirkstoffe gleichzeitig auf der Suche nach Verbindungen, die auf G-Protein-gekoppelte Rezeptoren einwirken.

den entwickelt, um spezifisch an bestimmte Moleküle in lebenden Organismen zu binden. Manchmal braucht es nur ein wenig (oder auch mehr) clevere Chemie, um die Inspiration aus der Natur in eine sinnvolle Anwendung umzuwandeln.

Wirkstoffdesign Trotzdem gibt es auch eine Fülle von erfolgreichen Wirkstoffen aus anderen Quellen. Nehmen Sie Viagra (► Box: Viagra), einen erfolglosen Blutdrucksenker, der zum meistgekauften Arzneistoff überhaupt wurde. Falls Sie jedoch einen Anfangspunkt für Ihre Suche brauchen, so liegt der naheliegende Ausgangspunkt bei natürlichen Molekülen, die Fehlfunktionen oder Krankheiten auslösen. Es können Viruspartikel sein oder fehlgebildete Moleküle des Körpers selbst. Bei der Suche nach einem Wirkstoff für ein spezielles Problem ist *rational design* (rationales Wirkstoffdesign) eine gute Strategie. Durch Methoden wie die Röntgenstrukturanalyse (► Kap. 22) können wir genug Informationen über ein krankheitsauslösendes Molekül gewinnen, sodass wir andere Moleküle entwerfen können, die es binden und davon abhalten, Schaden im Körper anzurichten. Einen Teil der anfänglichen Versuche können wir mit Computersimulationen durchführen, noch bevor unser Molekülkandidat auch nur im Labor hergestellt wurde.

Rational design ist eine Strategie, mit der Chemiker eines der größten Probleme angehen, die es heute für die pharmazeutische Industrie gibt: die Arzneistoffresistenz. Mikroorganismen und Viren passen sich mit erschreckender Geschwindigkeit an unsere chemischen Waffen an. Der einzige Weg, sie auf Distanz zu halten, liegt in neuen Angriffsmethoden – völlig neuen Arzneistoffklassen. Eine weitere Strategie liegt darin, Moleküle zu entwerfen, die Arzneistoffe im Körper an genau die Stellen transportieren, an denen sie wirken sollen – nur ein Aspekt der neuen Wissenschaft der Nanotechnologie (► Kap. 45).

> **❞ Wir [hoffen], dass unternehmungslustige und kühne organische Chemiker den Vorsprung nicht ungenutzt lassen, den natürliche Produkte bei dem Streben nach neuen Mitteln und Stoßrichtungen in der medizinischen Entdeckung bieten. ❞**
>
> **Rebecca Wilson und Samuel Danishefsky**
> in „Accounts of Chemical Research"

Worum es geht
Natürliche und synthetische Wege zu Verbindungen, die Krankheiten besiegen

45 Nanotechnologie

Vor nur wenigen Jahrzehnten kam einer der großen Wissenschaftler des 20. Jahrhunderts auf verrückte Ideen über molekulare Manipulation und Miniaturmaschinen. Im Nachhinein scheinen seine Ideen nicht einmal mehr halb so verrückt – sie wirken wie genaue Vorhersagen über das, was uns die Nanotechnologie zu bieten hat.

Der Physiker Richard Feynman, der an der Entwicklung der Atombombe mitarbeitete und die Katastrophe des Spaceshuttles *Challenger* mit untersuchte, hielt eine berühmte Vorlesung über „das Problem, Dinge in kleinem Maßstab zu manipulieren und herzustellen". Sie fand 1959 statt, zu dieser Zeit schienen seine Ideen so weit hergeholt, dass sie fast fantastisch wirkten. Er benutzte noch nicht den Ausdruck „Nanotechnologie" – dieses Wort gibt es erst seit 1974, als ein japanischer Ingenieur es einführte –, doch er sprach darüber, einzelne Atome zu bewegen, Maschinen zu bauen, die wie kleinste mechanische Chirurgen vorgehen konnten, oder ein ganzes Lexikon auf einen Stecknadelkopf zu schreiben.

Wie viel von Feynmans Fantasien ist ein paar Jahrzehnte später Wirklichkeit geworden? Können wir zum Beispiel einzelne Atome bewegen? Oh ja – 1981 wurde das Rastertunnelmikroskop entwickelt, das Wissenschaftlern einen ersten Blick in die Welt der Atome und Moleküle erlaubte. Ein paar Jahre später, 1989, erkannte Don Eigler bei IBM, dass er mit der Tastspitze des Geräts einzelne Atome bewegen konnte, und schrieb „IBM" aus 35 Xenon-Atomen. Zu diesem Zeitpunkt verfügten Nanowissenschaftler mit dem Rasterkraftmikroskop über ein weiteres leistungsfähiges Werkzeug, und Eric Drexler hatte sein kontrovers diskutiertes Buch *Engines of Creation* über Nanotechnologie geschrieben. Die Nanotechnologie war angekommen.

Kleine Dinge neu betrachten   Heute enthalten Tausende von Produkten, von Gesichtspuder bis zu Autolack, Materialien in Nanogrößen. Die möglichen

Zeitleiste

1673	1959	1986
Entdeckung von Goldpurpur (kolloidale Goldteilchen)	Richard Feynman hält seine berühmte Rede „*There's Plenty of Room at the Bottom*" (deutsch: *Viel Spielraum nach unten*)	Entwicklung des Rasterkraftmikrokops

Anwendungen erstrecken sich auf jeden Industriezweig, das Gesundheitswesen gehört ebenso dazu wie erneuerbare Energien oder Maschinenbau. Doch Nanomaterialien sind keine Erfindung des Menschen. Teilchen in Nanogrößen gibt es schon länger als die Menschheit.

Nanoteilchen sind genau das, wonach der Name klingt: sehr kleine Teilchen, mit einer Größe von 1 bis 100 Nanometern, oder 1 bis 100 Millionstel eines Millimeters. Da ist die Größenordnung von Atomen und Molekülen – ein Maßstab, bei dem Chemiker sich recht wohlfühlen sollten, denken sie doch die meiste Zeit über Atome und Moleküle und deren Verhalten bei chemischen Reaktionen nach. Bei den meisten Stoffen kleben Atome zu Massen zusammen, doch ein Gold-Atom hat beispielsweise in einem Goldklumpen völlig andere Eigenschaften als in einem Gold-Nanoteilchen, das nur aus ein paar Atomen besteht. Wir können im Labor Gold in Gold-Nanotcilchen umwandeln, es gibt jedoch auch eine Fülle von Stoffen, die in der Natur in Nanogrößen vorkommen.

> **Ich scheue nicht davor zurück, als die letztendliche Frage zu betrachten, ob wir schließlich ... die Atome so anordnen können, wie wir es wollen; das Atom selbst, bis ganz nach unten!**
> Richard Feynman (1959)

Die Entdeckung von „Kohlenstoff-Buckyballs" (▶ Kap. 28) – einen Nanometer großen „Bällen" aus 60 Kohlenstoff-Atomen – wird oft als Meilenstein in der Geschichte der Nanowissenschaften betrachtet, doch die Buckyballs sind völlig natürlich. Sicherlich können wir sie im Labor erzeugen, sie entstehen jedoch auch im Ruß von Kerzenflammen. Wissenschaftler haben Nanoteilchen seit Jahrhunderten hergestellt, ohne es zu wissen. Michael Faraday, Chemiker im 19. Jahrhundert, experimentierte mit kolloidalem Gold, ohne zu wissen, dass die Gold-Teilchen Nanogröße haben. Erst mit der Entwicklung der Nanotechnologie in den 1980er-Jahren wurde dies offensichtlich.

Die Größe macht's Wir können jedoch nicht davon ausgehen, dass Nanotechnologie nicht Neues oder Aufregendes ist. Und wir können nicht behaupten, es sei derselbe Stoff, nur eben kleiner, denn das trifft nicht zu. Die Dinge verhalten sich im Nanomaßstab anders als in der Masse. Vielleicht am offensichtlichsten ist, dass kleinere Teilchen und Materialien mit Nanoeigenschaften deutlich größere Oberflächen (pro Volumeneinheit) besitzen. Dies spielt eine große

1986	**1989**	**1991**	**2012**
Eric Drexler veröffentlicht *Engines of Creation: The Coming Era of Nanotechnology*	Don Eigler fügt einzelne Atome zum Schriftzug „IBM" zusammen	Entdeckung von Kohlenstoff-Nanoröhrchen	Meldung eines Transistors, der aus einem einzigen Phosphoratom besteht

Elektronik mit Nanoröhrchen

Nanoröhrchen sind kleine hohle Zylinder aus Kohlenstoff, die unglaublich reißfest sind und den elektrischen Strom leiten. Möglicherweise ersetzen sie eines Tages Silicium bei elektronischen Anwendungen; Transistoren von integrierten Schaltkreisen wurden bereits mit ihnen hergestellt. Wissenschaftler der Universität Stanford bauten 2013 einen einfachen Computer, dessen Prozessor aus 178 Transistoren aus Nanoröhrchen bestand. Der Computer konnte nur zwei Programme gleichzeitig ablaufen lassen und hatte die Rechenkapazität des ersten Mikroprozessors von Intel. Ein Problem der Nanoröhrchen liegt darin, dass sie keine wirklich guten

Halbleiter sind – manche metallischen Nanoröhrchen „lecken" Strom. Eine US-Forschergruppe hat herausgefunden, dass Nanoteilchen aus Kupferoxid auf den Nanoröhrchen die Halbleitereigenschaften verbessern.

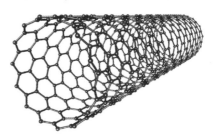

Rolle, wenn wir chemische Reaktionen durchführen wollen. Noch seltsamer ist, dass die Teilchen nun anders aussehen und sich anders verhalten. Die Farbe von Gold-Nanoteilchen hängt beispielsweise von ihrer Größe ab. Faradays kolloidales Gold sah nicht golden aus. Es war rubinrot („Goldpurpur").

Diese Seltsamkeit kann nützlich sein – mit kolloidalem Gold werden seit der Antike Gläser tiefrot eingefärbt –, sie kann aber auch Probleme aufwerfen. Silber-Nanoteilchen werden immer häufiger als natürliches Antibiotikum auf Kleidungsstücke aufgebracht, ohne dass wir viel darüber wissen, wie sich die winzigen Partikel verhalten, wenn sie abgewaschen werden. Welchen Einfluss werden wachsende Mengen der Partikel auf die Umwelt ausüben?

Das Reich der Fantasie Wissenschaftler arbeiten weiter von Grund auf („Bottom-up-Ansatz", ▶ Kap. 25) daran, Objekte und Geräte in Nanogröße zu schaffen. Ein endloses Reich der Möglichkeiten liegt vor uns, nicht nur mit Nanoteilchen, sondern auch mit Nanomaschinen. Könnten also winzige Maschinen die Medizin revolutionieren, wie Feynman es sich vorstellte? „[Es] wäre interessant für die Chirurgie, wenn wir den Chirurgen herunterschlucken könnten", sagte er 1959 in seiner Rede. „Wir führen den mechanischen Chirurgen in die Ader ein, und er spaziert zum Herzen und sieht sich um." Feynmans Nanochirurg ist vielleicht noch nicht Wirklichkeit, doch wir können ihn nicht

Zustellung mittels DNA

Baustoffe im Nanomaßstab können vollständig vom Menschen entwickelt, aber auch natürlich sein. Natürliche Stoffe haben oft den Vorteil, eher biokompatibel zu sein – der Körper kennt sie bereits, deshalb ist es weniger wahrscheinlich, dass er sie abstößt. Das ist der Grund, warum einige Wissenschaftler daran arbeiten, mithilfe von DNA Arzneistoffe gezielt zu kranken Zellen zu bringen. Wissenschaftler haben beispielsweise Wirkstoffmoleküle in DNA-Käfige eingesperrt, deren „Schlösser" sich nur durch die richtigen „Schlüssel" öffnen lassen, zum Beispiel durch Erkennungsmoleküle an den Oberflächen von Krebszellen.

als reine Fantasie abtun. Wissenschaftler arbeiten bereits daran, Nanotransporter für Arzneistoffe zu schaffen, die in der Lage sind, ihre Fracht zu erkrankten Zellen im Körper zu bringen, ohne die gesunden Zellen zu beliefern (▶ Box: Zustellung mittels DNA).

Wir müssen uns jedoch nicht in das Reich der Science-Fiction begeben, um Nanotechnologie-Anwendungen für die Wirklichkeit zu finden. Samsung verwendet bereits Nanomaterialien in den elektronischen Displays seiner Smartphones. Nanotechnologie führt zu besseren Katalysatoren für die Aufbereitung von Treibstoffen und die Verminderung von Autoabgasen. Sonnenschutzcremes enthalten seit Jahren schon Nanoteilchen aus Titandioxid, trotz jüngster Bedenken bezüglich ihrer Sicherheit.

Wie steht es nun damit, ein Lexikon auf einen Stecknadelkopf zu schreiben? Kein Problem. Thomas Newman vom California Institute of Technology ätzte 1986 eine Seite aus Charles Dickens' *A Tale of Two Cities* („Eine Geschichte aus zwei Städten") in ein Stück Kunststoff von der Fläche eines sechstausendstel Quadratmillimeters. Es ist also durchaus plausibel, die *Encyclopedia Britannica* auf einen Stecknadelkopf mit zwei Millimetern Durchmesser zu schreiben.

Kleine Teilchen, große Auswirkungen

46 Graphen

Wer hätte gedacht, dass ein Stückchen Graphit, wie es in unseren Bleistift-minen steckt, ein Supermaterial enthält, das so stark, so dünn, so flexibel und so gut elektrisch leitend ist, dass es sich mit keinem anderen Material auf unserem Planeten vergleichen lässt? Wer hätte gedacht, dass es so ein-fach aus dem Graphit herauszubekommen ist? Und wer hätte gedacht, dass dieses Material unsere Mobiltelefone so nachhaltig verändern würde?

Andre Geim, einer der Nobelpreisträger für Physik des Jahres 2010, nannte sei-nen Nobelvortrag „Ein zufälliger Spaziergang zu Graphen". Wie er selbst ein-räumte, war er im Laufe der Jahre an etlichen fehlgeschlagenen Projekten betei-ligt, und diejenigen, die er weiter verfolgte, ergaben sich mit einer gewissen Zufälligkeit. Bei seinem Vortrag in Stockholm sagte er: „Es gab rund zwei Dut-zend Experimente, die wir über 15 Jahre hinweg verfolgten, und wie erwartet scheiterten die meisten jämmerlich. Doch es gab drei Treffer: die Schwebetech-nik, Gecko-Tape und Graphen." Von den dreien klingen die Schwebetechnik und Gecko-Tape am interessantesten, doch es ist Graphen, das die wissenschaft-liche Welt im Sturm erobert hat.

Graphen wird oft „Supermaterial" genannt. Es ist das erste und aufregendste Material einer neuen Generation sogenannter „Nanomaterialien" – die erste Substanz, die wir kennen, die aus einer einzigen Lage von Atomen gebildet wird. Graphen besteht vollständig aus Kohlenstoff-Atomen, es ist das dünnste und leichteste Material auf der Erde und gleichzeitig auch das stärkste. Es heißt, ein quadratmetergroßes „Blatt" aus Graphen – Sie erinnern sich, eine Schicht von einem Atom Dicke – ergäbe eine Hängematte, die stark und flexibel genug ist, eine Katze zu tragen, obwohl es selbst nicht mehr wiegt als eines der Schnurrhaare. Eine Katzen-Hängematte wäre auch transparent, wir hätten den Eindruck, die Katze läge in der Luft, und sie könnte den elektrischen Strom besser leiten als Kupfer. Wenn wir den Erwartungen glauben, wird es durch Graphen möglich, Batterien durch ultraschnell zu ladende „Superkondensato-

1859	**1962**	**1986**
Benjamin Brodie entdeckt „Graphon", das heutige Graphenoxid	Ulrich Hofmann und Hanns-Peter Boehm finden sehr dünne Fragmente von Graphenoxid unter dem Transmissionselektronenmikroskop	Hanns-Peter Boehm führt den Begriff „Graphen" ein

ren" zu ersetzen: Es wäre das Ende der Nöte mit unseren Smartphone-Akkus, Akkus elektrischer Fahrzeuge ließen sich innerhalb von Minuten wieder aufladen.

Die Zukunft der Elektronik   Andre Geim kann zwar nicht für sich in Anspruch nehmen, Graphen als Erster entdeckt zu haben – andere Wissenschaftler wussten vor ihm von seiner Existenz und waren nahe daran, es zu erhalten –, doch er und sein Mitpreisträger Konstantin Novoselov fanden eine zuverlässige, wenn nicht gar kommerziell anwendbare Methode, um Graphen aus Graphit herzustellen. Sie nahmen dafür nur ein Stück Graphit (Box in ▶ Kap. 28) und zogen mithilfe eines Klebebands Schichten von Graphen ab. Graphit ist das Material, aus dem das „Blei" der Bleistifte besteht, es ist im Grunde aus Stapeln von Hunderttausenden Graphenschichten aufgebaut, zwischen den Schichten gibt es nur recht geringe Anziehungskräfte. Es ist möglich, ein paar der oberen Schichten einfach mit Klebband abzublättern. Geim und Novoselov erkannten dies, als sie ein Stück Klebeband näher betrachteten, mit dem sie zuvor die Graphitoberfläche gereinigt hatten.

Auch wenn nicht wirklich geklärt ist, wer als Erster Graphen isolierte und wann dies erfolgte, so gibt es doch keinen Zweifel daran, dass die Artikel, die Geim und Novoselov 2004 und 2005 veröffentlichten, die Haltung der Wissenschaft gegenüber dem Material stark veränderten. Bis dahin glaubten manche Forscher nicht, dass eine Schicht, die ein Atom dick ist, stabil sein könnte. Die Untersuchung von 2005 beschäftigte sich mit den elektronischen Eigenschaften, die seither viel Beachtung erhalten haben. Es gibt eine Fülle von Überlegungen zu Graphen-Transistoren und flexibler Elektronik bis hin zu biegsamen Telefonen und Solarzellen.

Zwei Forscher der Universität von Kalifornien in Los Angeles gaben 2012 bekannt, sie hätten aus Graphen Superkondensatoren in Mikrogröße hergestellt, ähnlich sehr kleinen, dauerhaften Batterien, die innerhalb von Sekunden geladen sind. Der Student Maher El-Kady erkannte, dass eine Glühlampe mindestens fünf Minuten lag leuchtet, wenn sie an ein Stück Graphen angeschlossen wird, das einige Sekunden lang geladen wurde. Er und sein Betreuer Richard

> 🔟 **Graphen lag wortwörtlich seit Jahrhunderten vor unseren Augen und unter unseren Nasen, doch es wurde nie erkannt, was es wirklich ist.** 🔟
> **Andre Geim**

1995
Thomas Ebbesen und Hidefumi Hiura malen sich elektronische Instrumente auf Graphenbasis aus

2004
Andre Konstantin Geim und Konstantin Novoselov veröffentlichen ein Verfahren, um Graphen aus Graphit zu erhalten

2013
Maher El-Kady und Richard Kaner veröffentlichen ein Verfahren, um Superkondensatoren aus Graphen mit einem DVD-Brenner zu erhalten

Tennisschläger aus Graphen

Es geht bei Graphen nicht nur um die elektrischen Eigenschaften: Für jedes Material, das dreihundertmal stärker ist als Stahl, aber weniger als ein Milligramm pro Quadratmeter wiegt, muss es auch andere Anwendungen geben. Deshalb verkündete wohl Sportartikelhersteller HEAD 2013, dass für die Schäfte seiner neuen Tennisschläger auch Graphen verwendet wird. Dieser Schläger wurde von Novak Djokovic benutzt, als er später im selben Jahr die Australian Open gewann. Der Sieg lässt sich nicht mit Bestimmtheit auf den Schläger zurückführen, doch er half sicher, den Tennisschläger – und Graphen – bekannt zu machen.

Kaner fanden schnell einen Weg, Graphen mithilfe des Lasers von einem DVD-Brenner herzustellen. Sie beabsichtigen, das Verfahren für den Großmaßstab abzuwandeln, sodass die winzigen Akkus für die verschiedensten Anwendungen zur Verfügung stehen – von Mikrochips bis zu medizinischen Implantaten wie Herzschrittmachern.

Graphen-Sandwich   Die gute elektrische Leitfähigkeit von Graphen beruht auf der flachen, wabenartigen Struktur, in der die Kohlenstoff-Atome angeordnet sind. Jedes Kohlenstoff-Atom hat ein freies Elektron, das als Ladungsträger über die Oberfläche flitzen kann. Das Problem liegt darin, dass Graphen sogar zu gut leitet. Halbleitermaterialien wie Silicium (▶ Kap. 24), mit denen Mikrochips bisher hergestellt werden, sind unter bestimmten Bedingungen elektrisch leitfähig, leiten unter anderen Bedingungen aber nicht – die Leitfähigkeit kann an- und ausgeschaltet werden. Materialwissenschaftler arbeiten deshalb daran, gezielt Verunreinigungen in Graphen einzubringen oder es in ein Sandwich aus anderen superdünnen Materialien einzulegen, um einstellbare elektrische Eigenschaften zu erzielen.

Ein weiteres Problem liegt darin, dass sich Graphen im großen Maßstab nicht so einfach (und günstig) herstellen lässt. Es ist sicherlich nicht zweckmäßig, dafür Schichten von Graphitstücken abzuziehen. Materialwissenschaftler würden sich auch größere Bögen daraus wünschen. Eines der erfolgreicheren Verfahren nutzt die chemische Dampfphasenabscheidung (engl. *chemical vapour deposition*, CVD). Dabei werden monoatomare Schichten von Kohlenstoff-Atomen über die Gasphase auf eine Oberfläche aufgebracht, die danach aufgelöst wird. Doch diese Methode erfordert extrem hohe Temperaturen. Andere, preis-

Wabenstruktur

Die Struktur von Graphen wird oft als wabenartig oder wie Maschendraht beschrieben. Wie bei Graphit liegen die Kohlenstoff-Atome in einer flachen Schicht nebeneinander. Innerhalb der Schicht sind sie durch sehr starke Bindungen verknüpft, die sich nur schwer brechen lassen. Jedes Kohlenstoff-Atom ist mit drei anderen Kohlenstoff-Atomen verbunden, sie bilden ein sich wiederholendes Muster aus Sechsecken. Dadurch bleibt eines der vier Elektronen aus der äußeren Schale jedes Kohlenstoff-Atoms übrig, das „herumwandern" kann. Aus der Wabenstruktur von Graphen ergibt sich seine Stärke, die freien Elektronen verleihen ihm seine Leifähigkeit. Ein Kohlenstoff-Nanoröhrchen (Box in ▶ Kap. 45) hat eine ähnliche Struktur – wie ein Stück Maschendraht, das zu einem Zylinder gerollt wurde. Da Graphen nur eine Atomlage dick und völlig eben ist, wird es als zweidimensionales Material angesehen, es ist nicht dreidimensional wie alle anderen Stoffe. Die Tatsache, dass es nur aus Kohlenstoff-Atomen besteht, dem vierthäufigsten Element der Erde, macht es zusätzlich attraktiv: Die Wahrscheinlichkeit, dass es uns eines Tages ausgehen wird, ist ziemlich gering.

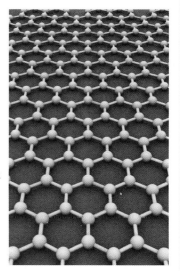

günstigere Verfahren wurden getestet, darunter auch Küchenmixer im Großmaßstab oder Ultraschall, um Graphenschichten von Graphit abzutrennen.

Hat jemand von freiem Schweben gesprochen? Das ist also Graphen. Was wurde aus Geims anderen Experimenten? Er ließ Wasser schweben, indem er es aus Spaß über dem Elektromagneten in seinem Labor auskippte. Einmal ließ er so auch einen Frosch in einer Wasserhülle schweben. Das Gecko-Tape sollte die extreme Haftfähigkeit der Haut an den Füßen von Geckos imitieren, funktionierte jedoch nicht ganz so gut.

Worum es geht
Supermaterial aus Kohlenstoff

47 3D-Druck

Druck scheint auf den ersten Blick kein Thema, für das wir uns begeistern müssten. Doch dann würden wir die außerordentlichen Möglichkeiten vernachlässigen, die 3D-Druck bietet. Von Autos aus Kunststoff bis hin zu künstlichen Ohren aus Hydrogelen – es gibt kaum Grenzen, die die Möglichkeiten dieser Technologie einschränken. Raumfahrtingenieure drucken sogar Metallteile für Raketen und Flugzeuge.

Im 20. Jahrhundert stand die Massenproduktion im Zentrum der Fertigungstechnik. Produkte wurden entwickelt, die mehr oder weniger auf jeden passen würden, und dann wurden Wege gefunden, diese Produkte in großen Mengen herzustellen: Massenproduktion von Autos, Massenproduktion von Bienenstich, Massenproduktion von Computerchips.

Was hält nun das 21. Jahrhundert bereit? Massenhafte Maßanfertigung – Konsumgüter auf Anforderung, auf die individuellen Bedürfnisse zugeschnitten und in Massen ausgeliefert. Wir sind nicht länger gezwungen, uns mit Standardprodukten für den durchschnittlichen Kunden (also niemanden im Speziellen) zufriedenzugeben. Sie wünschen den Fahrersitz Ihres Autos so voreingestellt, dass Sie stets behaglich sitzen, ohne mit Hebeln herumspielen zu müssen? Die massenhafte Maßanfertigung ermöglicht es. Und die Antwort auf die Frage, wie die Fertigungstechnik angepasst werden kann, sodass jeder exakt das erhält, was er möchte, lautet 3D-Druck.

Das Versprechen des Druckens Drucken war lange Zeit eine Domäne der Chemiker. Vor Hunderten von Jahren wurden Druckfarben aus natürlichen Stoffen hergestellt und enthielten in der Regel Kohlenstoff als Pigment. Die heutigen Drucktinten sind komplexe Mischungen chemischer Verbindungen, die farbige Pigmente, Harze, Entschäumer und Verdickungsmittel enthalten. 3D-Drucker können mit verschiedensten Werkstoffen drucken, von Kunststoffen bis zu

Zeitleiste

1986	1988	1990
Charles Hull gründet 3D Systems und erhält ein Patent auf die Methode „Stereolithographie"	erster kommerzieller „Stereolithographie-Apparat", SLA-250, wird von 3D Systems eingeführt	Scott Crump erhält ein Patent auf die Methode der Schmelzschichtung (engl. *fused depostion modeling*)

Metallen. Manche können nur eine Materialart verwenden – vergleichbar den Schwarz-Weiß-Druckern –, während andere für ein und dasselbe Objekt verschiedene Grundstoffe kombinieren können, wie ein gewöhnlicher Drucker verschiedenfarbige Tinten kombiniert.

Das gemeinsame Merkmal aller 3D-Drucker ist, dass sie Schicht für Schicht dreidimensionale Strukturen aufbauen. Die Information dazu erhalten sie aus Computerdateien, in denen dreidimensionale Objekte zu Lagen aus zweidimensionalen Querschnitten aufgelöst sind. Rechnerunterstützte Konstruktionsprogramme (engl. *computer-aided design*, CAD) ermöglichen es Designern, komplexe Entwürfe zu erstellen und rasch ausdrucken zu lassen, anstatt sie aus zig verschiedenen Teilen mühsam zusammenzufummeln. Der ultimative Traum von Raumfahrtingenieuren ist es, einen Weltraumsatelliten auszudrucken. Doch bereits jetzt sind manche der Strukturen, die 3D-Drucker geschaffen haben, schier unglaublich – künstliche Ohren, Schädelimplantate (▸ Box: 3D-Druck von Körperteilen), Teile von Raketenantrieben und Nanomaschinen, ganz zu schweigen von Vorführfahrautos in voller Größe.

> **Stellen Sie sich Ihren Drucker als einen Kühlschrank vor, der mit all den Zutaten gefüllt ist, die Sie brauchen, um jedes beliebige Gericht aus Jamie Olivers neuem [Koch-]Buch zu kochen.**
>
> **Lee Cronin**

3D-Drucktinte Das zuverlässige Drucken von Objekten wie Autos erfordert noch weiteren technischen Fortschritt beim Drucken mit Metallen. Dieser Bereich interessiert die NASA genauso wie die Europäische Raumfahrtagentur ESA, die ein Projekt namens Amaze ins Leben gerufen hat, um Raketen- und Flugzeugteile zu drucken. Die Vorteile liegen in umweltfreundlicheren, abfallfreien Herstellungsverfahren und in der Möglichkeit, wesentlich komplexere Metallteile als bisher anzufertigen, die Schicht für Schicht aufgebaut werden.

Die 3D-Drucktechnik und die verwendete „Tinte" hängen vom jeweiligen Verfahren ab. Eine ganze Reihe verschiedener 3D-Drucktechniken befindet sich in der Entwicklung. Die Methode, die dem herkömmlichen Drucken am ähnlichsten kommt, ist 3D-Tintenstrahldruck, bei dem Pulver und Bindemittel abwechselnd aufgedruckt werden. Die Palette der Werkstoffe, die verarbeitet werden können, reicht von Kunststoffen bis zu Keramik. Die Stereolithographie

1993	**2001**	**2013**	**2014**
Wissenschaftler des MIT nennen ihr Gerät als Erste „3D-Drucker"	3D-Strukturen mit Tintenstrahldruckern erzeugt	NASA berichtet, sie habe eine Einspritzdüse für Raketenantriebe getestet, die über 3D-Druck hergestellt war	ein Patient mit Knochenfunktionsstörungen erhält ein Schädelimplantat aus dem 3D-Drucker

Druckchemikalien

Eine Arbeitsgruppe der Universität Glasgow arbeitet daran, mithilfe von 3D-Druckern miniaturisierte chemische Synthesesets zu erstellen, in denen bereits die Reagenzien als „Tinte" enthalten sind. Mit den maßgeschneiderten Reaktionsgefäßen könnten komplexe Moleküle synthetisiert werden. Eine mögliche Anwendung liegt darin, Arzneistoffe „nach Bedarf" und preiswert herzustellen, nach der Anleitung durch die Software eines Arzneimittelchemikers.

dagegen benutzt UV-Licht, um Kunststoffe auszuhärten. Der Lichtstrahl zeichnet das Objekt in ein Bad aus flüssigen Kunststoffmonomeren, die Schicht für Schicht in Form der gewünschten Struktur aushärten. Wissenschaftler der Universität von Kalifornien in San Diego stellten 2014 nach diesem Ansatz ein biokompatibles Kunstorgan aus Hydrogel her, das wie eine Leber arbeitet und Giftstoffe im Blut erkennen und herausfiltrieren kann.

Die wohl am weitesten verbreitete 3D-Drucktechnik ist die Schmelzschichtung (engl. *fused depostion modeling*), bei der halbgeschmolzene Werkstoffe aufeinandergeschichtet werden. Kunststoffe werden erwärmt und durch die Druckdüse als Punkteraster aufgetragen. Das deutsche Unternehmen EDAG schuf den Rahmen für sein futuristisch aussehendes Fahrzeug „Genesis" aus thermoplastischem Kunststoff mithilfe eines abgewandelten Schmelzschichtungsverfahrens. Die Ingenieure gaben an, die Konstruktion sei auch mit Kohlenstoff-Fasern möglich, die einen ultraleichten und ultrastabilen Fahrzeugrahmen liefern würden. Nachdem Boeing für sein Dreamliner-Flugzeug schon Kohlenstoff-Fasern verwendet, warum nicht gleich ein Flugzeug aus dem 3D-Drucker?

Maßstäbliche Verkleinerung Ob groß oder klein, 3D-Druck verändert die Art und Weise, wie wir entwerfen und erschaffen. Die Mikrofabrikation von elektronischen Bauteilen (▶ Kap. 24) ist ein viel versprechendes Anwendungsgebiet, schon jetzt lassen sich elektronische Schaltkreise und Miniaturkonstruktionen auf Lithium-Ionen-Akkumulatoren drucken. Elektronikbegeisterte können ihre eigenen maßgerechten Schaltkreise entwerfen und drucken. Das australische Startup-Unternehmen Cartesian entwickelt einen Drucker, der Schaltkreise auf den verschiedensten Werkstoffen anbringen kann, etwa auf Textilien, um „tragbare" elektronische Anwendungen zu ermöglichen.

Nanotechnologen erkunden bereits die Möglichkeiten, Nanomaschinen zu drucken. Eine Methode greift auf die Tastspitze eines Rasterkraftmikroskops zurück, mit der einzelne Moleküle auf eine Oberfläche gebracht werden sollen. Es ist jedoch schwierig, den „Tintenfluss" in diesen Größenordnungen zu kontrollieren. Eine Lösung besteht im Elektrospinnen, bei dem eine elektrisch geladene Polymerfaser auf eine gegensätzlich geladene Oberfläche aufgesponnen wird. Die Oberfläche kann Muster enthalten, über die sich die Kontaktpunkte steuern lassen.

Es ist nicht verwunderlich, dass der 3D-Druck alle begeistert – er bietet unzählige kreative Möglichkeiten. Auch aus Sicht des Verbrauchers sind die Vorteile offensichtlich: keine Massenprodukte mehr, ein Fahrzeug aus Kohlenstoff-Fasern mit maßgeschneiderten Sitzen, ja sogar perfekt passende Körperersatzteile.

Körperteile aus 3D-Druck

Im September 2014 berichtete ein Artikel der Zeitschrift *Applied Materials & Interfaces* von einer Gruppe australischer Chemiker, die mit 3D-Druck menschliches Knorpelmaterial nachgeahmt haben. Sie verwendeten dazu Hydrogele mit hohem Wassergehalt, die durch Kunststofffasern verstärkt werden. Beide Komponenten wurden gleichzeitig als Flüssigkeiten aufgetragen und mit UV-Licht gehärtet. Das Ergebnis war ein fester, aber flexibler Verbundwerkstoff (▶ Kap. 42), der Knorpel sehr ähnlich ist. Wenn Sie das für beeindruckend halten, dann haben Sie vermutlich nichts über die Patienten gehört, die vor Kurzem Schädelimplantate aus 3D-Druck erhielten. Das medizinische Zentrum der Universität Utrecht in den Niederlanden meldete 2014, es habe mithilfe von 3D-Druck einen großen Teil des Schädels einer Frau ersetzt, deren eigener Schädel aufgrund einer Erkrankung verdickte und auf ihr Gehirn zu drücken drohte. Eine chinesische Frau, die die Hälfte ihres Schädels bei einem Unfall an einer Baustelle verloren hatte, erhielt ein neues Schädelfragment aus Titan, das mit 3D-Druck hergestellt wurde. Es wird möglich, maßgeschneiderte und passende Implantate für jeden einzelnen Patienten zu schaffen.

Maßanfertigungen, Schicht für Schicht

48 Künstliche Muskeln

Wie lässt sich eine riesige Menge an Leistung aus etwas erhalten, das hauchzart wirkt? Denken Sie an die mageren Radsportler, die während der Tour de France französische Berge erklettern. Das Geheimnis liegt im Leistungs-Gewichts-Verhältnis, doch wie lässt sich das künstlich erreichen? Die Forschung an künstlichen Muskeln erzielt bereits noch eindrucksvollere Ergebnisse.

Falls Sie sich je mit halbwegs ernsthaften Radsportlern unterhalten haben, wissen Sie, dass diese Jungs verrückt nach statistischen Werten sind. Sie verfolgen andauernd ihre Durchschnittsgeschwindigkeit, berechnen zurückgelegte Kilometer und zählen Höhenmeter zusammen. Sie verschicken ihre Daten mit GPS-Apps und treten bei KOMs – King-of-the-Mountain-Wettbewerben – um die besten Bergwertungen gegeneinander an. Am meisten sind sie von ihrem Leistungs-Gewichts-Verhältnis besessen. Jeder Radsportler, der seine Klickschuhe wert ist, weiß, dass ein Leistungs-Gewichts-Verhältnis von etwa 6,7 Watt pro Kilogramm ($W\ kg^{-1}$) notwendig ist, um die Tour de France zu gewinnen.

Für uns Freizeitsportler heißt das, dass ein Tour-de-France-Anwärter in der Lage sein muss, wie der Teufel in die Pedale zu treten, und dabei so dünn aussieht, als könnte ihn der nächste Windstoß umwerfen. Der viermalige Olympia-Goldmedaillengewinner Bradley Wiggins, Tour-de-France-Sieger von 2011, ist ein typisches Bespiel. Damals wog Wiggins etwa 70 kg und konnte eine Leistung von 460 Watt erreichen (dies klingt eindrucksvoll, doch mindestens zwei Bradley Wiggins wären nötig, um einen Haarföhn anzutreiben). Das bedeutet, er konnte für jedes Kilogramm Körpergewicht 6,6 Watt Leistung erzielen: Er hatte ein Leistungs-Gewichts-Verhältnis von 6,6 $W\ kg^{-1}$.

Leistung zu Gewicht Es gibt eine ähnliche Besessenheit vom Leistungs-Gewichts-Verhältnis in der Fahrzeugindustrie – ein Porsche 911 von 2007 kann rund 271 $W\ kg^{-1}$ auf die Straße bringen – und bei der Forschung an künstlichen

Zeitleiste

1931	1957	2009
Entdeckung von Polyethylen	Gewichtheber Paul Anderson hebt 2844 kg mit einem Backlift, bei 163 kg Körpergewicht	Muskelgel kann ohne äußere Hilfe aufgrund chemischer Reaktion „Gehen"

Muskeln. Seit Jahrzehnten versuchen Materialwissenschaftler, Werkstoffe und Bauteile zu schaffen, die wie menschliche Muskeln kontrahieren können, jedoch ein sehr hohes Leistungs-Gewichts-Verhältnis besitzen. Das eröffnet die verlockende Möglichkeit von superstarken Robotern, die Grimassen schneiden können.

Mit den heutigen Möglichkeiten wäre ein Roboter, der genug Leistung hätte, um wirklich große Gewichte zu heben oder um beispielsweise mit nahezu Schallgeschwindigkeit auf einen Berg zu radeln, ziemlich unförmig. Ideal wäre es dagegen, einen Roboter zu haben, der nicht viel Platz einnimmt und dennoch fast unbegrenzt Leistung zur Verfügung stellt. (Und wenn Sie all die Anstrengung hinter sich gebracht haben und Ihr Roboter konstruiert und mit Muskeln versehen ist, können Sie ein paar davon auch einsetzen, damit er grinsen oder Grimassen schneiden kann.)

Schrumpfen und wachsen Die nächste Frage lautet natürlich: Wie stellt man klitzekleine, superstarke Muskeln her? Wenig überraschend: Das ist nicht einfach. Zunächst muss ein Material gefunden werden, das sich rasch ausdehnen und wieder zusammenziehen kann, wie ein echter Muskel. Es muss zäher als Stahl, darf aber nicht steif sein. Als Nächstes müssen Sie einen Weg finden, diesem Material Energie bereitzustellen. Der Vorteil von Bradley Wiggins ist, dass seine Beinmuskeln bereits voller Zellen sind, die chemische Energie produzieren, und die er einfach durch Essen und Atmen mit Brennstoffen versorgt. Dieses ausgezeichnete System funktioniert leider nicht mit einem Roboter.

Die meisten künstlichen Muskeln – sie werden auch Aktoren genannt – sind Polymere. Im Bereich der elektroaktiven Polymere arbeiten Wissenschaftler an weichen Werkstoffen, die Form und Umfang verändern, sobald sie an elektrischen Strom angeschlossen werden. Silicone und Acryle, sogenannte Elastomere, sind gute Aktoren, manche von ihnen sind schon käuflich zu erwerben. Es gibt auch ionische Polymergele, die als Reaktion auf elektrischen Strom oder

>] **Obwohl das Gel vollständig aus synthetischem Polymer besteht, zeigt es selbstständige Bewegung, als ob es lebendig wäre.** 𝘨
>
> **Shingo Maeda**
> und Kollegen in einem Artikel in
> *International Journal of Molecular Sciences* (2010)

2011
Bradley Wiggins erreicht ein
Leistungs-Gewichts-Verhältnis
von 6,6 W kg^{-1}

2012
künstliche Muskeln aus
„Nanoröhrchen-Garn"

2014
Muskeln aus Polyethylen erzielen
ein Leistungs-Gewichts-Verhältnis
von 5300 W kg^{-1}

Die Kraft von Polyethylen

Die Arbeitsgruppe um den Chemiker Ray Baughman stellte 2014 künstliche Muskeln aus vier Polyethylen-Angelschnüren her, die zu einem 0,8 Millimeter dicken Garn umeinander gewickelt wurden. Dieser dünne Faden – nicht aus einem futuristischen Material hergestellt, sondern aus einem Polymer, der vor 80 Jahren entwickelt wurde und für vier Euro das Kilo zu kaufen ist – konnte ein Gewicht heben, das einem mittelschweren Hund entspricht, und sich um die Hälfte seine Länge zusammenziehen. Wie kann ein kaum sichtbares Bündel von Angelschnüren eine Masse von 7 kg heben? Die Antwort liegt in der Verdrillung und Verknäuelung des Polyethylens, die es widerstandsfähig macht gegenüber großen Belastungen. Viele künstliche Muskeln erhalten ihre Energie durch Elektrizität, doch die Polyethylengarne reagieren einfach auf Veränderungen der Temperatur. Sie kontrahieren bei Erwärmen und dehnen sich beim Abkühlen wieder aus. „Muskeln" aus Polyethylen können in Röhrchen eingekapselt werden, in denen sie sich mithilfe von Wasser rasch kühlen oder erhitzen lassen. Die Herausforderung liegt noch darin, die Temperatur schnell genug zu ändern, sodass ultraschnelle Muskelzuckungen möglich werden.

eine Änderung der chemischen Bedingungen anschwellen oder schrumpfen. Jeder künstliche Muskel braucht eine Energiequelle, doch Werkstoffe, die von elektrischem Strom abhängig sind, brauchen manchmal eine beständige Energiezufuhr, um die Kontraktion beizubehalten.

Japanische Wissenschaftler ließen 2009 ein Polymergel ohne äußere Hilfe „gehen", nur über einen chemischen Vorgang namens Belousov-Zhabotinsky-Reaktion. Dabei finden mehrere rückgekoppelte chemische Reaktionen statt. Die im Gel enthaltenen Ruthenium-Ionen ändern periodisch ihren Oxidationszustand, als Folge schwillt das Gel beständig an und ab. In einem gewellten Gelstreifen führt das zu selbstständiger Bewegung – wie die Forscher selbst formulierten: „als ob es lebendig wäre". Wie eine Raupe, die sich langsam ihren Weg bahnt, bewegte sich das Gel nicht sehr schnell. Es war jedoch schlicht faszinierend, ihm zuzusehen.

Die Drehung bringt's Fortschrittlichere und weit teurere Materialien wurden auf der Basis von Nanoröhrchen (▶ Kap. 45) entwickelt. In den letzten Jahren haben diese Werkstoffe Stärke-, Geschwindigkeits- und Leichtigkeitsrekorde erreicht, die Wiggins rot vor Scham werden ließen. Eine internationale Gruppe, zu der Wissenschaftler des NanoTech Institute der Universität Texas in Dallas gehören, verkündete 2012 die Herstellung von künstlichen Muskeln aus Nanoröhrchen, die zu Garn verdrillt

---

Nicht nur für Roboter

Von Gesichtsausdrücken für Roboter (und dem Heben schwerer Gewichte) einmal abgesehen, wofür können künstliche Muskeln noch eingesetzt werden? Zu den weiteren Ideen zählen Exoskelette für den Menschen, exakte Kontrollmöglichkeiten bei der Mikrochirurgie, die Positionierung von Solarpanelen oder Kleidungsstücke, deren Poren sich je nach Wetterlage weiten oder schließen. Über eingewobene Polymermuskeln, die als Reaktion auf die Außentemperatur kontrahieren oder entspannen, könnten Stoffe geschaffen werden, die im wahrsten Sinne atmen. Ähnliche Konzepte stehen hinter Entwürfen für selbsttätig öffnende Rollläden und Jalousien.

---

und mit Wachs gefüllt wurden. Sie konnten das Hunderttausendfache ihres eigenen Gewichts heben und zogen sich innerhalb einer fünfundzwanzigtausendstel Sekunde zusammen, sobald sie an einen Stromkreis angeschlossen wurden. Diese überwältigenden Daten, ermittelt an einem wachsgefüllten Garn, ergeben ein Leistungs-Gewichts-Verhältnis von 4200 W kg^{-1}. Das liegt mehrere Größenordnungen über der Leistungsdichte von menschlichem Muskelgewebe.

Nanoröhrchen gehören zu den stärksten Werkstoffen, die die Menschheit kennt. Mit mehreren Tausend Euro je Kilo sind sie jedoch nicht gerade günstig. In der Überzeugung, dass es auch mit geringerem Aufwand möglich ist, gingen die Forscher zurück ans Reißbrett. Zwei Jahre später meldeten sie, das Kunststück sei mit verdrehter Angelschnur aus Polyethylen (▶ Box: Die Kraft von Polyethylen) wiederholt worden. Die preisgünstigen künstlichen Muskeln, die die Gruppe erzeugt hatte, nahmen Energie aus Wärme auf und konnten eine Masse von 7,2 kg heben, obwohl sie weniger als ein Millimeter dick waren. Das Leistungs-Gewichts-Verhältnis lag bei unglaublichen 5300 W kg^{-1}. Was würde Bradley Wiggins dazu sagen?

Materialien, die sich wie Muskeln verhalten

49 Synthetische Biologie

Die Fortschritte bei der chemischen Synthese von DNA ermöglichen es Wissenschaftlern, ganze Genome nach eigenen Entwürfen zusammenzubauen und Organismen zu erschaffen, die in der Natur nicht vorkommen. Das klingt ehrgeizig. Eines Tages könnte es jedoch so einfach sein, Organismen von Grund auf neu zu erschaffen, wie Bauklötze zusammenzustecken.

Synthetische Biologen arbeiten nicht nach fertigen Rezepten. Anstelle in der Küche zu improvisieren, wie Sie das vielleicht mit einem Chili con Carne tun, improvisieren sie im Labor mit dem Leben selbst. Bislang folgen ihre Kreationen gewissenhaft dem Kochbuch der Natur, doch sie haben ehrgeizige Pläne. Für die Zukunft stellen sie sich das synthetisch-biologische Gegenstück zu einem Chili con Carne aus Krokodilfleisch und Edamame-Bohnen vor – nichts, das Sie oder ich als Chili erkennen würden.

> **Es wird uns möglich sein, DNA zu schreiben. Was möchten wir aussagen?**
>
> Drew Endy, **synthetischer Biologe**

Die Natur neu erfinden Das gerade „den Kinderschuhen entschlüpfende" Gebiet der synthetischen Biologie ist dem Wunsch von Biologen entsprungen, die Natur durch Bearbeiten der Genome lebender Organismen zu verfeinern. Dabei begann alles mit der Gentechnik – einer Methode, die sich als sehr hilfreich erwies, um die Rolle bestimmter Gene bei Krankheiten zu verstehen. Seite an Seite mit Fortschritten bei der DNA-Sequenzierung und -Synthese sind daraus Projekte entstanden, die ganze Genome umfassen.

Während die herkömmliche Gentechnik sich damit befasst, ein einzelnes Gen zu verändern und dessen Auswirkungen auf ein Tier, eine Pflanze oder ein Bakterium zu studieren, radiert die synthetische Biologie Tausende „Buchstaben"

Zeitleiste

1983	1996	2003	2004
PCR wird entwickelt, eine schnelle Methode zur Vervielfältigung von DNA	Hefegenom wird sequenziert	Gründung der Registry of Standard Biological Parts	erste Konferenz zur synthetischen Biologie am MIT abgehalten

(Basen) der DNA auf einmal aus oder führt Gene ein, die für ganze Stoffwechselwege codieren und zu Molekülen führen, die dieser Organismus nie zuvor hergestellt hat. Eines der ersten bejubelten Projekte der synthetischen Biologie war die „Umprogrammierung" von Hefezellen für die Synthese einer chemischen Vorstufe des Anti-Malaria-Wirkstoffs Artemisinin. Das französische Pharmazieunternehmen Sanofi begann 2013 mit der Produktion des halbsynthetischen Wirkstoffs und setzte sich für 2014 die Herstellung von 150 Millionen Dosen zum Ziel. Trotzdem betrachteten einige Wissenschaftler das Vorhaben nur als ausgeklügeltes Gentechnikprojekt, das nur eine Handvoll Gene umfasste

DNA von Grund auf zusammenbauen

Einer der Fortschritte bei der DNA-Synthese, der die Kosten stark minderte, war die Entwicklung eines Verfahrens, das Bausteine namens Phosphoramidite einsetzt. Phosphoramidite sind Analoga von Nukleotiden (▶ Kap. 35), wie sie in regulärer DNA vorkommen, mit einem Unterschied: Ihre chemisch reaktiven Gruppen sind mit sogenannten Schutzgruppe abgedeckt. Die Schutzgruppen werden erst mit Säure entfernt (es wird entschützt), wenn neue Nukleotide an den wachsenden DNA-Strang angefügt werden sollen. Das allererste Nukleotid, das bereits die richtige Base trägt (A, T, C oder G), wird auf einem Glaskügelchen verankert. Die neuen Nukleotide werden durch abwechselndes Entschützen und Ankoppeln an den Strang angefügt, in der Reihenfolge des gewünschten DNA-Codes. In der Regel werden nur kurze DNA-Stücke synthetisiert und dann zusammengenäht. Der synthetische Biologe kann entweder auf einen natürlichen DNA-Code zurückgreifen oder ihn völlig neu entwerfen. Die Verwendung von Phosphoramiditen beherrscht zurzeit die Methoden der DNA-Synthese. Es wird davon ausgegangen, dass wesentliche weitere Verbesserungen der Kosten und des Zeitaufwands nur mit neuen, anderen Verfahren zu erreichen sind. Andere chemische Methoden gibt es, doch wurde bisher keine auf den Markt gebracht.

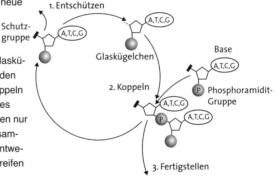

1. Entschützen
Schutzgruppe
A,T,C,G
A,T,C,G
Glaskügelchen
Base
A,T,C,G
2. Koppeln
Phosphoramidit-Gruppe
A,T,C,G
A,T,C,G
3. Fertigstellen

Gefährliches Puzzle

Journalisten der Zeitung *The Guardian* schafften es 2006, Pocken-DNA online zu kaufen. Das Fläschchen, das ihnen per Post zugeschickt wurde, enthielt nur einen Abschnitt des Pocken-Genoms. Die Zeitung schloss jedoch, dass eine finanziell gut ausgestattete terroristische Organisation nur „aufeinanderfolgende Stücke der DNA-Sequenz bestellen und aneinanderheften" müsse, um das tödlich wirkende Virus zu erhalten. Unternehmen, die DNA-Synthese als Dienstleistung anbieten, durchleuchten die bestellten Sequenzen nach gefährlichen Bereichen, doch es gibt Stimmen, die fordern, dass alle Proben mit derart verheerendem Potenzial zerstört werden sollten.

– zwar eindrucksvoll, doch weit entfernt von einer Krokodilfleisch-und-Edamame-Bohnen-Version.

DNA-Versand Craig Venter, der Genetiker, der durch die Sequenzierung des Humangenoms berühmt wurde, arbeitete inzwischen an einem vollständig synthetischen Genom. Seine Arbeitsgruppe am J. Craig Venter Institute meldete 2010, das Genom sei zusammengesetzt. Es stammte – mit ein paar geringfügigen Änderungen – von dem tierischen Krankheitserreger *Mycoplasma mycoides* und wurde nach der Synthese in eine lebende Zelle überführt. Dieses synthetische Genom war zwar nur eine Kopie des natürlichen Genoms, es zeigte jedoch, dass es möglich ist, ausschließlich mit künstlicher DNA Leben zu schaffen.

All dies wurde durch Fortschritte beim „Lesen" und „Schreiben" von DNA möglich, die es erlauben, DNA-Abschnitte schnell und relativ günstig zu sequenzieren und chemisch herzustellen (▶ Box: DNA von Grund auf zusammenbauen). Innerhalb der Jahre, in denen Venter und seine Konkurrenten das Humangenom entschlüsselt haben (1984 bis 2003), fielen die Kosten sowohl für die Sequenzierung als auch für die Synthese von DNA dramatisch. Nach verschiedenen Schätzungen kann heute ein ganzes menschliches Genom mit mehr als drei Millionen Basenpaaren für 1000 US-$ sequenziert werden, und es kostet nur 10 Cent pro Base, DNA herzustellen.

Diese Preissenkungen geben synthetischen Biologen Zugang zu den Bauanleitungen für Organismen, die sie umkonstruieren oder von denen sie Eigenschaften übernehmen möchten, und sie erlauben ihnen, ihre Entwürfe für neue Organismen auszutesten. Die DNA muss nicht einmal von ihnen selbst hergestellt werden, es genügt, die Basenabfolge an ein darauf spezialisiertes Unternehmen zu schicken – die DNA kommt per Post. Kommt Ihnen das wie Mogelei vor? Um zu unserem Vergleich mit Chili con Carne zurückzukommen: Es ist wie eine fertige Gewürzmischung an das Gericht zu geben, anstatt frische Chilischoten zu schneiden und Kreuzkümmel zu vermahlen.

Biologische Bausteine   Synthetische Biologen sind dabei, ihre Arbeit noch auf anderem Weg zu vereinfachen: Sie stellen eine Datenbank der Standardbausteine zusammen, aus denen synthetische Organismen zusammengesetzt werden können. Als Registry of Standard Biological Parts befindet sich die Datenbank seit 2003 in Entwicklung. Das ist weniger schauerlich als es klingt; die Registry ist eine Sammlung von Tausenden „anwendererprobten" genetischen Sequenzen, die von der Gemeinde der synthetischen Biologen geteilt werden. Die Idee dahinter sind untereinander kompatible Bauelemente mit bekannten Funktionen, die wie Bauklötze aneinandergesteckt werden. Mit ihnen ließen sich Organismen von Grund auf zusammenstellen. Einer der Bauklötze könnte zum Beispiel für ein farbiges Pigment codieren, während ein anderer für einen genetischen Hauptschalter codieren könnte, der die Bildung einer ganzen Reihe von Enzymen einleitet, sobald eine bestimmte chemische Verbindung wahrgenommen wird.

Das letztendliche Ziel der synthetischen Biologie ist es, Genome von maßgeschneiderten Organismen zusammenzubauen, die für uns neue Arzneistoffe, Biotreibstoffe, Nahrungsbestandteile oder andere nützliche Verbindungen schaffen. Bevor wir jedoch vorschnelle Schlüsse treffen, sollten wir festhalten, dass wir von synthetischen Krokodilen für unser Krokodil-Chili beispielsweise noch sehr weit entfernt sind. Was komplexere Organismen betrifft, kommen wir noch lange nicht über Pilze hinaus.

Obwohl Ihnen Bäckerhefe nicht wie ein höherer Organismus vorkommen wird, haben wir auf zellulärer Ebene mit der Hefe sehr viel mehr gemein als mit Bakterien. Das Projekt Sc2.0 hat zum Ziel, eine neugestaltete, synthetische Version von *Saccharomyces cerevisiae* (▶ Kap. 14) zu konstruieren, Chromosom für Chromosom. Nach dem Ansatz „Nimm alles heraus, was nicht lebensnotwendig ist" versucht die internationale Arbeitsgruppe, das Hefegenom so schlank wie möglich zu gestalten. Alle nichtessenziellen Gene werden gestrichen, die DNA neu synthetisiert und in Hefe überführt, um zu sehen, ob die künstlichen DNA-Bereiche funktionieren. Bisher wurde erst eines der Hefechromosomen nachgebildet. Die Ergebnisse können sowohl vernichtend (zumindest für die Hefe) als auch eine Offenbarung werden: Die Arbeitsgruppe hofft dadurch zu erfahren, welche Bestandteile ein Lebewesen ausmachen.

Das Leben neu gestalten

50 Brennstoffe der Zukunft

Was wird geschehen, wenn die Vorräte an fossilen Brennstoffen zu Ende gehen? Werden wir alle Energie über Sonnenkollektoren und Windräder gewinnen müssen? Nicht unbedingt. Chemiker beschäftigen sich mit neuen Methoden, Brennstoffe zu gewinnen, die die Atmosphäre nicht mit Kohlendioxid belasten. Der knifflige Teil besteht darin, diese Brennstoffe herzustellen, ohne noch mehr kostbare Rohstoffe zu verbrauchen.

Zwei der größten technologischen Herausforderungen, vor denen die Welt heute steht, sind mit Brennstoffen verbunden. Zum einen gehen fossile Brennstoffe zur Neige, zum anderen reichert das Verbrennen von fossilen Brennstoffen die Atmosphäre mit Treibhausgasen an und verschlechtert die Lebensbedingungen auf der Erde. Die Lösung liegt auf der Hand: ein Ende der Nutzung fossiler Brennstoffe.

Unsere Abhängigkeit von fossilen Brennstoffen zu verringern heißt, neue Wege zu finden, um Energie zu gewinnen. Sonnen- und Windkraft können zur Deckung unseres Energiebedarfs große Beiträge leisten, doch es sind keine Brennstoffe: Wir können die damit gewonnene Energie nicht in unsere Autos füllen und losfahren. Darin liegt der Vorteil der fossilen Brennstoffe – in ihnen ist Energie als Flüssigkeit in chemischer Form gespeichert.

Elektrofahrzeuge haben dieses Problem doch gewiss schon gelöst? Warum können wir sie nicht einfach aufladen, indem wir Sonnenenergie aus dem Stromnetz ziehen? Zurzeit sind fossile Energieträger noch ein wesentlich effizienterer Weg, Energie mit sich zu tragen. Es lässt sich deutlich mehr Energie pro Gewichtseinheit in Form von Erdölprodukten speichern, damit bleiben sie die wichtigste Energiequelle für Transportmittel wie das Flugzeug. Wenn es keine erheblichen Fortschritte und drastischen Gewichtsverminderungen bei

Zeitleiste

1800	1842	1920er-Jahre
Elektrolyse von Wasser zur Herstellung von Wasserstoff und Sauerstoff	Matthias Schleiden vermutet, dass Wasser bei der Photosynthese gespalten wird	Fischer-Tropsch-Synthese entwickelt, die Brennstoffe aus Wasserstoff und Kohlenstoff erzeugt

Künstliche Blätter

Künstliche Blätter oder „Wasserspalter" sind nach einem Schema aufgebaut, bei dem die beiden Halbreaktionen der „Spaltung" von Wasser räumlich getrennt werden. Beide Räume enthalten eine Elektrode, und sie sind durch eine dünne Membran voneinander getrennt, die für die meisten Moleküle undurchlässig ist. Die Elektroden auf beiden Seiten sind aus Halbleitermaterial aufgebaut, das wie Silicium in Solarzellen Lichtenergie absorbiert. Im einen Bereich entzieht der Katalysator an der Elektrodenoberfläche den Wasser-Molekülen Sauerstoff, und im zweiten Bereich erzeugt ein anderer Katalysator den ganz wichtigen Wasserstoff, indem er Protonen mit Elektronen vereinigt. Manche Anordnungen nutzen seltene und teure Metalle wie Platin als Katalysatoren, gesucht werden jedoch günstigere Stoffe, die auf Dauer umweltverträglich genutzt werden können. Mit Hochdurchsatz-Ansätzen werden Millionen möglicher Katalysatoren getestet, um die geeignetsten Werkstoffe herauszufinden. Chemiker müssen dabei nicht nur die katalytischen Eigenschaften berücksichtigen, sondern auch ihre Haltbarkeit, ihre Kosten und die Verfügbarkeit der Rohstoffe, aus denen sie hergestellt werden. Manche Forschungsgruppen ahmen mit ihren Katalysatoren sogar organische Moleküle nach, wie sie Pflanzen bei der Photosynthese verwenden.

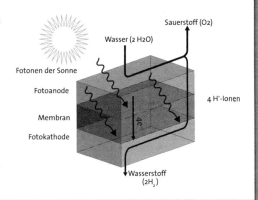

Akkumulatoren gibt, können wir Solarkraftwerke und Windkraftanlagen bauen, so viel wir wollen, wir werden dennoch auf Brennstoffe angewiesen sein. Darüber hinaus sind unsere Energiesysteme ja bereits auf Brennstoffe ausgelegt. Wenn wir also saubere Alternativen entwickeln könnten, wäre eine Umstellung nicht so aufwendig.

Kopfzerbrechen um Wasserstoff Eine mögliche Lösung liegt im kleinsten, einfachsten Element, das sich ganz am Anfang des Periodensystems der Elemente findet: Wasserstoff. Wasserstoff wird bereits als Raketentreibstoff eingesetzt und scheint die perfekte Lösung zu sein. In einem wasserstoffbetriebenen Fahrzeug könnte Wasserstoff in einer Brennstoffzelle mit Sauerstoff reagieren,

1998

Forscher des National Renewable Energy Laboratory schaffen instabiles künstliches Blatt

2011

künstliches Niedrigleistungs-Blatt gemeldet, mit Produktionskosten unter 50 US-$

2014

Projekt Solar-Jet zeigt Verfahren zur Erzeugung von Düsentreibstoff aus Kohlendioxid, Wasser und Licht

es würde dabei Energie frei, und als Endprodukt entstünde Wasser. Das ist eine saubere Reaktion, bei der weit und breit kein Kohlenstoff-Atom in Sicht ist. Doch woher endlosen Nachschub an Wasserstoff beziehen, und wie den Wasserstoff sicher mitführen? Nur ein Hauch von Sauerstoff und ein elektrischer Funke, und er explodiert.

Die erste Herausforderung für den Chemiker liegt darin, eine schier unerschöpfliche Quelle für Wasserstoff zu finden. William Nicholson und Anthony Carlisle stellten um 1800 Wasserstoff her, indem sie die Drähte einer primitiven Batterie in einen Zylinder mit Wasser hielten (▶ Kap. 23). Diese „Spaltung" von Wasser ist genau das Gleiche, was auch Pflanzen bei der Photosynthese anwenden. Wie auch in vielen anderen Fällen kopieren Chemiker die Natur und versuchen, künstliche Blätter herzustellen (▶ Box: Künstliche Blätter).

> **❞ Führt menschliche Beine als Transportmittel wieder ein. Fußgänger bauen auf Nahrung als Treibstoff und brauchen keine Parkplätze. ❝**
> Lewis Mumford,
> Historiker und Philosoph

Künstliche Photosynthese ist zu einem entschlossen angegangenen Wissenschaftsprojekt geworden, Regierungen stellen Hunderte Millionen Euro zur Verfügung, damit ein funktionsfähiger „Wasserspalter" geschaffen wird. In erster Linie geht es um die Jagd nach Werkstoffen, die Sonnenlicht einfangen (wie in einem Solarmodul), und nach Werkstoffen, die die Produktion von Wasserstoff und Sauerstoff katalysieren. Der Schwerpunkt liegt darin, übliche Stoffe zu finden, die nicht teuer sind und sich nicht nach wenigen Tagen zersetzen.

Alte Probleme, neue Lösungen   Vorausgesetzt, wir schaffen die praktische Umsetzung, so könnten wir mit dem gewonnenen Wasserstoff sogar herkömmliche Brennstoffe erzeugen. Bei der Fischer-Tropsch-Synthese reagiert eine Mischung aus Wasserstoff und Kohlenmonoxid, das Synthesegas, zu Kohlenwasserstoffen, die als Brennstoffe einsetzbar sind (▶ Kap. 16). Damit wäre sogar die Umstellung auf eine völlig andere Infrastruktur mit Wasserstofftankstellen vom Tisch.

Synthesegas lässt sich auch noch auf anderem Wege herstellen: Kohlendioxid und Wasser auf 2200 °C erhitzen, sodass das Gemisch sich zu Wasserstoff, Kohlenmonoxid und Sauerstoff zersetzt.

Dieser Ansatz hat aber etliche problematische Aspekte: Zunächst braucht es recht viel Energie, um diese hohen Temperaturen zu erzeugen. Zum Zweiten stellt der Sauerstoff ein ernsthaftes Risiko dar, denn in Verbindung mit Wasserstoff besteht Explosionsgefahr. Einige der neuesten Anordnungen zur Aufspaltung von Wasser in Wasserstoff und Sauerstoff stehen vor dem gleichen Problem, da sie die beiden Gase nicht getrennt halten.

Chemiker des europäischen Solar-Jet-Projekts führten 2014 einen beeindruckenden Versuch vor. Sie wandelten Synthesegas über die Fischer-Tropsch-Synthese in Flugzeugtreibstoff um. Zwar erhielten sie nur eine winzige Menge Treibstoff, doch sie hatten einen Meilenstein gesetzt, denn zur Erzeugung der notwendigen Temperatur setzten sie Solarreceiver ein, die die Sonnenstrahlung auffangen und bündeln. Das sind riesige konkave Spiegel, die das Sonnenlicht auf einen einzigen Punkt konzentrieren. Mit der so erzielten Hitze wurde das Energieproblem bei der Erzeugung von Synthesegas umgangen, und mit einem sauerstoffabsorbierenden Material, Ceroxid, die Explosionsgefahr minimiert.

In gewissem Sinne haben die Chemiker das Problem also gelöst. Sie können mithilfe des endlosen Nachschubs an Sonnenenergie bereits saubere Brennstoffe herstellen, sogar Flugzeugtreibstoff. Doch damit stehen wir erst am Anfang. Der schwierige Teil wird – wie so oft – darin bestehen, einen Weg zur günstigen und zuverlässigen praktischen Umsetzung zu finden, ohne dabei natürliche Rohstoffe aufzubrauchen. Clevere Chemie besteht heute nicht darin, das herzustellen, was wir brauchen, sondern es so herzustellen, dass wir endlos damit fortfahren können.

Sklaven des Wasserstoffs

Eine weitere Idee zur Produktion von Wasserstoff ist, grüne Algen zu ernten oder Pflanzen zu verwenden, die für uns Photosynthese betreiben. Manche Algenarten spalten Wasser in Sauerstoff, Protonen und Elektronen, und mithilfe von Hydrogenase-Enzymen fügen sie dann die Protonen (H^+) und Elektronen zu Wasserstoff (H_2) zusammen. Es könnte möglich sein, einige der Reaktionen in diesen Algen umzuleiten, sodass mehr Wasserstoff entsteht. Wissenschaftler haben die dafür wichtigen Gene bereits identifiziert.

Worum es geht
Saubere, transportierbare Energie

Periodensystem der Elemente

Elemente im Periodensystem werden nach steigender Ordnungszahl und nach periodischen Trends in ihren chemischen Eigenschaften angeordnet. Sie verteilen sich natürlich auf senkrechte Spalten mit ähnlichen chemischen Eigenschaften und waagrechte Reihen (Perioden) mit gewöhnlich ansteigender Masse.

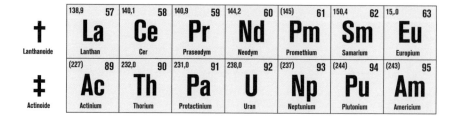

Reihe (Periode) / **Gruppe**

1	2	3	4	5	6	7	8	9
1,0 **H** 1 Wasserstoff								
6,9 **Li** 3 Lithium	9,0 **Be** 4 Beryllium							
23,0 **Na** 11 Natrium	24,3 **Mg** 12 Magnesium							
39,1 **K** 19 Kalium	40,1 **Ca** 20 Calcium	45.0 **Sc** 21 Scandium	47,9 **Ti** 22 Titan	50,9 **V** 23 Vanadium	52,0 **Cr** 24 Chrom	54,9 **Mn** 25 Mangan	55,8 **Fe** 26 Eisen	58.9 **Co** 27 Cobalt
85,5 **Rb** 37 Rubidium	87,6 **Sr** 38 Strontium	88,9 **Y** 39 Yttrium	91,2 **Zr** 40 Zirconium	92,9 **Nb** 41 Niob	96,0 **Mo** 42 Molybdän	(98) **Tc** 43 Technetium	101,1 **Ru** 44 Ruthenium	102,9 **Rh** 45 Rhodium
132,9 **Cs** 55 Cæsium	137,3 **Ba** 56 Barium	† Lanthanoide	178,5 **Hf** 72 Hafnium	180,9 **Ta** 73 Tantal	183,8 **W** 74 Wolfram	186,2 **Re** 75 Rhenium	190,2 **Os** 76 Osmium	192,2 **Ir** 77 Iridium
(223) **Fr** 87 Francium	(226) **Ra** 88 Radium	‡ Actinoide	(261) **Rf** 104 Rutherfordium	(262) **Db** 105 Dubnium	(266) **Sg** 106 Seaborgium	(264) **Bh** 107 Bohrium	(277) **Hs** 108 Hassium	(268) **Mt** 109 Meitnerium

† Lanthanoide	138,9 **La** 57 Lanthan	140,1 **Ce** 58 Cer	140,9 **Pr** 59 Praseodym	144,2 **Nd** 60 Neodym	(145) **Pm** 61 Promethium	150,4 **Sm** 62 Samarium	15,.0 **Eu** 63 Europium
‡ Actinoide	(227) **Ac** 89 Actinium	232,0 **Th** 90 Thorium	231,0 **Pa** 91 Protactinium	238,0 **U** 92 Uran	(237) **Np** 93 Neptunium	(244) **Pu** 94 Plutonium	(243) **Am** 95 Americium

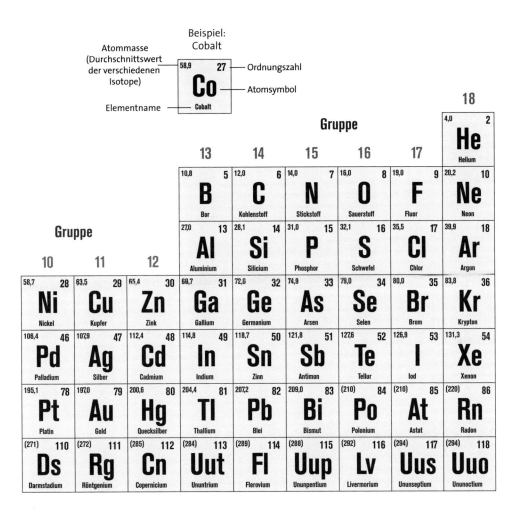

Beispiel:
Cobalt

Atommasse
(Durchschnittswert
der verschiedenen
Isotope)

58,9	27

Co

Cobalt

Ordnungszahl

Atomsymbol

Elementname

Gruppe

18

4,0	2

He

Helium

Gruppe

13 14 15 16 17

| 10,8 | 5 | 12,0 | 6 | 14,0 | 7 | 16,0 | 8 | 19,0 | 9 | 20,2 | 10 |

B   **C**   **N**   **O**   **F**   **Ne**

Bor   Kohlenstoff   Stickstoff   Sauerstoff   Fluor   Neon

Gruppe

10   11   12

| 27,0 | 13 | 28,1 | 14 | 31,0 | 15 | 32,1 | 16 | 35,5 | 17 | 39,9 | 18 |

Al   **Si**   **P**   **S**   **Cl**   **Ar**

Aluminium   Silicium   Phosphor   Schwefel   Chlor   Argon

| 58,7 | 28 | 63,5 | 29 | 65,4 | 30 | 68,7 | 31 | 72,0 | 32 | 74,9 | 33 | 79,0 | 34 | 80,0 | 35 | 83,8 | 36 |

Ni   **Cu**   **Zn**   **Ga**   **Ge**   **As**   **Se**   **Br**   **Kr**

Nickel   Kupfer   Zink   Gallium   Germanium   Arsen   Selen   Brom   Krypton

| 106,4 | 46 | 107,9 | 47 | 112,4 | 48 | 114,8 | 49 | 118,7 | 50 | 121,8 | 51 | 127,6 | 52 | 126,9 | 53 | 131,3 | 54 |

Pd   **Ag**   **Cd**   **In**   **Sn**   **Sb**   **Te**   **I**   **Xe**

Palladium   Silber   Cadmium   Indium   Zinn   Antimon   Tellur   Iod   Xenon

| 195,1 | 78 | 197,0 | 79 | 200,6 | 80 | 204,4 | 81 | 207,2 | 82 | 209,0 | 83 | (210) | 84 | (210) | 85 | (220) | 86 |

Pt   **Au**   **Hg**   **Tl**   **Pb**   **Bi**   **Po**   **At**   **Rn**

Platin   Gold   Quecksilber   Thallium   Blei   Bismut   Polonium   Astat   Radon

| (271) | 110 | (272) | 111 | (285) | 112 | (284) | 113 | (289) | 114 | (288) | 115 | (292) | 116 | (294) | 117 | (294) | 118 |

Ds   **Rg**   **Cn**   **Uut**   **Fl**   **Uup**   **Lv**   **Uus**   **Uuo**

Darmstadium   Röntgenium   Copernicium   Ununtrium   Flerovium   Ununpentium   Livermorium   Ununseptium   Ununoctium

| 157,3 | 64 | 158,9 | 65 | 162,5 | 66 | 164,9 | 67 | 167,3 | 68 | 168,9 | 69 | 173,0 | 70 | 175,0 | 71 |

Gd   **Tb**   **Dy**   **Ho**   **Er**   **Tm**   **Yb**   **Lu**

Gadolinium   Terbium   Dysprosium   Holmium   Erbium   Thulium   Ytterbium   Lutetium

| (247) | 96 | (247) | 97 | (251) | 98 | (252) | 99 | (257) | 100 | (258) | 101 | (259) | 102 | (262) | 103 |

Cm   **Bk**   **Cf**   **Es**   **Fm**   **Md**   **No**   **Lr**

Curium   Berkelium   Californium   Einsteinium   Fermium   Mendelevium   Nobelium   Lawrencium

Index

Danksagung
Riesigen Dank an alle Mitglieder des „Chemistry Super-Panel" für ihre Tipps und Ratschläge während der Entstehung dieses Buches: Raychelle Burks (@DrRubidium), Declan Fleming (@declanfleming), Suze Kundu (@FunSizeSuze) und David Lindsay (@DavidMLindsay). Mitarbeiter der Zeitschrift Chemistry World lieferten unschätzbare Hilfe und Unterstützung – Dank an Phillip Broadwith (@broadwithp), Ben Valsler (@BenValsler), und Patrick Walter (@vince0noir). Ein besonderer Dank an Liz Bell (@liznewtonbell) für Plausibilitätsprüfungen und ausgelassenes Tabellenlesen in den letzten beiden Wochen, und wie immer an Jonny Bennett für die gute Versorgung, vom Rest ganz zu schweigen. Und schließlich Dank an James Wills und Kerry Enzor für ihr Verständnis während einiger schwieriger Tage zu Beginn dieses Projekts und an Richard Green, Giles Sparrow und Dan Green, die es bis zum Ende begleitet haben.

Aus dem Englischen übersetzt von Angela Simeon

ISBN 978-3-662-48509-5   ISBN 978-3-662-48510-1 (eBook)
DOI 10.1007/ 978-3-662-48510-1

Die Deutsche Nationalbibliothek verzeichnet diese Publikation in der Deutschen Nationalbibliografie; detaillierte bibliografische Daten sind im Internet über http://dnb.d-nb.de abrufbar.

Übersetzung der englischen Ausgabe: *50 Quantum Physics Ideas You Really Need to Know* von Hayley Birch, erschienen 2015 bei Quercus; Copyright © Hayley Birch 2015. Published by arrangement with Quercus Editions Ltd (UK)

Planung und Lektorat: Frank Wigger, Martina Mechler
Redaktion: Angela Simeon
Zeichnungen: Tim Brown, außer S. 109: Emw2012 via Wikimedia, S. 191: University of Hasselt, S. 194: NASA
*Satz:*TypoDesign Hecker
Einbandentwurf: deblik, Berlin

Gedruckt auf säurefreiem und chlorfrei gebleichtem Papier
Printed in China

Springer Berlin Heidelberg ist Teil der Fachverlagsgruppe Springer Science+Business Media
(www.springer.com)